Galileo 科學大圖鑑系列

VISUAL BOOK OF THE UNIVERSE
宇宙大圖鑑

人人出版

前　言

本書是把關於宇宙的各種關鍵字詞加以視覺化並搭配淺易說明的圖鑑。
另外，也加入了許多關於宇宙的小知識及有趣的專欄。
無論是想要對宇宙有粗淺認識的人，或是想要更加深入了解宇宙的人，
都能愉悅地翻閱這本書，享受親近宇宙的樂趣。

本書首先介紹我們居住的太陽系。
從太陽及火星、土星等組成太陽系的眾行星，到彗星及太陽系的盡頭，
都利用精美的圖像及深入淺出的文字加以解說。

各位應該曾經從書本及電視等媒體看過或聽過星雲、超新星爆炸、
黑洞這些關於宇宙的關鍵字詞吧！對於這些耳熟能詳的關鍵字詞，
本書也將逐一詳細說明。

說到宇宙，星系也是不可或缺的主題之一。

從我們居住的銀河系，到宇宙的大尺度結構，
本書將會解說許多大尺度的主題。

相信有許多人聽過「宇宙從『無』誕生」這樣的說法吧！然而，
宇宙的未來將會是什麼樣的景況呢？
本書也會淺顯地解說現代宇宙論中，包括暗物質、暗能量及多重宇宙論等關鍵字詞。

最後，還會介紹截至目前為止人類在太空開發上的豐功偉業。
也將述及觀測宇宙的各種望遠鏡及諸多探測器。

現在，請一起來盡情探索浩瀚無邊的宇宙世界吧！

VISUAL BOOK OF THE UNIVERSE 宇宙大圖鑑

0 GALLERY

從月球眺望地球 006
船底座星雲 008
恆星視運動 010
M51星系群 012
超新星殘骸 014
太空船對接 016

1 太陽系

太陽系 020
太陽 022
水星 024
金星 026
地球 028
月球 030
火星 032
小行星 034
木星 036
木星的衛星 038
土星 040
土星的衛星 042
天王星 044
海王星 046
冥王星與矮行星 048
海王星外天體 050
彗星 052
流星 054
隕石 056
太陽系的盡頭 058
COLUMN 比較行星的大小 060

2 恆星

暗星雲與瀰漫星雲 064
疏散星團與球狀星團 066
恆星 068
聯星 070
恆星的一生 072
主序星 074
棕矮星 076
紅巨星 078
行星狀星雲與白矮星 080
超新星爆炸 082
中子星 084
伽瑪射線暴 086
黑洞 088
星雲、星團地圖 090
COLUMN 白洞 092

3 星系與銀河系

星系的種類 096
螺旋星系的結構 098
銀河系 100
旋臂 102
星系暈 104
本星系群 106
星系團 108
宇宙大尺度結構 110
星系碰撞 112
類星體 114
活躍星系 116
COLUMN 銀河系的電腦斷層掃描 118

4 宇宙的誕生與未來

哈伯-勒梅特定律 122
宇宙的歷史 124
無 126
暴脹 128
大霹靂 130
原子核的誕生 132
宇宙微波背景輻射 134
多重宇宙 136
第一代恆星 138
超大質量黑洞 140
原星系 142
太陽系的誕生 144
暗物質 146
暗能量 148
太陽系的末日 150
星系的終結 152
大凍結 154
大撕裂 156
大擠壓 158
COLUMN 鐵星 160

5 太空探索與太空發展

星座與古代的宇宙觀 164
天動說與地動說 166
望遠鏡的發明 168
太空發展史 170
阿波羅計畫 172
國際太空站 174
太空梭 176
運載火箭 178
太空人 180
火星探測 182
探測器 184
COLUMN 隼鳥2號的成就 186
地面望遠鏡 188
太空望遠鏡 190
系外行星 192
探尋系外行星的方法 194
太空發展的未來 196
COLUMN 地外智慧生命體 198

基本用語解說 200
索引 202

GALLERY

從月球眺望地球

月球勘測軌道衛星（Lunar Reconnaissance orbiter，LRO）所拍攝到的地球，這是將單色的高解析度圖像與彩色圖像的色彩資訊完美組合而成。

GALLERY

船底座星雲

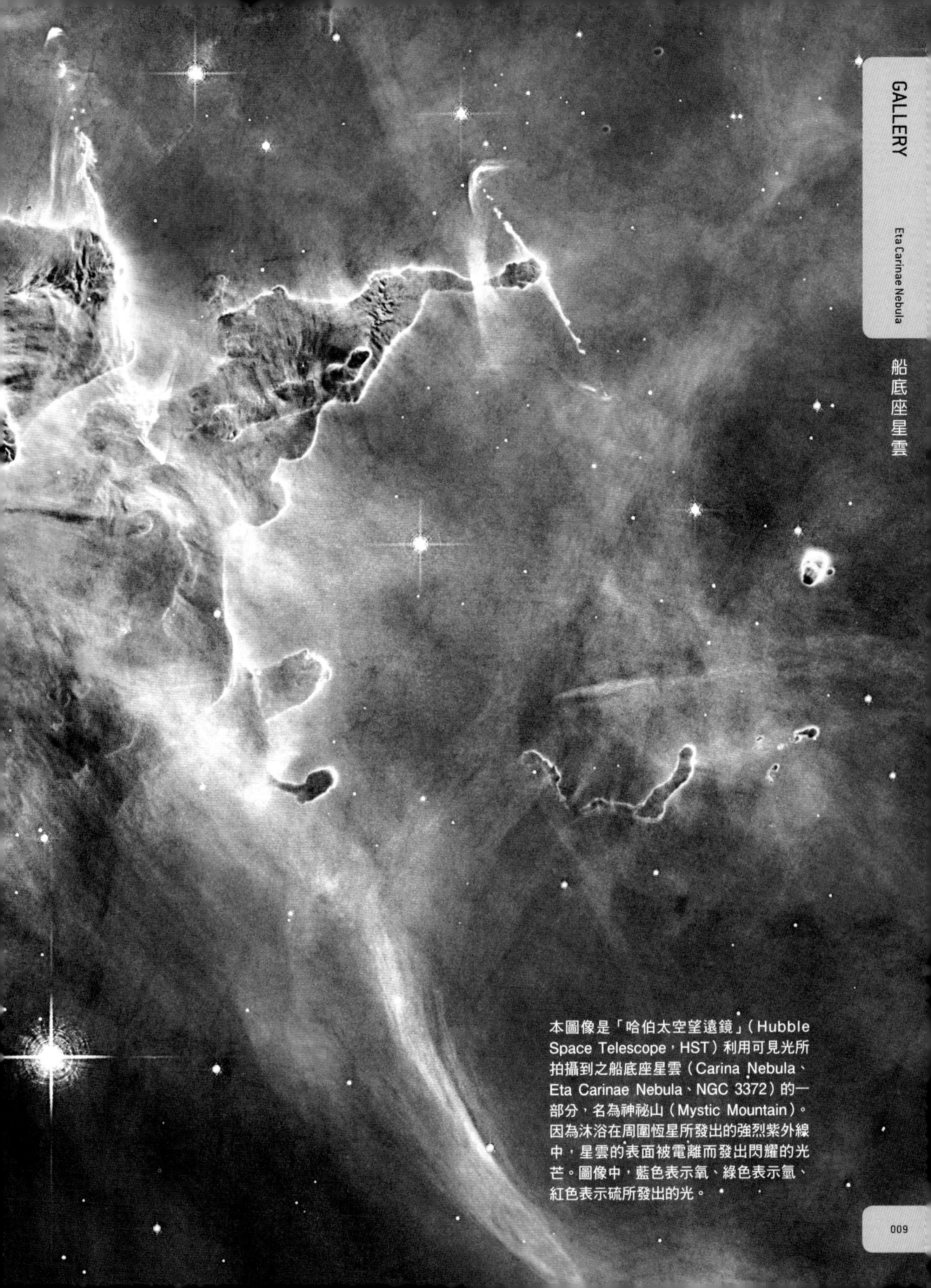

本圖像是「哈伯太空望遠鏡」(Hubble Space Telescope，HST)利用可見光所拍攝到之船底座星雲(Carina Nebula、Eta Carinae Nebula、NGC 3372)的一部分，名為神祕山(Mystic Mountain)。因為沐浴在周圍恆星所發出的強烈紫外線中，星雲的表面被電離而發出閃耀的光芒。圖像中，藍色表示氧、綠色表示氫、紅色表示硫所發出的光。

GALLERY

恆星視運動

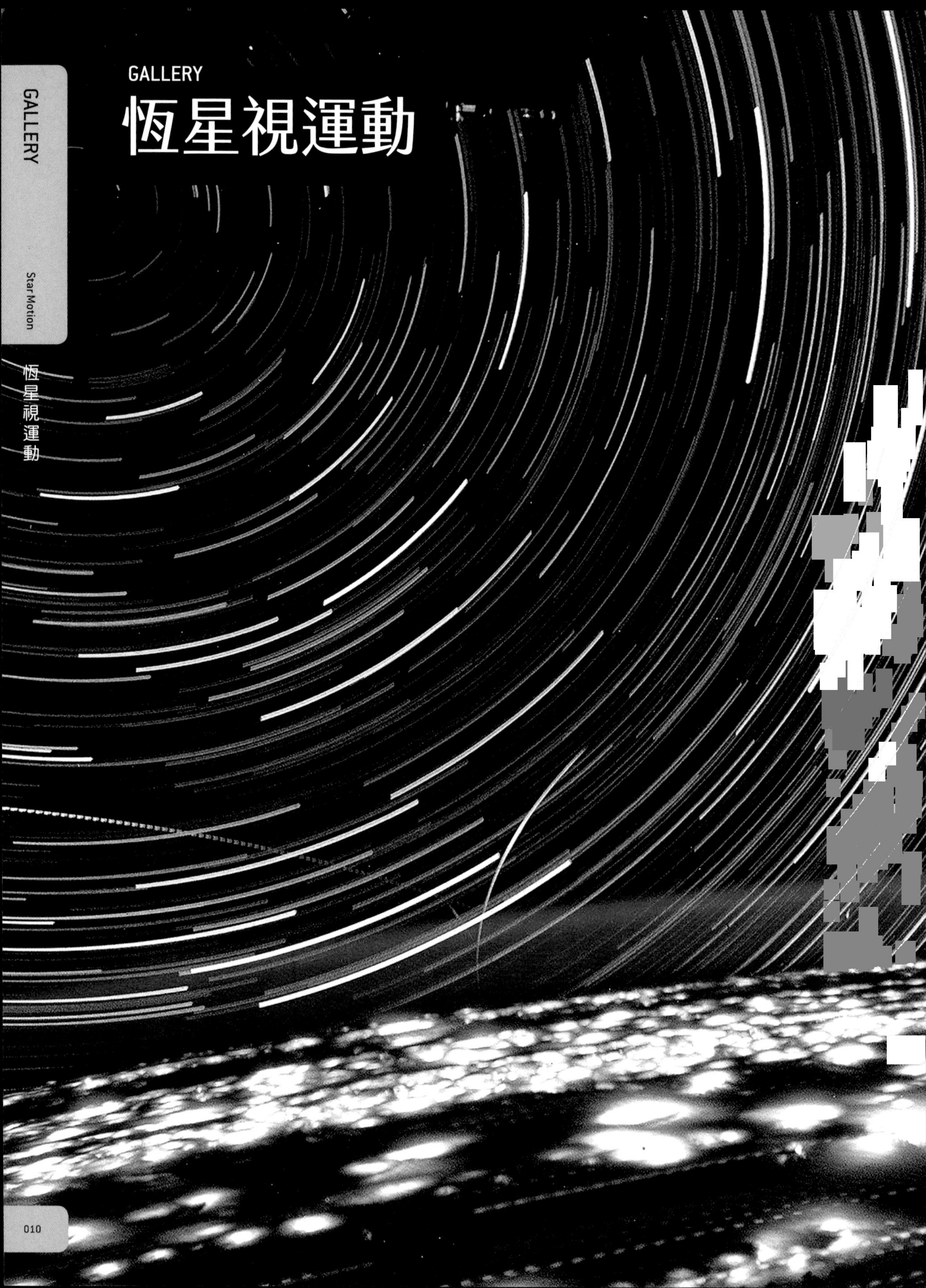

本圖片是將2019年7月在「國際太空站」（International Space Station，縮寫為ISS）所拍攝的400多張照片合成為１張。照片中可以看到恆星的視運動呈圓弧狀。地面上的藍白色的光是發生在非洲各地的雷，紅色和橙色的虛線是夜間照明或是森林火災、野火所產生的光。

GALLERY

M51星系群

M51星系群

哈伯太空望遠鏡所拍攝到的「M51」星系群。圖像中央較大的星系是「NGC 5194」（渦狀星系），右邊較小的是它的伴星系「NGC 5195」。沿著NGC 5194之渦狀旋臂內側邊緣有黑色雲靄般的「暗星雲」（dark nebula），其中心附近可以看到紅色的恆星形成區域，沿著外側邊緣可以看到藍色星的「星團」（cluster）。

GALLERY

銀河系最古老的超新星殘骸

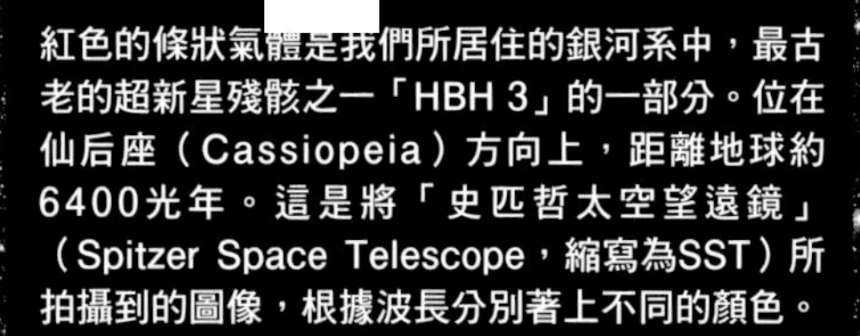

紅色的條狀氣體是我們所居住的銀河系中，最古老的超新星殘骸之一「HBH 3」的一部分。位在仙后座（Cassiopeia）方向上，距離地球約6400光年。這是將「史匹哲太空望遠鏡」（Spitzer Space Telescope，縮寫為SST）所拍攝到的圖像，根據波長分別著上不同的顏色。

GALLERY

正與國際太空站對接的運輸機

2011年11月，運送物資到國際太空站的俄羅斯無人駕駛貨運太空船「進步號」（Progress）正要與國際太空站（ISS）對接時的情形，這是在國際太空站中的太空人所拍攝到的照片。當時，日本太空人古川聰正在國際太空站中執行任務。

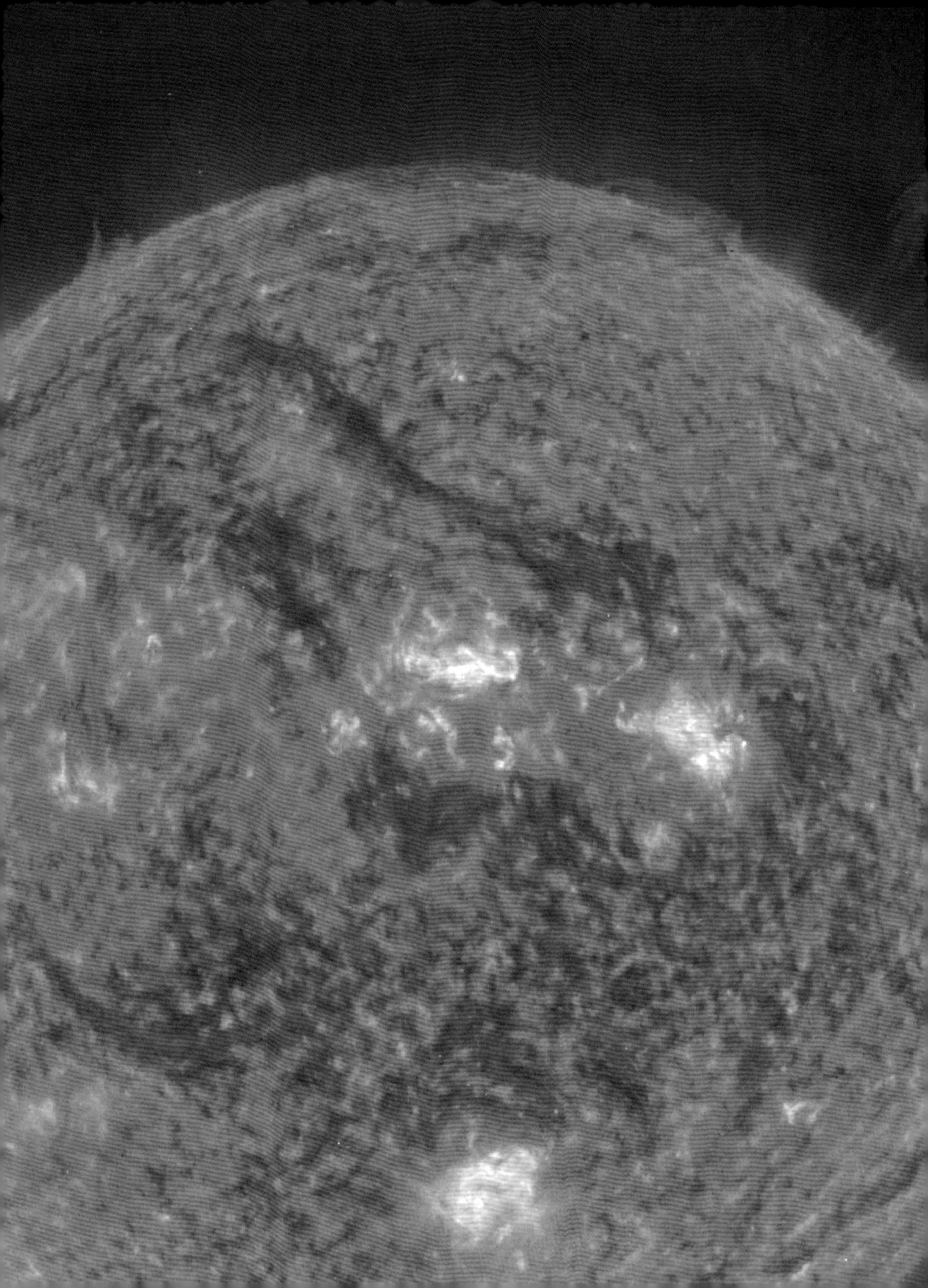

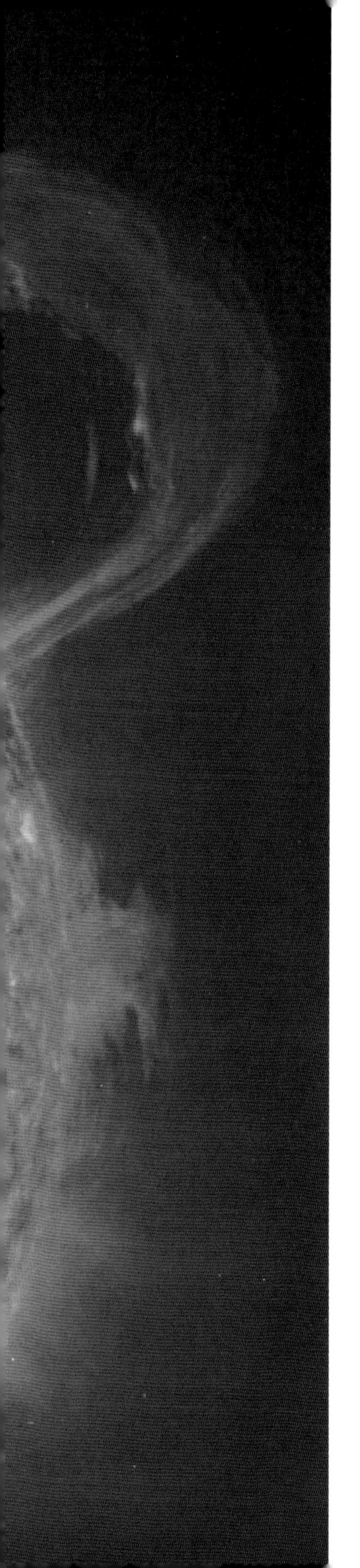

1
太陽系
Solar System

以太陽為中心的天體集團

「太陽系」是由水星、金星、地球、火星、木星、土星、天王星、海王星共八大行星以及它們的衛星、矮行星、小行星、彗星、充滿行星際的物質所構成。據研究，太陽系的形成和演化始於46億年前一片巨大分子雲（由氣體和微塵粒子所組成）中一小塊的重力塌縮。太陽系原本有九大行星，但是2006年冥王星被歸類為矮行星，因此現在只有 8 顆行星。

從太陽到海王星的距離約是45億公里（30天文單位，1 天文單位為太陽到地球的平均距離，約 1 億5000萬公里），不過太陽磁場所及範圍大約是150億公里（100天文單位）。

太陽質量很大，約占太陽系總質量的99.866%，太陽系的其他天體都以同一方向繞著太陽公轉。

位在比地球更靠近太陽之內側的金星、水星稱為「內側行星」（inferior planet）；比地球外側的火星到天王星稱為「外側行星」（superior planet）。除了金星和水星以外的其他行星都有 1 顆或多顆衛星，而領率眾多衛星的外側行星還具有「行星環」這樣的特徵。

行星的軌道（到火星為止）

太陽系八大行星根據距離太陽的遠近依序是水星、金星、地球、火星、木星、土星、天王星、海王星，它們都繞著太陽運行。插圖所繪為靠近太陽的 4 顆行星的軌道。它們的公轉軌道差不多都落在稱為「黃道面」（ecliptic plane）的平面上，以近乎圓形的橢圓形同一方向繞著太陽運行。

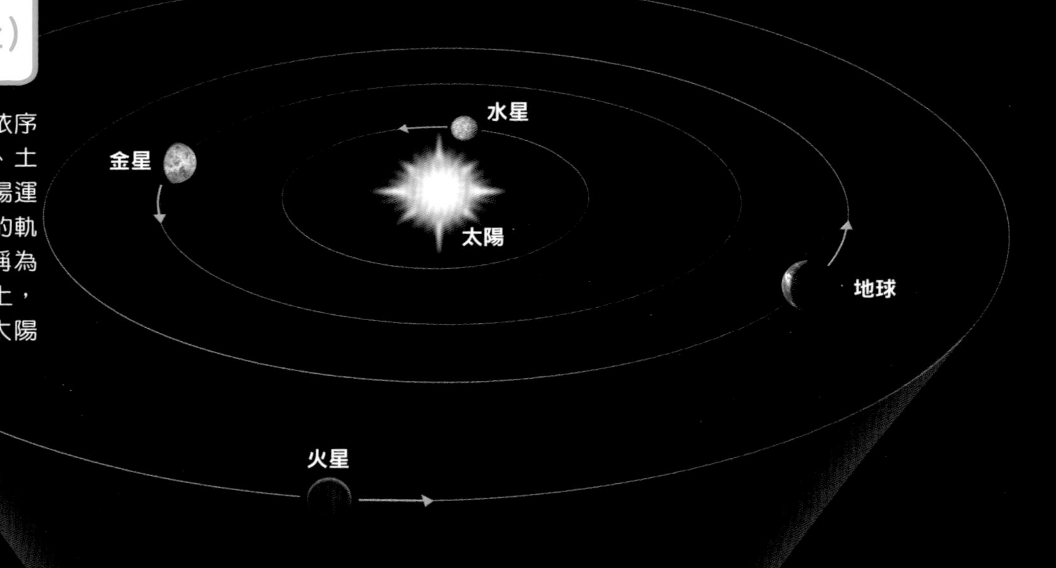

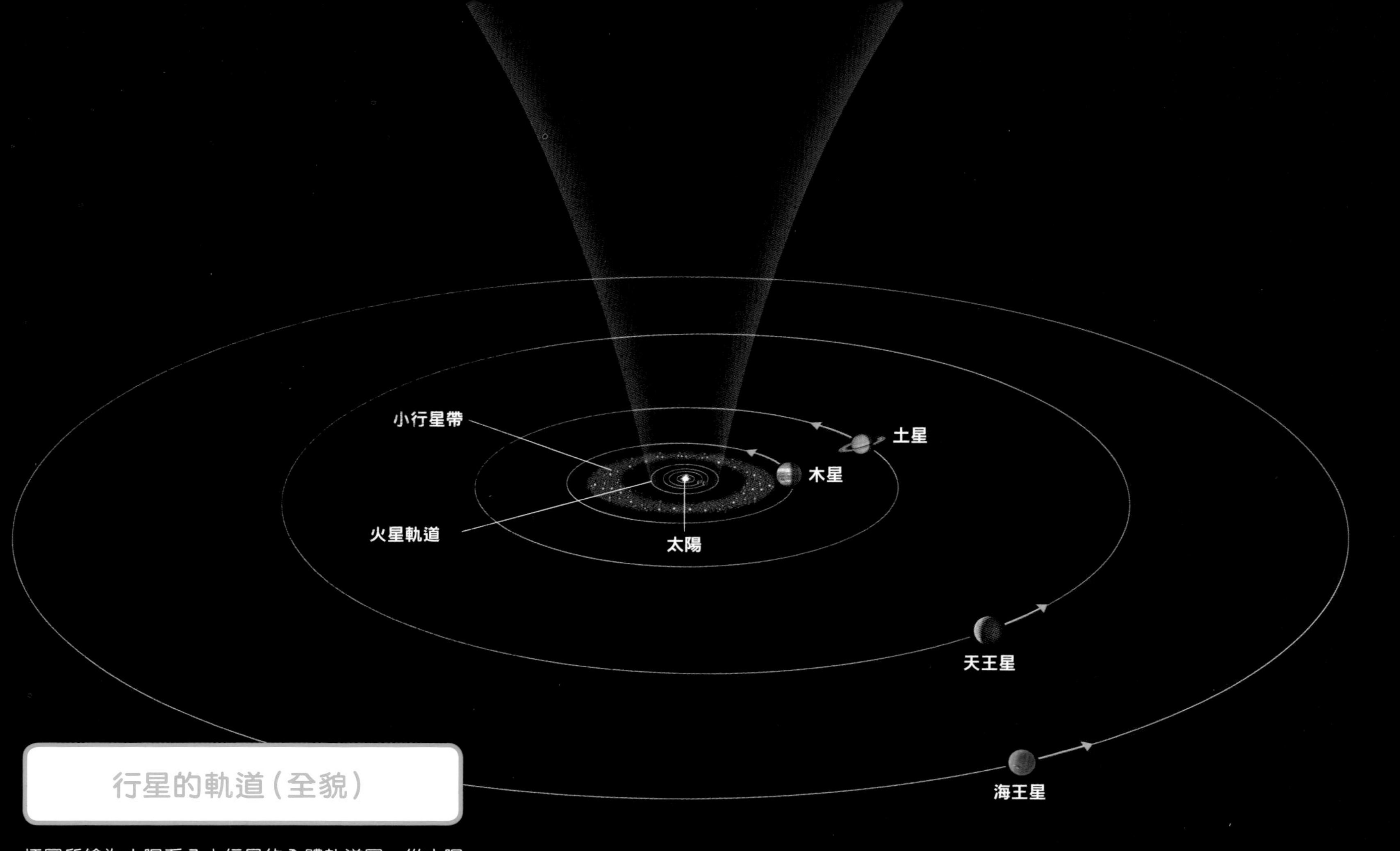

行星的軌道（全貌）

插圖所繪為太陽系八大行星的全體軌道圖。從太陽系整體來看，迄火星為止的軌道係位在非常小的範圍之內。位在火星與木星軌道之間的是「小行星帶」（asteroid belt），這裡有為數眾多的小行星。

太陽系的中心，太陽系的最大天體

位在太陽系中心的「太陽」是巨大的氣體團塊，觀察其內容組成，氫約占70%，氦約占30%弱，碳、氮、氧等只不過約占0.1%。由於高溫，這些元素原子外層的電子被剝離（電離），形成電子與離子各自凌亂運動的電漿（plasma）狀態。太陽的自轉週期在赤道附近約為25日。

太陽的表面溫度大約是6000K（絕對溫度），太陽的核心區（solar core）發生氫原子和氦原子融合以產生原子能的核融合反應（nuclear fusion），形成約1600萬K的極高溫、高壓狀態。該能量被運送到稱為「光球層」（photosphere）的表層，以可見光等電磁波的形式釋放到太空中，這就是我們所看到的太陽光。

在光球層的外面有溫度大約1萬K的「色球層」（chromosphere），色球層之上有「日冕」（corona）。太陽的年齡約46億年，估計未來還能持續發光、發熱約50億年。

色球層是薄薄的大氣層，包覆著太陽表面。

太陽的基本資料

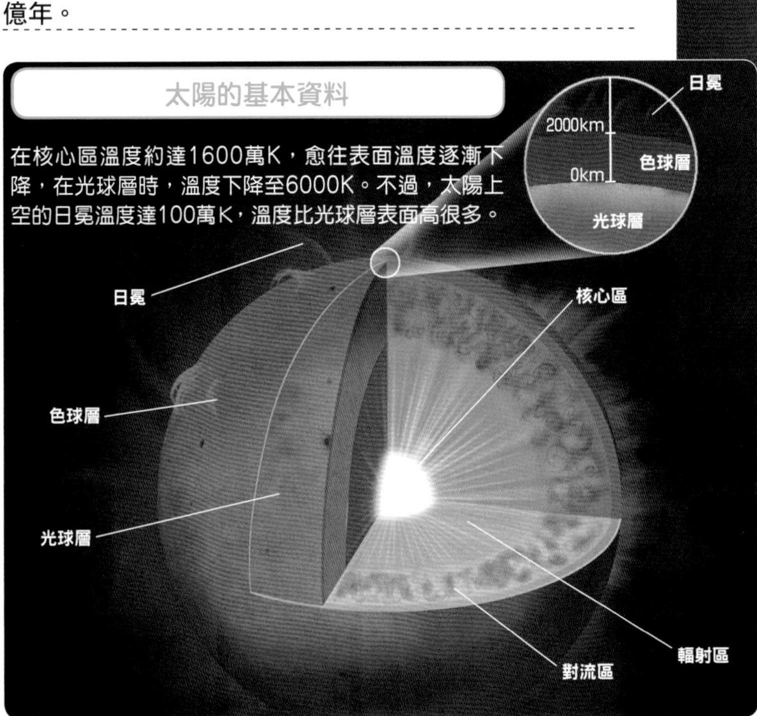

在核心區溫度約達1600萬K，愈往表面溫度逐漸下降，在光球層時，溫度下降至6000K。不過，太陽上空的日冕溫度達100萬K，溫度比光球層表面高很多。

視半徑	15'59".64
赤道半徑	696000km
赤道表面重力	地球的28.01倍
體積	地球的130萬4000倍
質量	地球的33萬2946倍
密度	1.41g/cm^3
自轉週期	25.3800日

取自日本國立天文台編《理科年表2020》

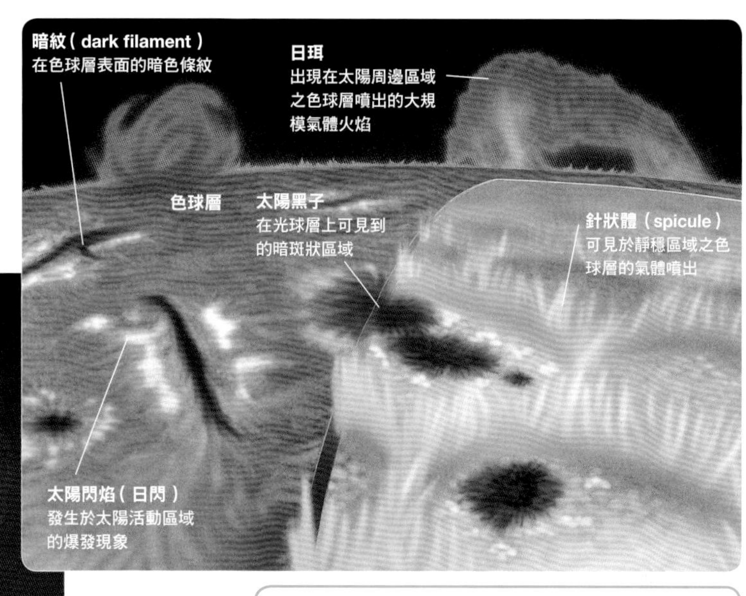

日珥

綿長橫亙的太陽閃焰（日閃），因為溫度比周圍還要高，看起來是白色的。

太陽黑子

出現在太陽光球層上的黑色點狀部分，被稱為「太陽黑子」（sunspot）。看起來呈黑色的原因是溫度比周圍約低了1500K，光較弱之故。

太陽樣貌

在太陽表面偶爾會發生名為「太陽閃焰」（日閃）的爆發現象，所釋放的能量約與超過1億顆的廣島型原子彈同時爆炸的能量相當，有時也會影響到地球的無線通訊、GPS等設備。

色球層的一部分，從日冕內部噴出的現象稱為「日珥」（prominence），根據觀測獲知其高度可達80萬公里。

最靠近太陽的行星「水星」

「水星」是最靠近太陽的行星，由於太過靠近太陽，它是從地球很難觀測的行星。

雖然水星的質量僅是地球的20分之1，不過從平均密度計算的話，可以得知它擁有非常大的金屬鐵核心（core），約為水星半徑的4分之3。

水星的自轉週期約59日，與地球相較，它的1天極為漫長。由於幾乎沒有大氣的關係，日夜溫差非常劇烈。因此，白天的地表溫度高達430℃，夜晚的溫度卻低到－170℃，是個環境十分嚴酷的行星。

水星的表面與月球表面相似，布滿了隕石坑（crater），其中最大的「卡洛里盆地」（Caloris Basin），直徑約達1550公里，約是水星直徑的4分之1。此外，在水星表面還有無數又長又巨大，被稱為「皺脊」（wrinkle ridge）的斷崖地形。

水星樣貌

NASA的探測衛星「信使號」（MESSENGER）所捕捉到的水星樣貌。水星表面跟月表十分相似，布滿許許多多大小不一的隕石坑。

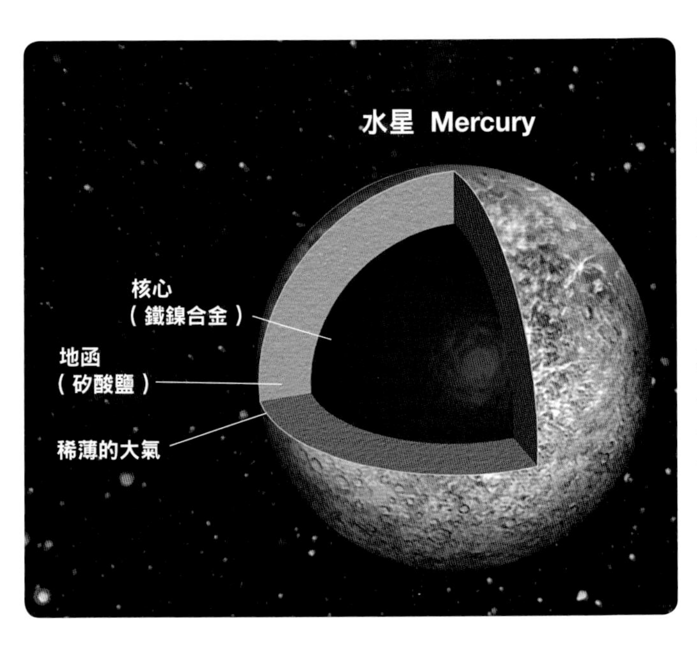

水星的基本資料

以鐵為主要成分的核心，約占半徑的70%以上，密度僅次於地球，是八大行星中第二高的。幾乎沒有大氣，不過據觀測應該被含鈉等成分的稀薄氣體所包覆。

視半徑	5".49
赤道半徑	2439.7km
赤道表面重力	地球的0.38倍
體積	地球的0.056倍
質量	地球的0.05527倍
密度	5.43g/cm^3
自轉週期	58.6462日
衛星數	0顆

取自日本國立天文台編《理科年表2020》

專欄 COLUMN 皺脊

皺脊是水星特有的地形。根據研究推測：這是在水星形成的過程中，水星內部冷卻，整個水星收縮所形成的地表褶皺，其中較長者甚至達到500公里。

水星為太陽系的第1行星，因為非常靠近太陽，從地球很難進行觀測。過去能夠長期觀測水星的，只有1973年11月發射的探測太空船「水手10號」（Mariner 10）。不過水手10號只能拍攝到水星45%左右的形貌，水星仍是太陽系行星中，未知程度最高的行星。能夠完全看清水星面貌的是2004年 8 月發射的「信使號」。

地球的兄弟行星「金星」

「金星」是僅次於水星第二靠近太陽的行星。從地球看，金星的亮度僅次於太陽和月亮，所以自古以來就與人十分親近，被稱為「啟明星」（晨星）和「長庚星」（昏星）。

金星的自轉方向與其他行星相反，以約243日的自轉週期在太陽周圍緩慢運行。金星被濃硫酸雲所包覆，從地球無法直接觀測到金星地表。形成雲粒子的濃硫酸使金星看起來呈黃白色。大氣中，二氧化碳占約96%，溫室效應導致熱量無法釋放到太空中，因此金星的地表溫度高達470℃。

金星的地表地形相當平坦，有多處具同心圓狀結構的巨大圓形地形（冠岩）。此外，還可以看到大量稱為「薄餅狀穹丘」（Pancake dome），直徑約25公里左右的火山性穹丘以及火山地形，由此可知金星在過去曾有劇烈的火山活動。

金星的半徑、質量都跟地球十分相似，據推測，其內部構造也跟地球相似。

金星樣貌

根據NASA的探測器「麥哲倫號」（Magellan probe）的觀測，發現金星上有大量伴隨熔岩流的火山。本圖像是根據麥哲倫號的觀測資料予以立體化的「馬特山」（Maat Mons），這是高度約 8 公里的火山。

※此立體化圖像在高度方向予以強調。

金星的基本資料

核心是熔融的鐵，外面被地函包圍。密度僅次於地球、水星，是八大行星中第三高的。含有濃硫酸雲的濃厚大氣層包覆著金星，高空中吹著秒速約100公尺的強風。

金星 Venus

核心（液態的鐵鎳合金）

地函（矽酸鹽）

地殼（矽酸鹽）

大氣層（主要是二氧化碳）

視半徑	30".16
赤道半徑	6051.8km
赤道表面重力	地球的0.91倍
體積	地球的0.857倍
質量	地球的0.8150倍
密度	5.24g/cm^3
自轉週期	243.0185日
衛星數	0顆

取自日本國立天文台編《理科年表2020》

專欄 COLUMN 冠岩的形成

插圖所示為高溫的地函熱柱從金星內部湧升，在加熱金星表面的同時，也將地殼往上推擠的情形。之後，推擠的力道減弱，留下的痕跡就是圓形結構「冠岩」（corona）。

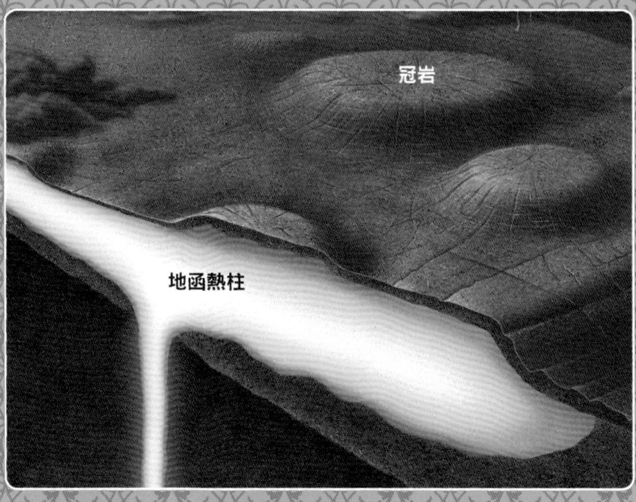

遍布海洋與生命的水行星「地球」

太陽系的第 3 行星「地球」是太陽系中唯一被確認有生命存在，表面有液態海洋的行星。海洋約占地表面積的71%，陸地僅約占29%。根據研究認為，地球最遲在38億年前便已出現海洋；而包覆地球的大氣是由78%的氮、21%的氧所組成。大氣中也含有二氧化碳，二氧化碳在大氣、海洋、大地之間循環。碳循環（carbon cycle）使地球的氣溫穩定，並維持海洋的存在，演變成生命的行星。

地球的氣溫因季節和場所而從約60℃到－98℃之間變化。而地球的全年地表平均氣溫約15℃，與太陽系其他行星相較，地球沒有地表溫度差，可以說是非常穩定的環境。

地球的構造從表面至內部依序是地殼、地函、地核（核心），呈層狀結構。在太陽系八大行星中，地球的體積排名第 5 名，而密度是太陽系中最大的。

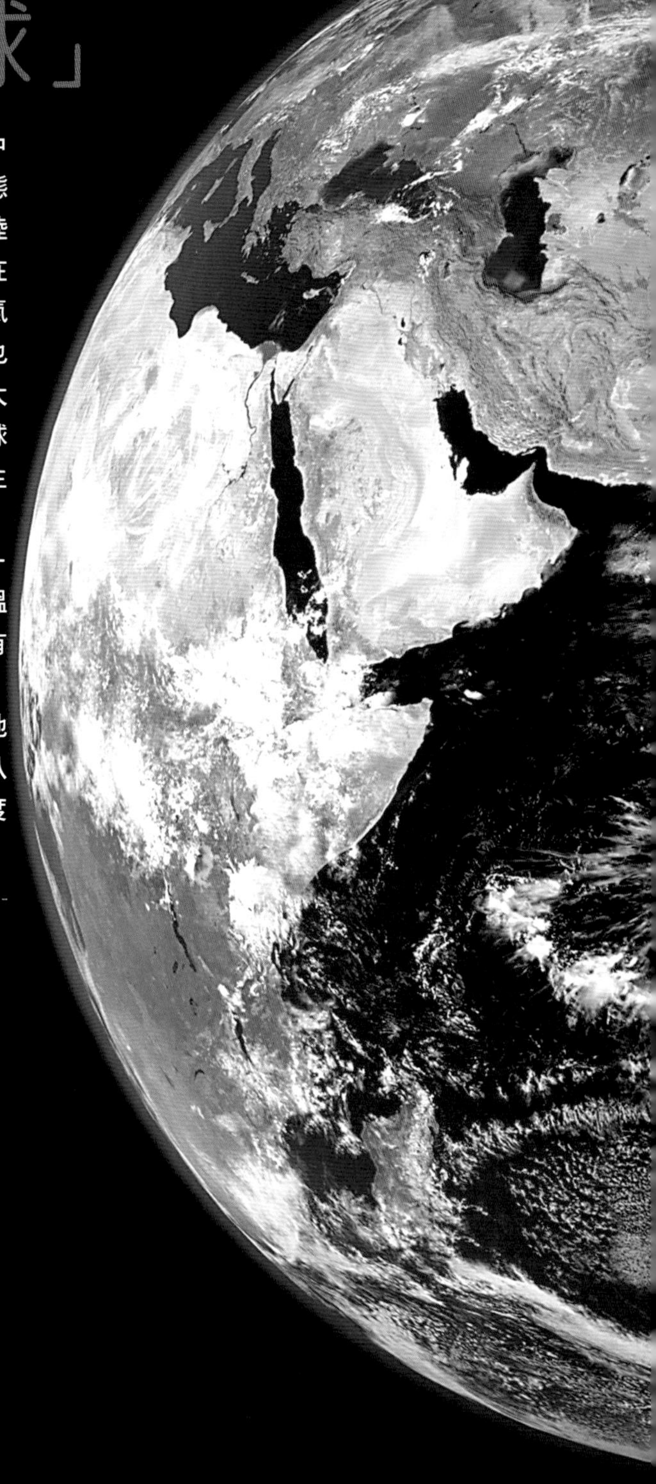

地球樣貌

這是根據在約700公里高空運行的NASA地球觀測衛星「TERRA」的觀測資料繪製的地球圖像，有褐色、綠色的陸地，而白色的雲層則變化萬千地活動著。

地球的基本資料

根據推測，地函占地球總體積的大約80%，是由橄欖岩質的岩石所構成。距離地表深度約2900公里的更深處內部就是地核，以約5100公里為界，分為「內核」(inner core)和「外核」(outer core)。研究認為地核是由鐵鎳所組成。

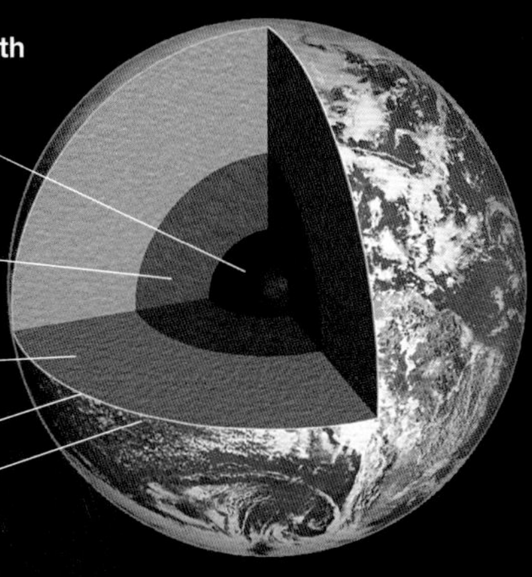

視半徑	———
赤道半徑	6378.1km
赤道表面重力	9.78m/s^2
體積	約1兆km^3
質量	5.972×10^{24}kg
密度	5.51g/cm^3
自轉週期	0.9973日
衛星數	1顆

取自日本國立天文台編《理科年表2020》

專欄 COLUMN 碳循環

具有溫室效應的二氧化碳因火山爆發等而被釋放到大氣中，而大氣中的二氧化碳溶在海水中，與因雨而被從陸地溶出的物質結合，再以岩石的形式被固定。因為這樣的碳循環，地球的氣溫保持穩定，海洋得以存在。

地球唯一的衛星「月球」

「月球」是唯一繞著地球運行的衛星。月球的體積約為地球的 4 分之 1，在太陽系衛星中排名第五。月球與地球的平均距離是大約38萬4000公里，以27.3日的週期公轉，而月球的盈虧週期是29.5日。由於月球繞著地球運行的公轉週期與自轉週期相同，因此一直以同一面（正面）對著地球。又，月球以每年約 3 公分的距離逐漸遠離地球。

月球本身不會發光，從地球所看到的月球是它反射太陽光所呈現的樣貌。月球表面有大量凹陷如碗的「隕石坑」。隕石坑是隕石撞擊的遺跡。

沒有大氣的月球白天氣溫會上升到110℃左右，夜晚則低至－150℃左右，日夜溫差非常劇烈。在月球北極和南極這些極區附近的隕石坑底部，有一整年都照不到陽光，名為「永久陰影區」（permanent shadow）的極寒區域，而從隕坑底部已經發現呈冰狀態的水。

伽利略號太空船拍攝到的月球

月球表面有陰暗而平坦的「海」，以及明亮而多起伏的「高地」。海的部分是由熔融的玄武岩將隕石坑填埋所形成。高地部分則是由古老岩石所構成，月面上還有大量在太陽系初期被微行星碰撞所形成的隕石坑。

月球的基本資料

月球與地球一樣都是由岩石構成，比較兩者的內部結構發現有很多共通點，首先兩者皆由「核心」、「地函」、「地殼」所構成。其次，核心是以鐵鎳合金、地函和地殼都是以矽酸鹽為主要成分等。

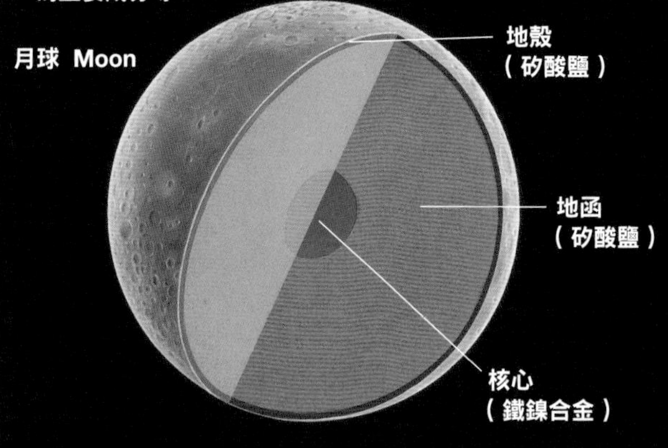

從地球上可以看得到的月球正面，地殼厚度30～60公里，而背面的地殼厚度比正面厚。地殼下的地函一直延續至1200～1500公里深。研究認為月球的中心區域有核心。

視半徑	15'32".28
赤道半徑	1737.4km
赤道表面重力	地球的0.17倍
體積	地球的0.0203倍
質量	地球的0.012300倍
密度	3.34g/cm^3
自轉週期	27.3217日

取自日本國立天文台編《理科年表2020》

專欄 COLUMN 月球的誕生

關於月球的起源，以有火星規模的天體撞擊地球，飛出的碎片在太空中聚集形成月球的「巨大撞擊說」（Giant impact hypothesis）最受研究者的支持。

環境與地球最為相似的行星「火星」

太陽系的第 4 行星「火星」是環境與地球最相似的行星。雖然半徑僅約地球的一半，但是自轉週期約24小時37分鐘，火星的 1 日與地球差不多一樣。此外，赤道面相對於公轉面傾斜約25度，因此跟地球一樣有四季。

火星地表有大約 4 分之 3 為半沙漠狀態，隕石坑零星分布。火星上面有高度約達 2 萬5000公尺的奧林帕斯火山（Olympus Mons），也有約美國大峽谷10倍之深的「水手號峽谷」（Valles Marineris）。

火星地表被以二氧化碳為主要成分的稀薄大氣所包覆，平均大氣壓力僅有地球的約150分之 1。夏季白天氣溫達20℃，而冬季夜晚則變成是－140℃的極寒世界。

根據研究認為火星過去曾經存在液態水，也曾利用多具探測器進行觀測。2008年探測器採取土壤加以分析，首度直接確認土壤中有水分子存在，上空也有降雪現象。2018年，也獲知南極附近的地下有湖泊。

專欄 COLUMN　火星的衛星「火衛一」和「火衛二」

根據研究推測，「火衛一」（Phobos）會逐漸接近火星，因受火星引力影響而會遭到破壞，最終會掉落到火星上。

另一方面，「火衛二」（Deimos）會逐漸遠離火星。

火衛二

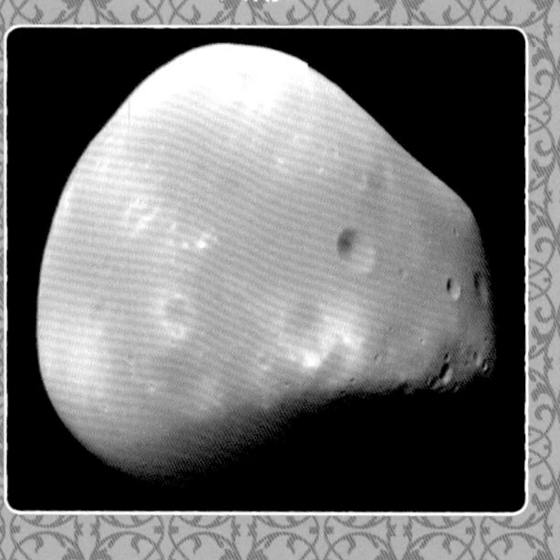

火星的基本資料

火星的組成，諸如核心及地函中含有硫化鐵等，與其他類地行星（terrestrial planet）略有不同。在太陽系的類地行星中，火星的密度最小。有「火衛一」和「火衛二」2顆衛星。

火星 Mars

核心
（鐵鎳核心、硫化鐵）

地函（含有大量硫化鐵的矽酸鹽）

地殼（矽酸鹽）

大氣層
（主要是二氧化碳）

視半徑	8".94
赤道半徑	3396.2km
赤道表面重力	地球的0.38倍
體積	地球的0.151倍
質量	地球的0.1074倍
密度	3.93g/cm^3
自轉週期	1.0260日
衛星數	2顆

取自日本國立天文台編《理科年表2020》

火星探測器「好奇號」所拍攝到的火星大地

火星探測器「好奇號」（Curiosity）在2016年9月拍攝到的「自拍」圖像（由大約60張圖像合成而成），周圍是遼闊的火星特有紅褐色大地。

太陽系的化石「小行星」

太陽系中，除了有行星及其衛星、矮行星之外，還有為數眾多的小天體，其中一種就是「小行星」（asteroid）。小行星集中在火星與木星軌道之間稱為「小行星帶」的區域。第 1 顆被發現的小行星是「穀神星」（Ceres），於1801年 1 月發現的。

小行星的起源可以回溯到太陽系誕生之時。根據研究認為小行星可能是在微行星（planetesimal）彼此反覆碰撞、合併成長為行星的過程中，未能演變成行星者，以及一度成長為巨大天體，可是後來又遭碰撞而碎裂者。

掉落到地球上的隕石，大多數是穿越地球大氣層並與地面撞擊之後未被毀壞的小行星。調查隕石發現，有與太陽組成非常相近的，因此研究者認為小行星是保存太陽系初期之訊息的「化石」。為了調查小行星的組成和形成過程，目前已發射小行星探測器「隼鳥號」（Hayabusa）、「曙光號」（Dawn）進行觀測並採集樣本攜回。

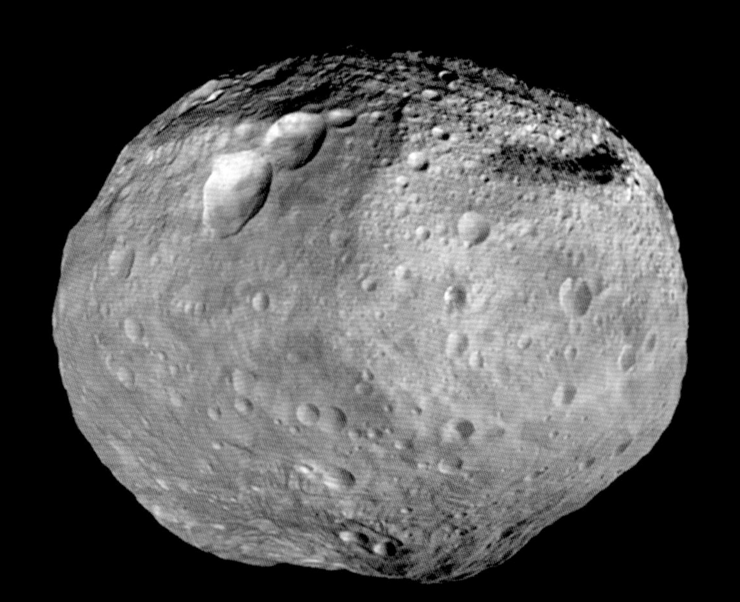

灶神星（Vesta，4 號小行星）

小行星探測器「曙光號」所拍攝到的圖像。以自身的重力無法成球形，而是呈馬鈴薯形狀。大小約是地球的0.040倍，可能具有在形成時產生高溫將岩石熔化，而在中心部形成由鐵等重金屬組成的核。

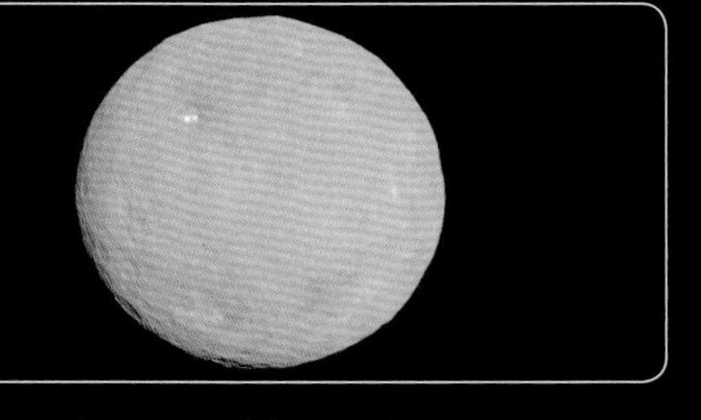

穀神星（Ceres，1 號小行星）

小行星探測器「曙光號」所拍攝到的圖像。穀神星是在1801年第 1 顆被發現的小行星，是位於火星與木星之間的小行星帶中最大的天體，現在與冥王星等天體一起被分類為「矮行星」。直徑952km，大小約為地球的0.075倍。

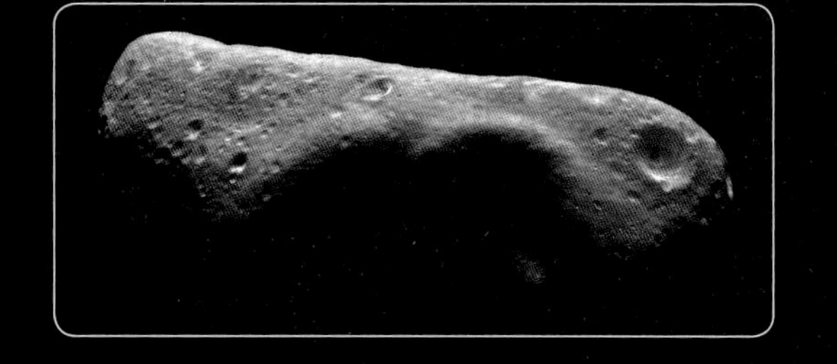

愛神星（Eros，433 號小行星）

具特徵性的細長形狀，由矽質岩石構成的小行星（光譜S型小行星），表面布滿小岩石及砂粒。小行星的英文名字取自希臘神話的愛神，隕石坑則分別以紅樓夢中的賈寶玉（Pao-yu,0.8公里）和林黛玉（Tai-yu,1.4公里）等，世界各國與愛情有關的文學作品中的人物命名。2001年，NASA的探察機「會合-休梅克」號（NEAR Shoemaker）在此著陸。

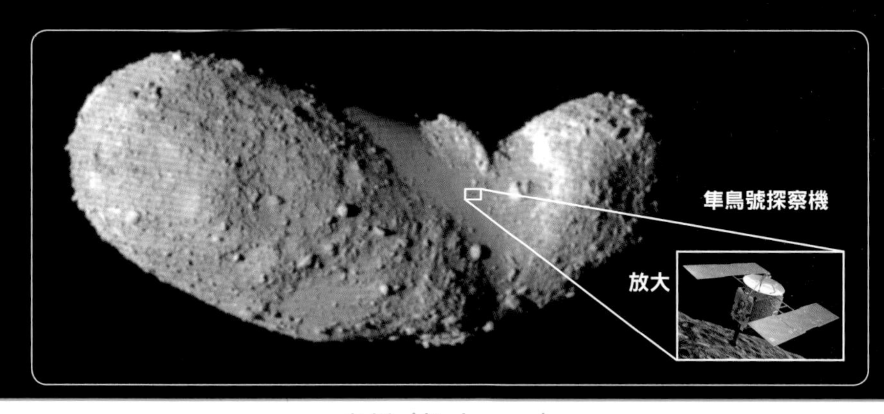

糸川（Itokawa）

糸川之名源自已故的糸川英夫博士，他在日本有「日本太空開發之父」的美譽。糸川小行星的自轉週期約12小時，是由岩石構成的S型小行星。日本的探察機「隼鳥號」著陸於圖像中央右側的平坦地形。上圖乃將隼鳥號採與糸川小行星相同的比例尺繪成插圖，置於著陸地點。糸川的地形是以「淵野邊」（Fuchinobe）、「相模原」（Sagamihara）等日本太空科學研究所的所在地命名。

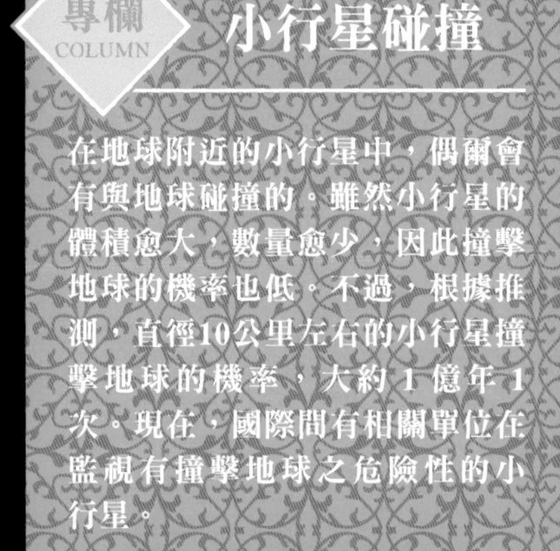

專欄 COLUMN

小行星碰撞

在地球附近的小行星中，偶爾會有與地球碰撞的。雖然小行星的體積愈大，數量愈少，因此撞擊地球的機率也低。不過，根據推測，直徑10公里左右的小行星撞擊地球的機率，大約 1 億年 1 次。現在，國際間有相關單位在監視有撞擊地球之危險性的小行星。

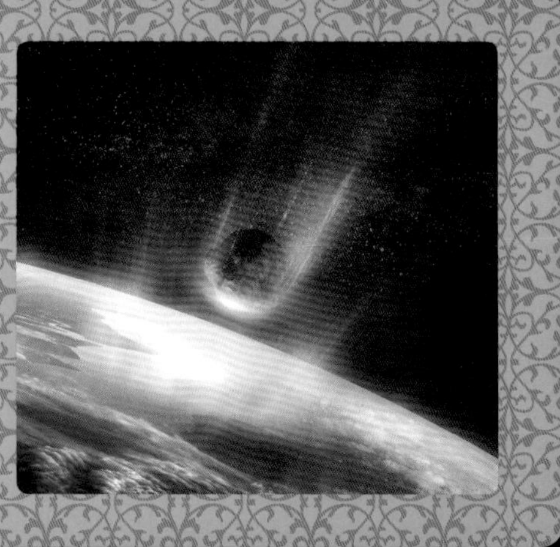

太陽系最大的氣體巨行星「木星」

太陽系第5行星「木星」的半徑大約是地球的11倍，質量約是地球的318倍，是太陽系中體積最大、質量最重的行星。木星與地球不同，它是表面被氣體覆蓋的「氣體巨行星」(gas giant)，主要成分是氫和氦。

木星中心部分的核是由岩石和冰所構成，據研究估計僅是核的質量就高達地球的10倍左右。核的外側是液態金屬氫，再外側是液態分子氫，最外側是氫和氦層。

木星表面最顯著的特徵為紅褐色、白色的帶狀條紋明暗交替所成的美麗圖案。在木星的大氣有氨和硫化氫銨（NH_4HS）冰組成的黃褐色雲，在這些雲中，強烈反射太陽光的部分成為條斑，反射較弱的部分成為帶紋。

木星表面最醒目的地方就是形成巨大渦旋圖案的「大紅斑」(Great Red Spot)。據說，此大紅斑自從1665年由法國的天文學家卡西尼（Giovanni Domenico Cassini，1625～1712）發現以來，至今都未曾消失過。

擁有美麗條紋圖案的木星

現在，朱諾號（Juno）探測器在木星的北極與南極上空的極軌道運行，並進行詳細的觀測。在朱諾號所拍攝之此圖像的左上方，橙色大渦旋就是木星最有名的「大紅斑」。

木星的基本資料

木星中心部分有由岩石和冰組成的核，核的外側包圍著液態金屬氫（含氦），再外側是液態分子氫（含氣體）。大部分都是由跟太陽一樣的輕元素組成，不過重元素比卻是太陽的10倍以上。

木星 Jupiter

核心（岩石、冰）

地函（含氦的液態金屬氫）

液態分子氫（含氣體）

大氣層

視半徑	23”.46
赤道半徑	71492km
赤道表面重力	地球的2.37倍
體積	地球的1321倍
質量	地球的317.83倍
密度	$1.33g/cm^3$
自轉週期	0.4135日
衛星數	79顆

取自日本國立天文台編《理科年表2020》等

木星的南極樣貌

此為朱諾號拍攝到的木星南極圖像。在這裡所看到的樣貌，與以往熟知的橫亙木星表面的條紋圖案大不相同，許許多多看起來像渦旋的東西，是直徑超過1000公里像是颱風的結構。此外，根據朱諾號的觀測，木星的核心遠比我們過去所理解的還要大，而且其上層有可能是柔軟的狀態。

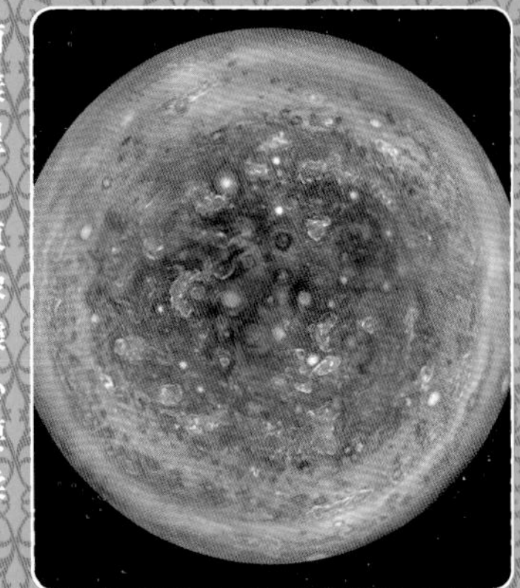

伽利略發現的木星衛星

木星擁有非常多的衛星環繞四周，目前確認的木星衛星已有79顆，其中最大的4顆木星衛星分別為木衛一（埃歐，Io）、木衛二（歐羅巴，Europa）、木衛三（加尼米德，Ganymede）和木衛四（卡利斯多，Callisto），它們是義大利科學家伽利略（Galileo Galilei，1564～1642）於1610年首次透過望遠鏡發現的，故又稱為「伽利略衛星」（Galilean Satelites）。

木衛一（埃歐）是最早發現的木星衛星，木衛一上面有活躍的活山活動，從火山口噴出濃烈的硫磺，劇烈的噴發高度甚至達200公里，噴發物的鈉雲和鉀雲，即使在地球上也能觀測到。

木衛二（歐羅巴）是木星的第 2 衛星，大小比月球稍小一點點。表面為冰所覆蓋，根據推測其地底下應該有液態水。近年來，透過哈伯太空望遠鏡的觀測，確認從木衛二冰面裂縫噴出的物質，被確認是水蒸氣的可能性很高，也可能存在某種生命體。

木衛一（埃歐）

在 4 顆伽利略衛星中，木衛一在最靠近木星的軌道上運行，與木星的距離約42萬公里。大小約為地球的0.29倍，以岩石為主體。根據推測認為因木星重力的作用，木衛一反覆伸縮，摩擦使得內部溫度升高。因此，現在仍有劇烈的活山活動。

木衛二（歐羅巴）

在距離木星約67萬公里的軌道上繞著木星運行，大小約為地球的0.25倍。表面覆蓋厚度達100公里的冰層，有無數像是裂縫般的圖案。白天氣溫約－130℃。在「伽利略號」（Galileo）太空探測船在任務的最終，為了避免掉落在可能有生命存在的木衛二，於是改變軌道，利用殘餘的最後動能衝進木星大氣焚毀。

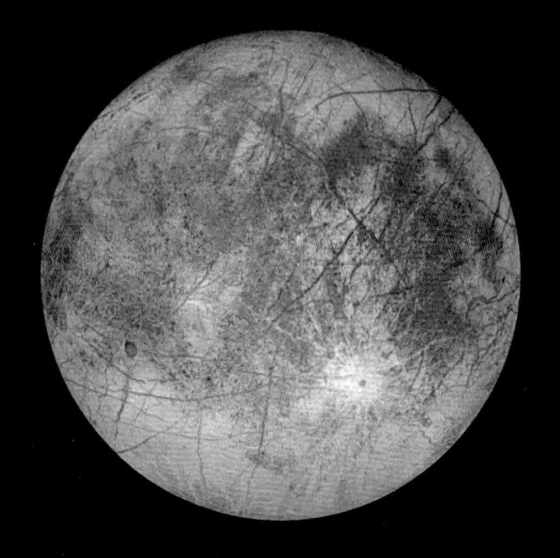

木衛三（加尼米德）

在距離木星約107萬公里的軌道上繞著木星運行，是太陽系中最巨大的衛星。直徑比水星還大，大小約為地球的0.41倍，如果不是木星的衛星，這樣的大小已經足以被認定是行星了。表面覆蓋著厚冰層，白色的條紋狀地形縱橫交錯。據推測，這是地下冰融化而湧出的水，像熔岩一般覆蓋表面，結冰後所形成。

木衛四（卡利斯多）

在距離木星大約188萬公里處公轉，是伽利略衛星當中離木星最遠的一顆，大小約為地球的0.38倍。由冰構成的表面上，布滿了隕石坑。隕石坑排列成一直線所形成的地形稱為「隕石坑鏈」（crater chain），共有八處。這可能是彗星被木星重力拉扯破壞而成為碎片群，接連撞擊木衛表面所產生的痕跡。

擁有美麗環狀結構的行星「土星」

太陽系的第6行星「土星」跟木星一樣，也是氣體巨行星，內部結構也跟木星十分相似。核心是由岩石與冰所構成，其上有由液態金屬氫和氦所構成的地函，其外側有含若干氦的液態分子氫層。土星的質量約為地球的95倍，是僅次於木星，太陽系的第2大行星。

一提到土星，美麗的土星環（rings of Saturn）是它的最大特徵。環狀結構並非土星獨具的，木星、天王星、海王星也都有，只是土星環的寬度超過20萬公里，十分具存在感。

在土星的條紋圖案中，也有相當具特徵性的，這就是被稱為「大白斑」（Great White Spot）的白色渦旋圖案。相較於木星的大紅斑被觀測到有長達300年以上的時間未曾消失過，大白斑則是經過數週至數個月的時間就會消失。

土星的南極和北極都有極光發生，極光的厚度直至距離最上層雲達1600公里以上的地點，這是受到土星的強烈磁場所影響而產生的現象。

土星探測器拍攝到的土星環

土星環的寬度超過20萬公里，是土星本身半徑的 3 倍以上。另一方面，環的厚度僅數十至數百公尺，目前已知環狀結構的絕大部分是由冰粒子構成。

圖像是土星探測器「卡西尼號」（Cassini）穿越過環狀結構時，發送 3 種無線電波，在通過土星環後被地球接收，圖像所示為土星環的觀測結果，紫色地方是所有冰粒都在 5 公分以上的區域，綠色是存在 5 公分大小之冰粒，藍色是存在 1 公分之冰粒的區域。

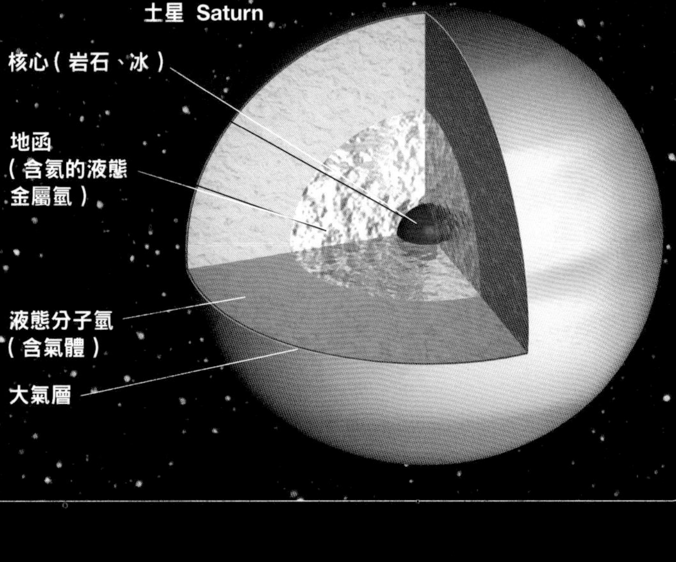

視半徑	9".71
赤道半徑	60268km
赤道表面重力	地球的0.93倍
體積	地球的764倍
質量	地球的95.16倍
密度	0.69g/cm^3
自轉週期	0.4440日
衛星數	65顆

取自日本國立天文台編《理科年表2020》

土星的基本資料

跟木星一樣，在岩質的核心周圍包覆著由液態金屬氫（含氦）等壓縮的輕元素。土星質量之所以遜於木星，是因為土星的內部物質無法像木星那般壓縮，土星是太陽系行星中密度最小的。土星的磁場很強，約達地球的600倍。研究者認為會形成如此強烈的磁場，可能是因為土星地函約占半徑的60%，而且地函活動又很活躍的緣故。

備受期待可能存在生命的土星衛星

在土星周圍不僅有環狀結構，還有許多衛星，目前已知土星衛星有65顆，小的衛星直徑可能只有約500公尺，而大的衛星直徑卻達5150公里。

「土衛六」（又稱泰坦，Titan）是土星的最大衛星，大小約與水星相當。擁有濃厚的大氣是土衛六的特徵，地表附近的氣壓達1.6個大氣壓力，地表溫度為−180℃。大氣的主要成分跟地球一樣都是氮（約97%），另外還檢測出甲烷（約2%）、乙炔、乙烯等有機物。2006年，利用土星探測器「卡西尼號」的雷達觀測，發現土衛六地表有多處像湖泊般的地形。據推測，這是液態甲烷或是乙烷的湖泊。土衛六是極寒的衛星，不過可望有生命存在。

另外，土星的第2衛星「土衛二」（又稱恩塞勒達斯，Enceladus）的內部可能含有液態水、甲烷、一氧化碳、二氧化碳、乙烯、丙烯等大量的碳化合物，也可能存在生命。

土衛六（泰坦）

在距離土星約122萬公里軌道上公轉。半徑約2575km，大小約為地球的0.40倍。由於包覆著氮的大氣，無法利用可見光看到它的表面。擁有如此濃密大氣的衛星，在太陽系中只有土衛六。

土衛八（Iapetus）

在距離土星大約356萬公里的軌道上公轉，是土星的第 3 大衛星。半徑約735km，大小約為地球的0.11倍。土衛八的特徵是有截然分明的雙色調，有白色區域及黑色區域。表面由冰及岩石構成，黑色區域可能是由有機物、含水礦物等堆積而成。

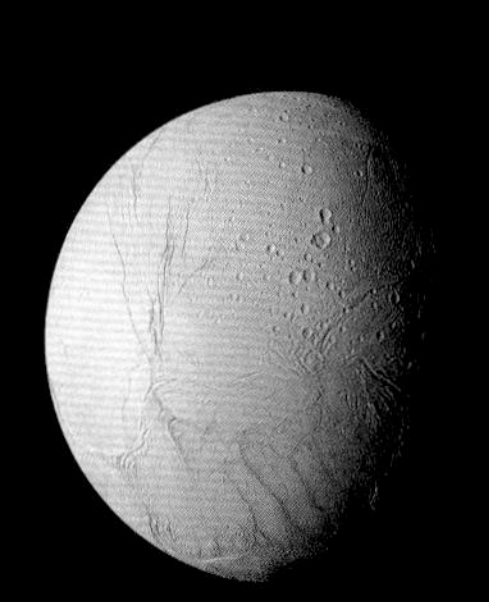

土衛二（恩塞勒達斯）

在距離土星大約23萬8000公里的軌道上公轉，半徑約252km，大小約為地球的0.039倍。表面覆滿微細的冰，因為在土星附近公轉的緣故，受土星潮汐作用的影響導致內部變得高溫，學界咸認為極有可能存在液態水，在木衛二的南極附近發現許多冰面裂縫的地形，並且從裂縫中噴出間歇泉。該間歇泉可能是融化的冰和水蒸氣噴出的現象。

橫躺著自轉的行星「天王星」

太陽系由內往外排在第 7 位的行星就是「天王星」，是僅次於木星、土星，在太陽系中第 3 大的行星。相對於木星、土星被稱為氣體巨行星，而天王星和海王星則被稱為「冰質巨行星」(ice giant)。

天王星的最大特徵就是自轉軸呈98度傾斜，幾乎是呈橫躺狀態。天王星的自轉軸之所以橫躺，目前比較有力的說法是：天王星在形成的初期階段發生了大規模碰撞所導致。

橫躺的天王星兩極不管是晝或夜的週期都很長，1 日約相當於地球時間的84年。換句話說，「極晝的時間持續達42年後，緊接著開始長達42年被黑暗籠罩的極夜」，而這樣的週期循環不輟。

天王星是地表溫度－220℃的極寒世界，大氣的主成分是氫（約83％），另外還含有氦（約15％）、甲烷（約2％）等。天王星的環狀結構共有11道，寬度大都約10多公里，與木星環寬數百公里相較，顯得非常纖細。目前已確認的衛星數，含微小衛星（半徑數十公里）在內共27顆。衛星的軌道面在天王星的赤道面上，以一起橫躺的狀態公轉。

橫躺的天王星與天衛五

具有細環的天王星（左）和它的衛星「天衛五（又稱米蘭達，Miranda）」(右)。在半徑僅約250公里的天衛五表面發現好像被抓撓般的巨大地形，以及深度達20公里的溝槽。有說法認為這些特異地形是天衛五過去遭到破壞又再度聚集的過程一再反覆所留下的痕跡，不過現階段尚不清楚真正的原因。

專欄 COLUMN 天王星的自轉軸轉變成橫躺的過程

研究者認為天王星在形成的初期階段，有幾乎垂直於黃道面的自轉軸。其後，原始天王星受到行星級天體的撞擊，導致天王星變成橫躺的狀態。因為撞擊的關係，該行星級天體完全被破壞，此時所產生的水蒸氣成為形成天王星環的材料。

視半徑	1".93
赤道半徑	25559km
赤道表面重力	地球的0.89倍
體積	地球的63倍
質量	地球的14.54倍
密度	1.27g/cm^3
自轉週期	0.7183日
衛星數	27顆

取自日本國立天文台編《理科年表2020》

天王星的基本資料

天王星的中心有由岩石和冰組成的核，周圍包覆氨、甲烷混合而成的厚冰層，更外側則有含有氨、甲烷等所組成的氣體。天王星看起來之所以呈藍綠色，是因為上層的甲烷吸收了紅光所致。

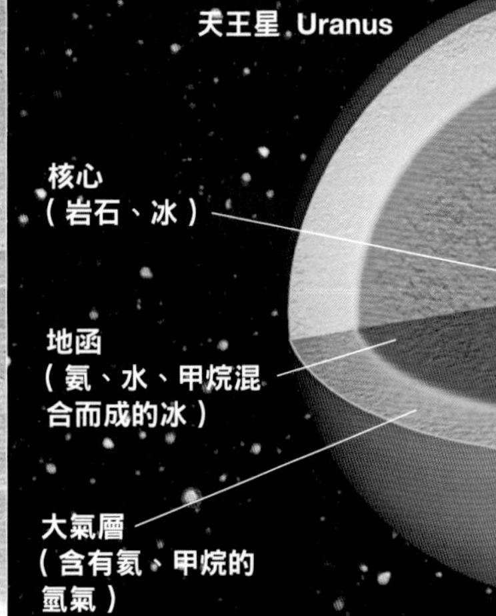

太陽系最遙遠的冰質巨行星「海王星」

太陽系的第 8 行星「海王星」在距離太陽最遙遠的軌道繞著太陽運行，其公轉週期約165年。1846年發現，2011年從發現位置繞太陽一周又回到相同的位置。

海王星的表面呈藍色並非像地球是有海洋的緣故，而是跟天王星一樣，大氣中含有甲烷，將紅色跟橙色的光吸收了，所以看起來呈藍色。大氣的主要成分為氫（約80%）和氦（約19%）。

1989年，美國的太空探測船航海家 2 號（Voyager 2）在海王星的南半球觀測到與木星大紅斑相似，被稱為「大黑斑」（Great Dark Spot）的高氣壓性渦旋。在1994年利用哈伯太空望遠鏡所進行的觀測中，該大黑斑消失，經過數個月後再觀測時，發現北半球出現新的斑紋，從這些現象可以瞭解海王星的上層大氣在極短時間內有巨大變化。

海王星已確認的衛星有14顆，目前在最大的衛星「海衛一」（又稱崔頓，Triton）已確認有稀薄的大氣，由於其表面覆蓋著平滑的甲烷冰，看起來呈粉紅色。

海王星的大黑斑

大黑斑的直徑約 3 萬公里，一面逆時針旋轉，一面以18.3小時的週期繞海王星一周，是高氣壓性渦旋。比周邊區域稍微隆起，其上空飄浮著甲烷白雲。根據研究認為這些大氣活動跟其他的類木行星一樣，是因內部釋放出的熱能所導致。

海王星的基本資料

由岩石和冰組成的核比天王星稍微大，而幾乎全由冰所構成的結構則與天王星幾乎相同。由於核心稍微大一些，因此密度也比天王星高，是太陽系的巨行星中密度最高的。

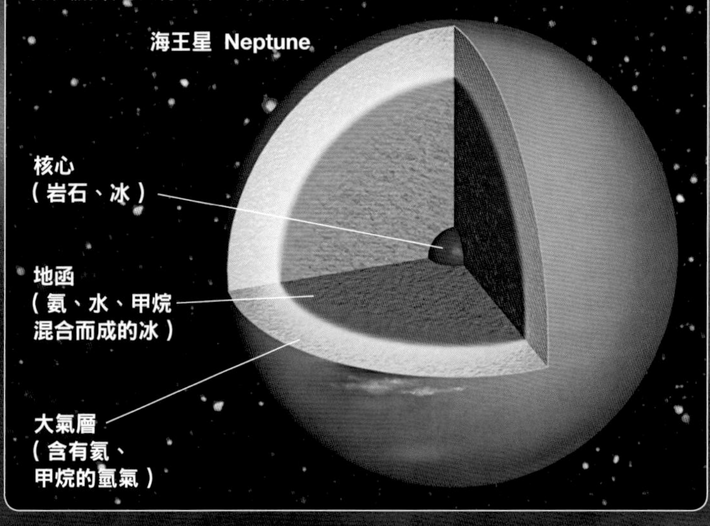

視半徑	1".17
赤道半徑	24764km
赤道表面重力	地球的1.11倍
體積	地球的58倍
質量	地球的17.15倍
密度	1.64g/cm^3
自轉週期	0.6712日
衛星數	14顆

取自日本國立天文台編《理科年表2020》

航海家2號拍攝到的海王星

曾經是太陽系第 9 行星的「冥王星」

在繞著太陽公轉的行星以外的天體中，質量大得使其自身的重力足以抵抗剛體結構強度，使球體維持流體靜力平衡（近乎圓球形）之外型的天體稱為「矮行星」。2006年，國際天文聯合會（IAU）正式為「行星」下定義的同時，也設了「矮行星」這個新分類，結果長年被認定為第 9 行星的「冥王星」被歸在矮行星的行列。

目前為止，被歸類為矮行星的天體有冥王星、鬩神星（Eris）、穀神星（Ceres）、鳥神星（Makemake）、妊神星（Haumea）5 顆。其中，穀神星屬於「小行星帶天體」，其餘皆屬於「海王星外天體」。

冥王星的公轉軌道呈極端的橢圓形，軌道面也傾斜，太陽與冥王星的距離平均約達59億公里。半徑1188公里，相當於月球的 3 分之 2。冥王星的表面溫度為－230～－210℃，擁有以氮為主要成分的大氣，不過十分稀薄，大氣壓力約僅有地球的10萬分之 1。此外，研究者認為冥王星表面上會降下、堆積著固態的氮、甲烷、氨、一氧化碳等霜狀物。

冥王星的心型圖案

NASA的探測太空船「新視野號」（New Horizons）所拍攝到的冥王星鮮明全景。從中央靠下延伸的心型冰原般地形是冥王星的一大特徵，天文學家認為該冰原是由氮冰所形成的。從地球觀測，只能看到明亮的部分。

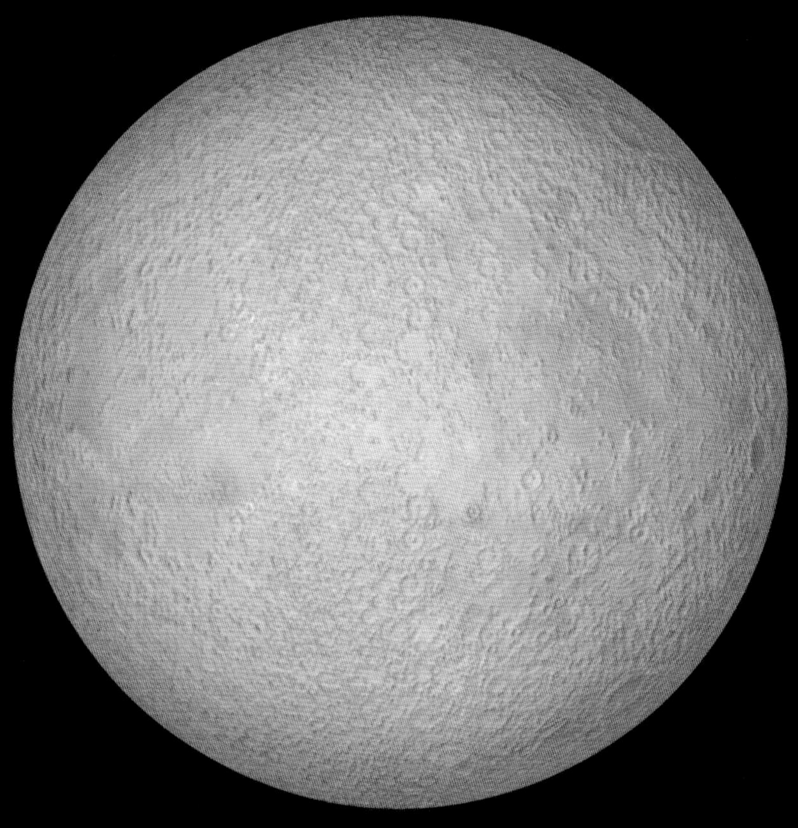

鬩神星（Eris）

這是2003年發現之矮行星「鬩神星」的想像圖。它與太陽的距離，在近日點大約57億公里，在遠日點大約146億公里。半徑1200km，約為地球的0.19倍，比冥王星更大，迫使科學家必須重新考量行星的定義，從而在2006年制訂了新的定義。隨著觀測技術的日益進步，科學家認為未來的矮行星數將會不斷增加。

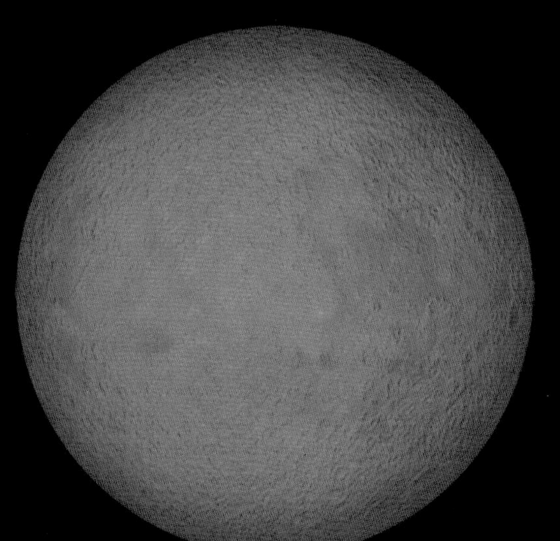

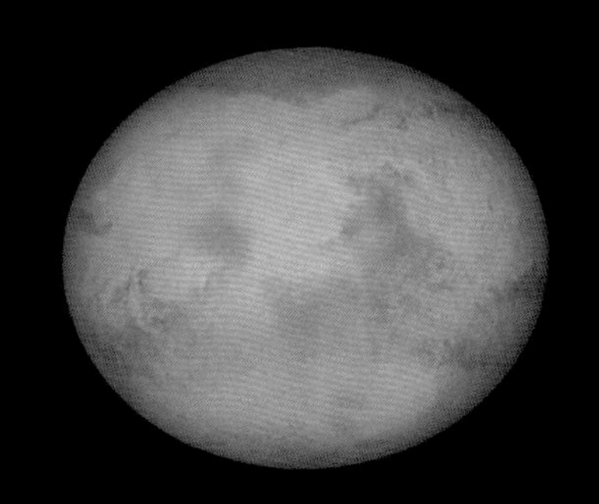

鳥神星（Makemake）

這是2005年發現之矮行星「鳥神星」的想像圖。與太陽的距離，在近日點大約57億公里，在遠日點大約79億公里。半徑約700km，約為地球的0.13倍。表面泛著紅色，可能是覆蓋著甲烷冰。順帶一提，鳥神星的英文名字是復活島神話中的神祇名字。

妊神星（Haumea）

這是2004年發現之矮行星「妊神星」的想像圖。自轉速度非常快，每 4 小時自轉一圈，可能因此而朝赤道方向拉伸，以至成為橢圓形。與太陽的距離，在近日點大約52億公里，在遠日點大約77億公里。大小約為地球的0.078倍。

位在海王星外側的小天體

在比海王星更外側的區域也發現大量被稱為「海王星外天體」的小天體。1950年左右，天文學家艾吉沃斯（Kenneth Essex Edgeworth，1880～1972）和古柏（Gerard Peter Kuiper，1905～1973）預測在海王星外側有個呈帶狀的區域（古柏帶），存在無數以冰為主成分之天體。在矮行星中，位在比海王星更外側者被包括在海王星外天體中。其代表天體為冥王星，因此將這類型矮行星稱為「類冥矮行星」（plutoid）。

1992年，首度在比海王星更靠外側，而且是在冥王星的軌道範圍內發現小天體。其後又陸陸續續在該區域發現小天體，包括尚未闡明軌道的小天體在內，至目前為止已經發現大約3200顆海王星外天體了。

古柏帶的存在區域大約是在30～50天文單位的範圍內（不過賽德娜（90377 Sedna）繞著太陽公轉的軌道在遠日點時大約距離太陽1000天文單位）。在超過50天文單位的區域幾乎就沒有發現海王星外天體，目前尚未闡明為何如此的原因。

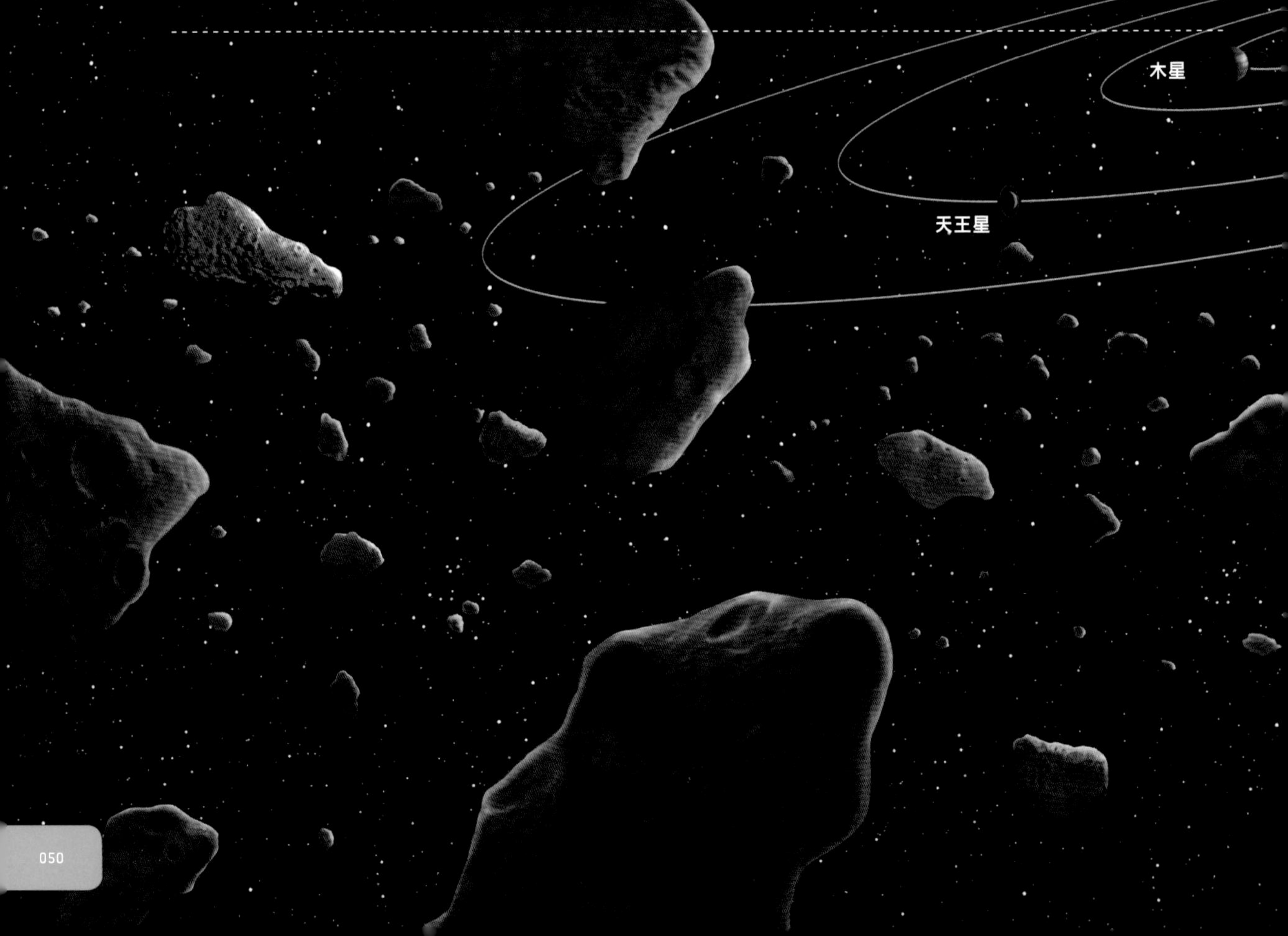

古柏帶

從存在海王星外天體的區域往太陽方向觀看時的想像圖。插圖中，將小天體的密度畫得特別密。海王星外天體是由冰和岩石所構成，存在於30～50天文單位的範圍內。根據太陽系行星形成模型的說法，距離太陽愈遠，形成行星所需的時間愈長，而在演化為行星以前，所需的材料便已消耗殆盡，因而處於停止成長狀態，這樣的天體就是海王星外天體。

拖曳著長長尾巴的掃把星

彗星是隸屬於太陽系的小天體。彗星的主體「彗核」(comet nucleus)是由冰和塵埃構成，結構像顆髒汙的雪球。

一提到彗星最明顯的特徵，應該就是那拖曳著長長尾巴的身影了吧！但是，彗星並非隨時都拖曳著尾巴的。當彗星逐漸靠近太陽時，受到太陽熱力的影響，彗核表面的冰昇華，形成稱為「彗髮」(coma)的大氣。形成彗髮的彗星看起來非常明亮。在冰昇華的同時，也會從彗核往彗髮方向放出塵埃。此外，當彗髮照射到太陽的紫外線時，會產生帶電離子。形成於彗髮內部的塵埃和離子被太陽的輻射壓和太陽風（電漿）吹拂，形成了壯觀的「塵埃尾」(dust tail)和「離子尾」(ion tail)。

彗星的軌道與行星軌道大不相同，在目前已確認的彗星中，有半數的軌道是橢圓軌道和拋物線軌道，不過也有軌道呈雙曲線的彗星。彗星的公轉週期有很大差異，公轉週期最短的恩克彗星（2P/Encke）是3.3年，不過也有週期長達數千至數萬年的彗星。另外，許多彗星的軌道面都大幅傾斜。最為人熟知的「哈雷彗星」(1P/Halley)為橢圓軌道，公轉方向與太陽系行星相反。

哈雷
（Edmund Halley
1656～1742）
英國的天文學家，知名的哈雷彗星就是因為他準確估算能再度觀測到哈雷彗星的年份而命名的。不過他自己本人在哈雷彗星到來之前就已經過世了。

發生在彗星主體的爆炸現象

這是從彗星後方所觀測到發生在百武彗星之彗星主體的爆發現象。彗星的主體「彗核」面向太陽這側，因受太陽輻射熱的關係，表面所含的冰成分被加熱，而發生稱為「爆發」(burst)的急速物質釋放現象。在彗尾隨處皆可見到爆發所產生的塵埃團塊。

專欄 COLUMN

彗星的結構

彗星的主體稱為「彗核」，據估計平均直徑約數公里。彗星的整個週期幾乎都是只有彗核的狀態，只有在靠近太陽時，因被太陽的輻射熱照射，彗核表面的冰蒸發（昇華）形成包含微塵粒子的「彗髮」。因為太陽風吹拂的關係，從彗髮延伸出流向與太陽方向相反的彗尾。彗尾一般來說有二種，一種是帶著黃色調的塵埃粒子流（塵埃尾）。另一種是太陽風與彗星內部的氣體碰撞，氣體就會變成離子，形成「離子尾」。1997年的「海爾-波普彗星」（Comet Hale-Bopp）還被發現有「鈉彗尾」。

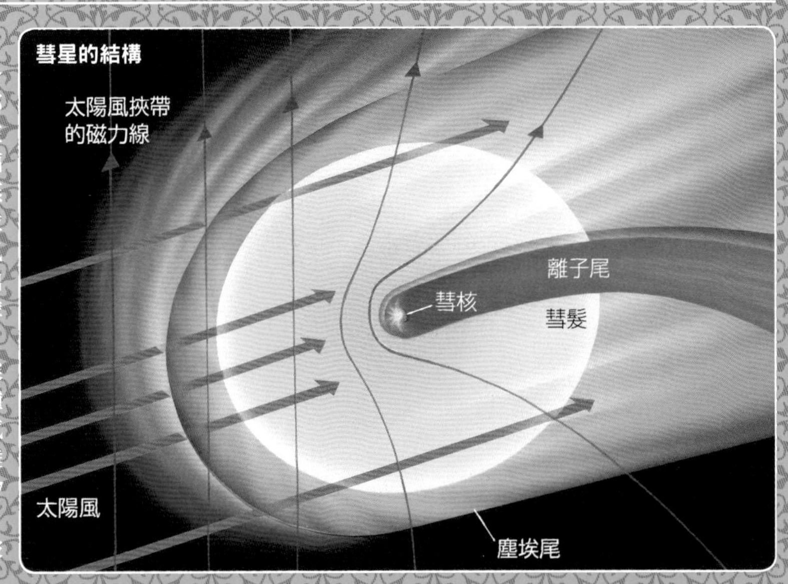

在被大氣燃燒殆盡的過程中大放光芒的流星

太陽的彗星釋放出微塵粒子。另外，在彗星中，也有很多是會碎裂的。這些微塵粒子、碎片不會立即在太空中擴散，會在彗星的軌道上繼續公轉，然後逐漸被遺留在彗星軌道上。在這樣機制下形成的「塵埃帶」中，有的會與地球的公轉軌道相交。於是，當它們通過地球時，這些塵埃在短時間內全衝入地球的大氣層，與大氣分子摩擦而燃燒，發出燦爛的光芒，這就是我們所見到的大量流星，也就是流星群。

形成流星的物質形形色色，小者直徑約0.1毫米以下，大一點的有數公分，平均質量在1公克以下，在約150～100公里的高空發光，在70～50公里的上空消滅。根據估計每天衝入地球大氣的流星體數量約達數十公噸。

每年定期出現的成群流星稱為「流星群」，從地表上觀測，流星宛如從天球的一點（輻射點）呈放射狀發射出來。流星群是依據輻射點的所在星座來命名，諸如「獅子座流星群」（Leonids）、「天鵝座流星群」（Cygnids）等。在彗星靠近地球的前後，流星群的流星數量會有增加的趨勢。

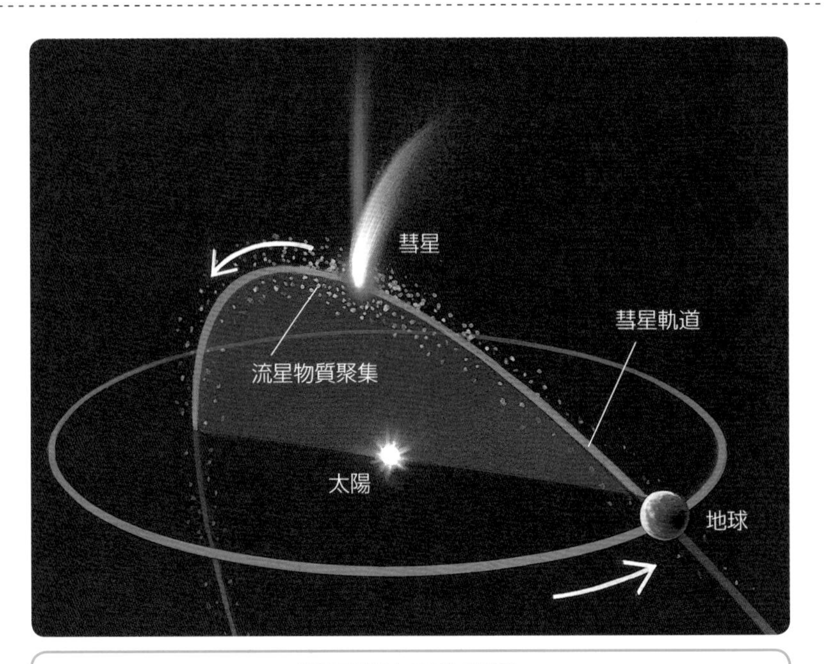

彗星與流星的關係

彗星殘留下來的塵埃成了流星物質，包圍在彗星附近。從彗星放出的流星物質隨著時間的經過而逐漸脫離彗星主體，然後沿著軌道成帶狀分布。地球軌道與塵埃帶相交時，就能觀測到流星群。

獅子座流星群

這是獅子座流星群出現大爆發的想像圖。由於是以獅子座為輻射點呈放射狀散射，因此稱為「獅子座流星群」。

往地球表面墜落下來的小天體

從行星際空間往地球墜落下來的彗星、小行星及行星的碎片，大部分會在大氣層中燃燒殆盡而化為我們所見的流星，沒有完全燃盡而掉落到地面的物體就會成為「隕石」(meteorite)。隕石依其組成大致分為 3 種：以岩石為主體的「石隕石」、以鐵為主體的「鐵隕石」、鐵及岩石摻雜的「石鐵隕石」。世界最大的隕石是在非洲西南部發現的「霍巴隕石」(Hoba meteorite)，重量約60公噸。

絕大多數隕石都源自小行星。隕石中含有母天體的核心和地函裡面的物質，可以說是了解太陽系初期資訊的重要線索。此外，也發現了來自火星的隕石，可能是火星和小行星碰撞而從火星表面飛出來的岩石。

巨大的隕石掉落到地面會撞出大坑洞，稱為隕坑（隕石坑），不過大部分隕坑都因為地殼變動和風化作用而消失了。大約6550萬年前發生的恐龍大滅絕，可能也是巨大隕石的撞擊所造成。

隕石的撞擊

本圖為直徑10公里的隕石即將撞上地球的情景想像圖。大約發生在6550萬年前的恐龍大滅絕，目前以有一顆直徑約10公里左右的隕石撞上了地球所導致的說法被認為可能性最高。

隕石墜落

據估計，墜落地球的隕石當中，重量100公克以上的隕石全年超過 2 萬顆。不過，被發現的隕石只有其中的少數幾顆而已。直徑10公尺以下的隕石絕大部分在大氣中完全燃燒了。

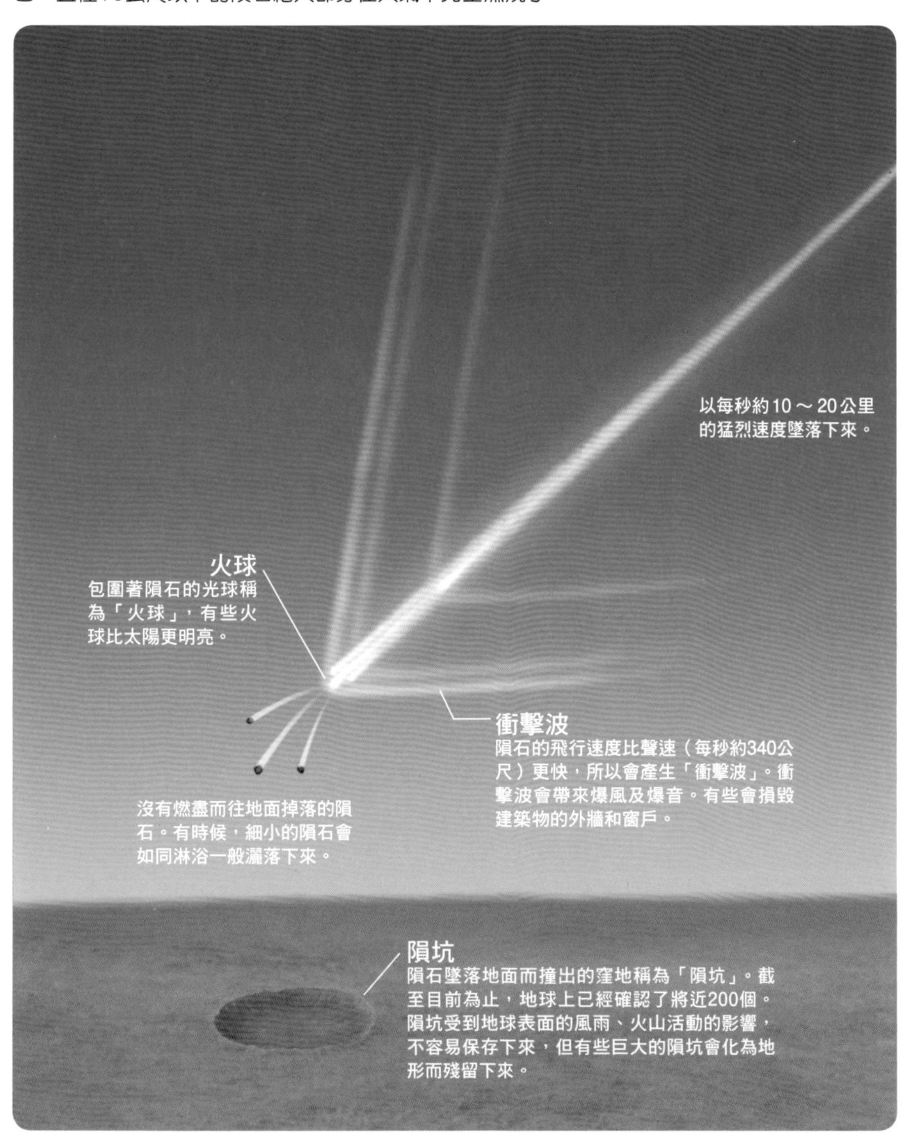

生命的原料是從宇宙飛來的？

飛到地球來之隕石的圖像。在某些隕石之中發現了胺基酸，有些研究者認為這可能成了孕育生命的原料。

綿延到太陽系盡頭的「歐特雲」

從太陽以每秒超過400公里的猛烈速度吹出的太陽風（solar wind），據推測所及範圍是從太陽到100天文單位的區域，該區域稱為「太陽圈」（heliosphere）。太陽系在銀河系的星際空間移動，而太陽圈具有護衛太陽系，宛若磁性護盾的功能。

2004年是航海家 1 號，2007年是 2 號都已經抵達位在太陽圈邊界——太陽圈頂（heliopause）正前方的「終端震波區」（termination shock）。而2012年航海家 1 號、2018年航海家 2 號已通過終端震波區來到太陽圈外面。

研究者認為在太陽圈外側的 1 萬～10萬天文單位處有呈球殼狀分布的「歐特雲」（Oort Cloud）。歐特雲有眾多以冰和岩石為主要成分的小天體，數量約達 5 兆～6 兆顆。這是現階段人類所知的太陽系盡頭。

歐特雲

包圍著太陽系，這裡聚集了大量以冰為主要成分的小天體。這些小天體因為太陽引力的作用而被拉往內側，有時會掠過地球附近，這就是「彗星」。為了方便了解起見，插圖中將小天體畫得相當密集，其實是非常稀疏的，其密度相當於在 1 邊為10公里的立方體中，僅有數個直徑 1 公分的彈珠。

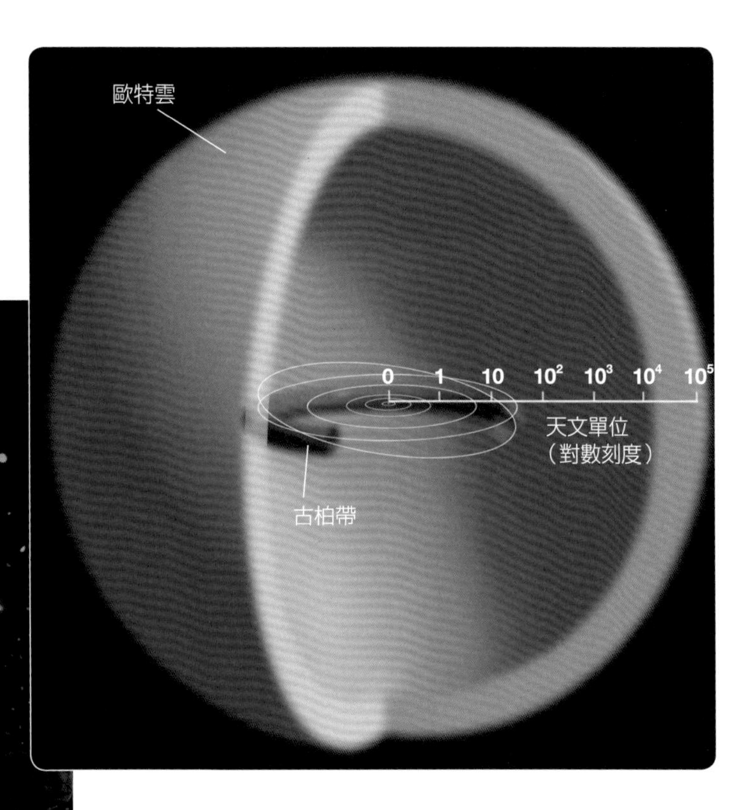

朝太陽系盡頭前進的「航海家號」

大約經過30年的歲月，探測太空船航海家 1 號、2 號終於通過終端震波區，然後又通過了太陽圈。所謂終端震波區是太陽風碰撞到銀河系星際氣體時，在碰撞面（太陽圈頂）內側形成的震波區。

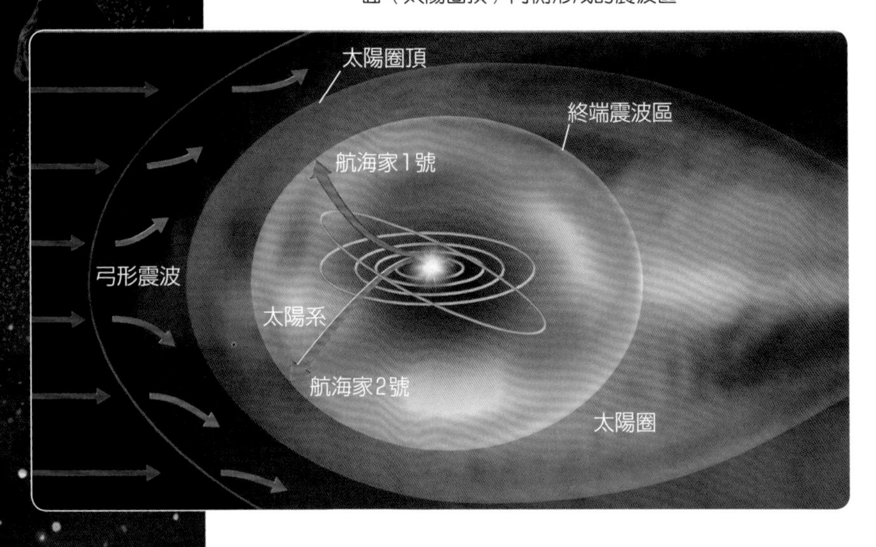

COLUMN

如果地球是顆彈珠，木星會是什麼呢？

太陽系中，木星是最大的行星。那麼，木星與地球的體積到底相差多少呢？

我們地球的赤道半徑大約6400公里，是繼木星、土星、天王星、海王星之後，排名第5大的行星。另一方面，最大的木星赤道半徑約7萬1000公里。若以地球的大小為基準，木星約是地球的11倍大。

若地球是顆「彈珠」，那麼其他行星會譬喻成什麼呢？

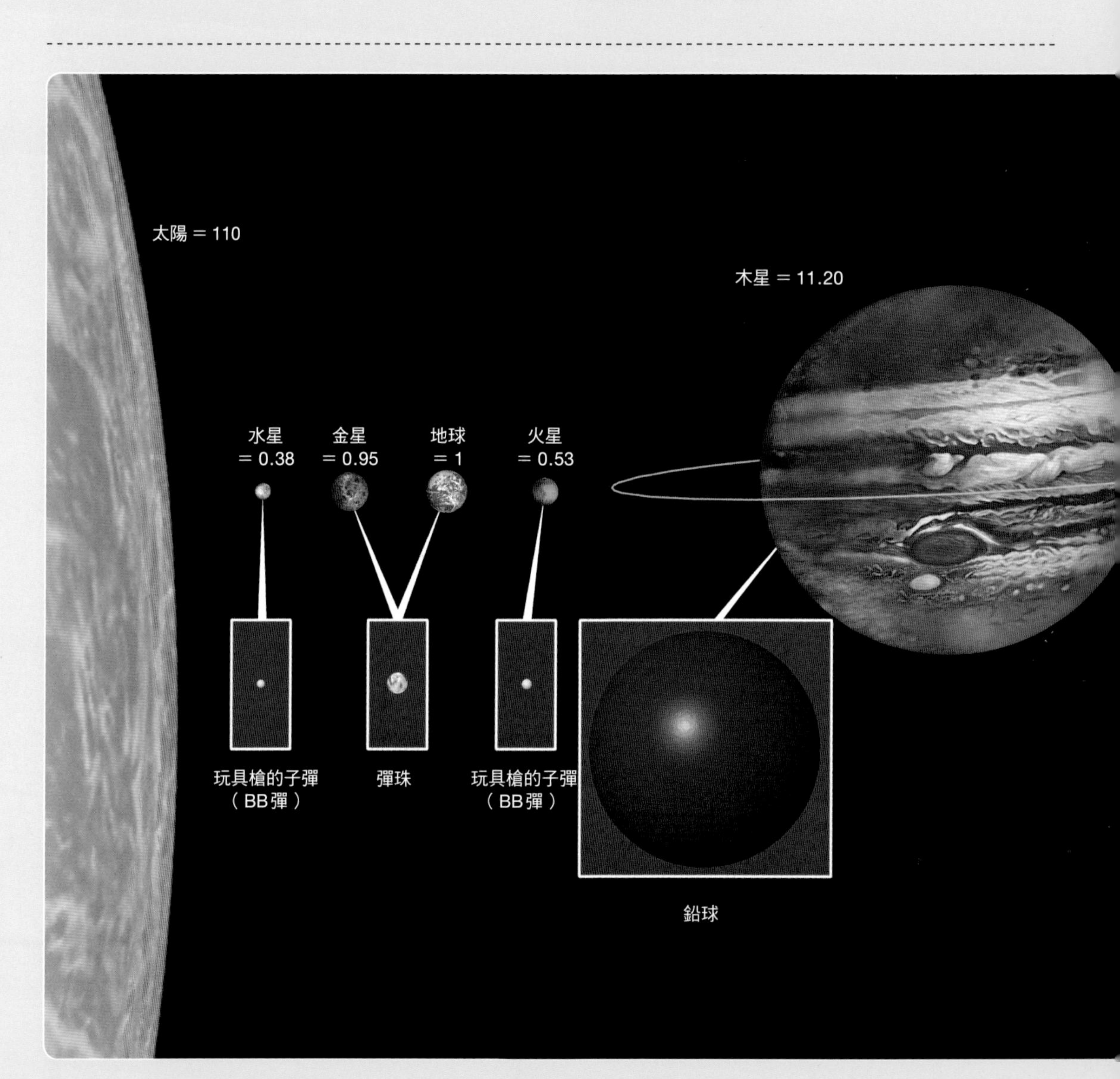

假設地球是直徑約1公分的「彈珠」，於是木星大概就像是田徑賽場上所使用的「鉛球」那般大，僅次於木星的土星就是「壘球」大小，天王星和海王星的大小則相當於「乒乓球」。

另一方面，跟地球差不多大小的金星也像顆彈珠，比地球小的火星和水星，應該只有玩具槍的「BB彈」那麼大而已。太陽系的行星體積就是有這麼大的差異。

倘若太陽也與太陽系中的行星比大小，結果又會是如何呢？太陽的赤道半徑約達69萬6000公里，若以地球的大小為基準，太陽約是地球的110倍大。若地球像顆彈珠，那麼太陽就像一顆直徑約一名孩童般高的球體。想像一下一名110公分高的孩童（太陽）雙手捧著鉛球（木星）的情形，應該就能體會太陽有多大了吧！

太陽無比巨大

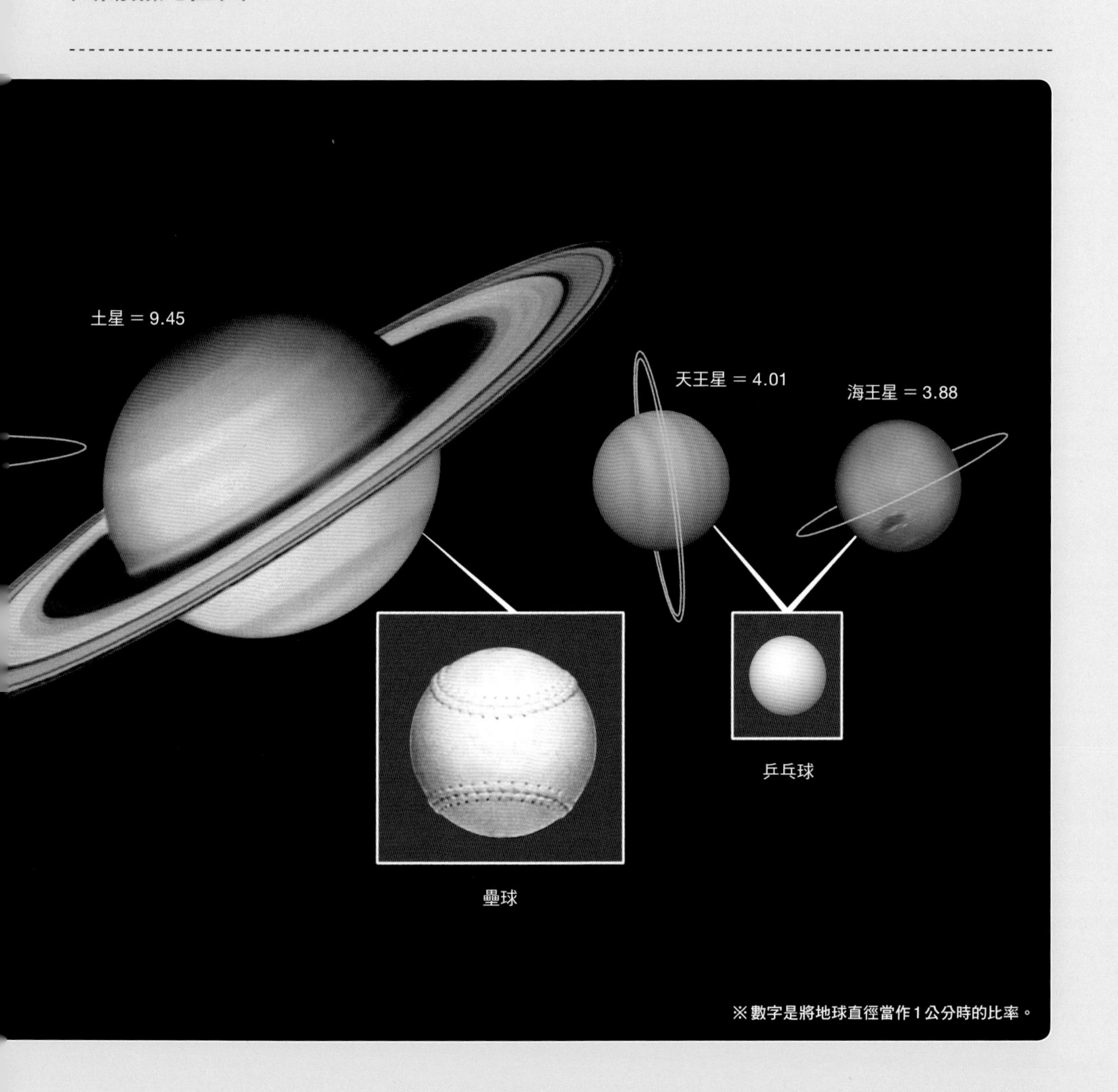

※數字是將地球直徑當作1公分時的比率。

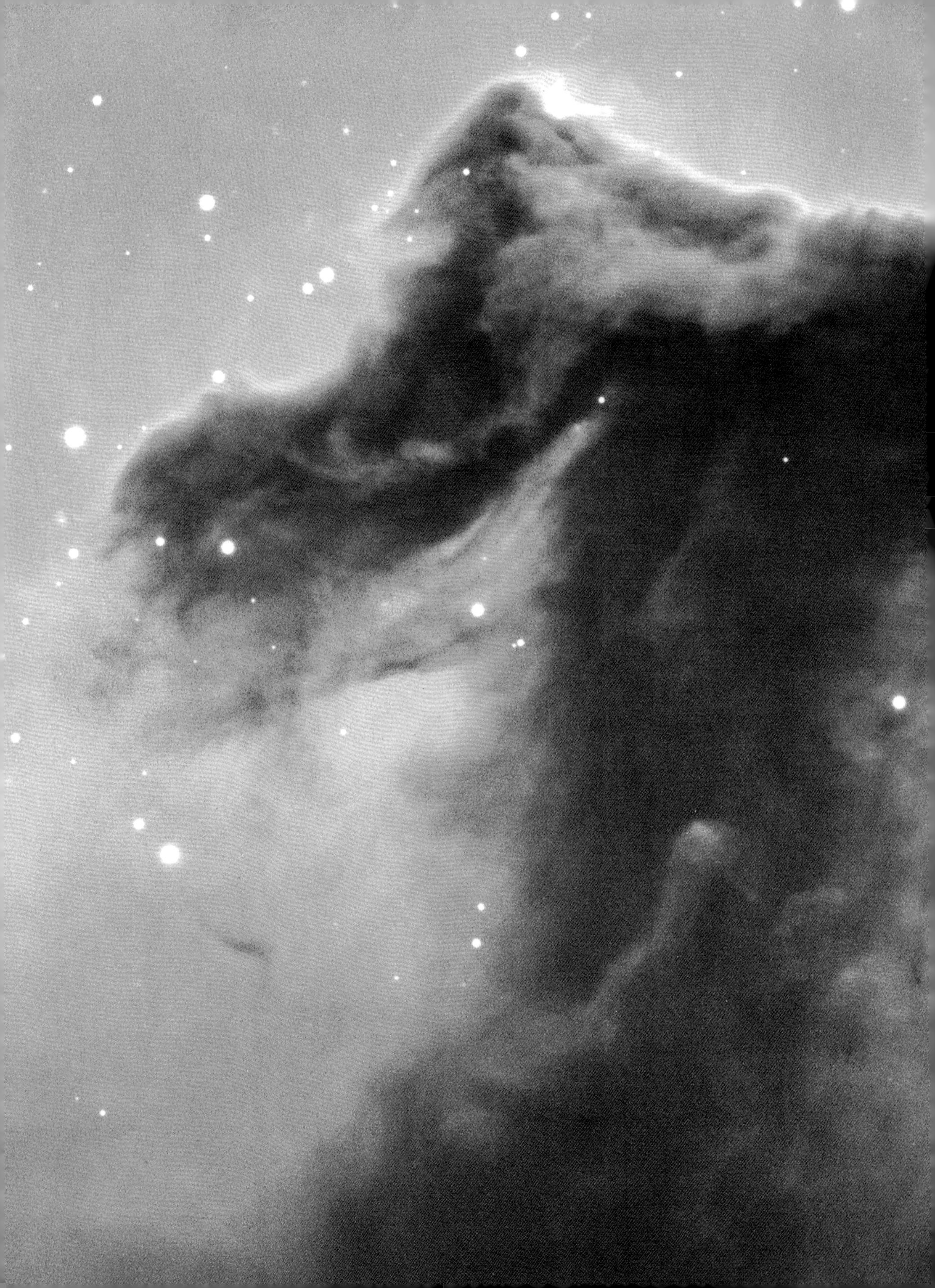

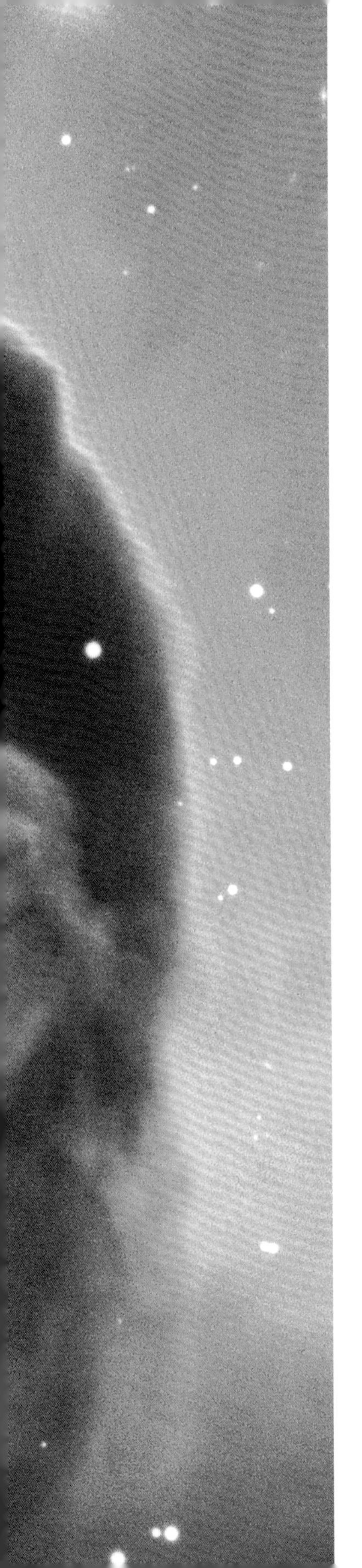

2
恆星
Fixed Star

看起來好像雲朵的天體

所謂的星雲，是指看起來好像明亮雲朵的天體。由高密度的氣體和固態微塵粒子（分子雲）組成，依其呈現的不同樣態而分為「暗星雲」(dark nebula）和「瀰漫星雲」(diffuse nebula)。

暗星雲看起來一片漆黑，這是因為在微塵粒子濃密的區域，遮住了背後傳來的星光的緣故。

瀰漫星雲又分為「發射星雲」(emission nebula）和「反射星雲」(reflection nebula)。分子雲的附近如果有放射出紫外線的年輕高溫恆星（剛誕生的恆星），則雲的主要成分氫原子會被奪走電子（電離）。電離的氫會發出特有的紅光，所以稱為發射星雲。反射星雲是指分子雲中的微塵粒子反射鄰近恆星的光的星雲，會發出規模比發射星雲小而顯現藍色的光。

暗星雲是新恆星誕生的場所。在星雲中的各個地方，如果微塵和氣體的密度變得更濃密，便會開始發生「核融合反應」，就此展開恆星的一生。

馬頭星雲（也稱巴納德33）

設置於南美洲智利的「超大望遠鏡」(Very Large Telescope，VLT）拍攝的馬頭星雲(Horsehead Nebula、Barnard 33)。馬頭星雲是位於獵戶座方向上的巨大暗星雲的一部分。在夏季的天河中，沿著河川流動的方向上，可以看到形似幽暗條紋狀的東西，這就是暗星雲。

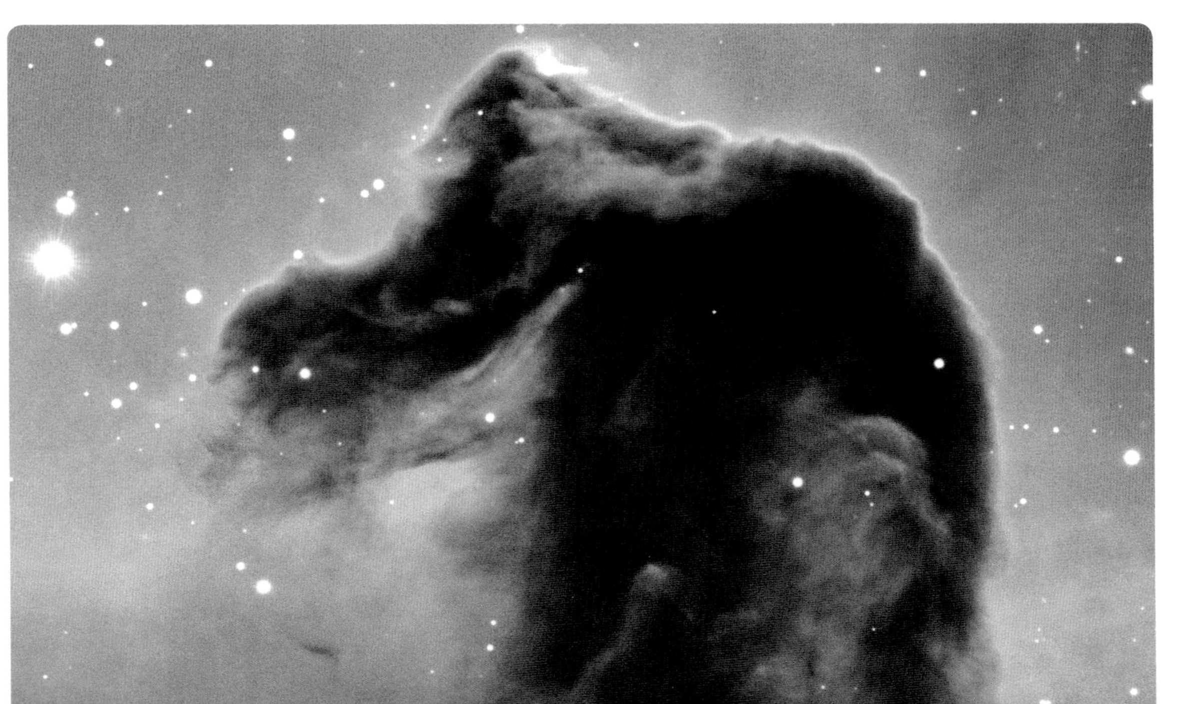

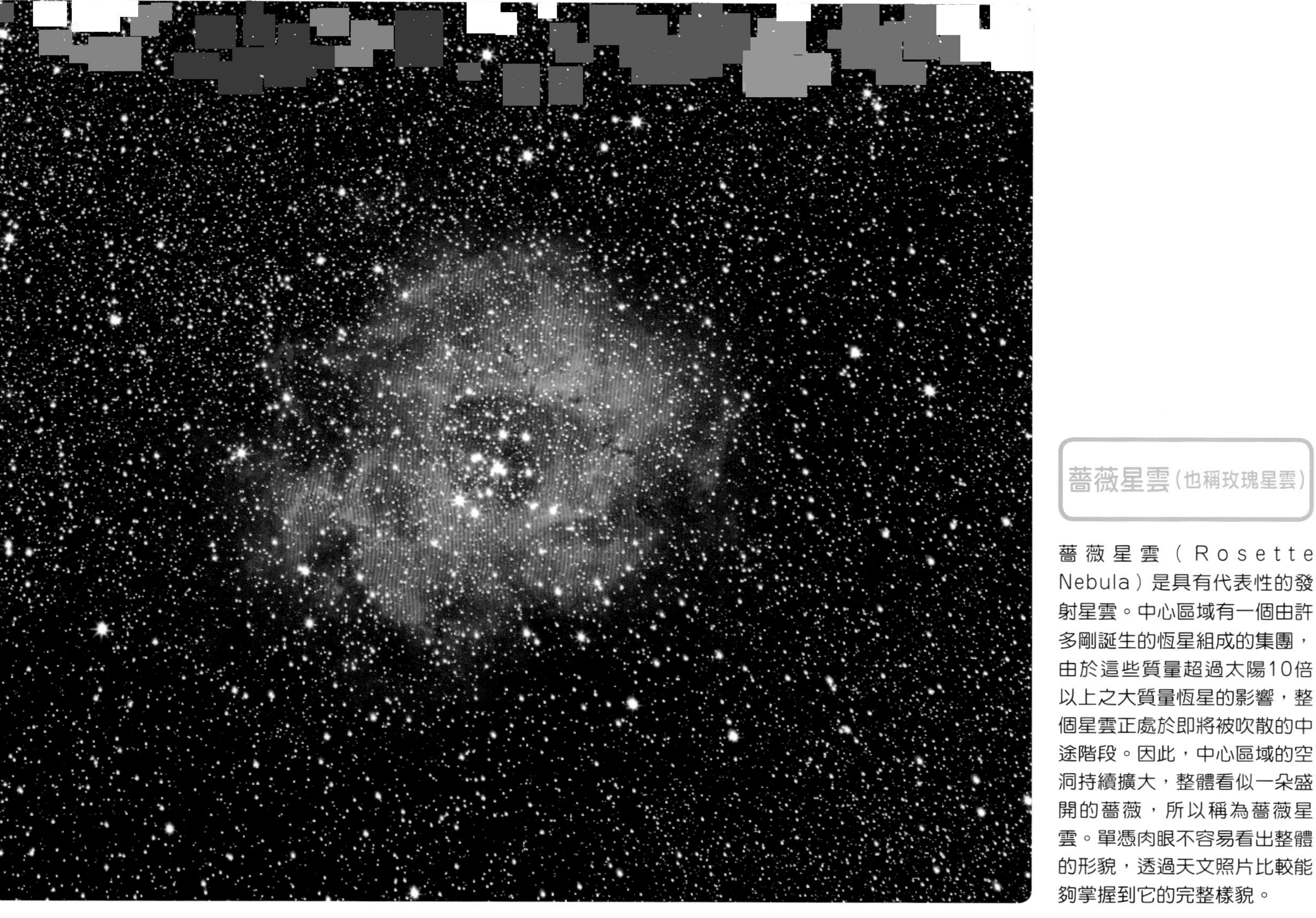

薔薇星雲（也稱玫瑰星雲）

薔薇星雲（Rosette Nebula）是具有代表性的發射星雲。中心區域有一個由許多剛誕生的恆星組成的集團，由於這些質量超過太陽10倍以上之大質量恆星的影響，整個星雲正處於即將被吹散的中途階段。因此，中心區域的空洞持續擴大，整體看似一朵盛開的薔薇，所以稱為薔薇星雲。單憑肉眼不容易看出整體的形貌，透過天文照片比較能夠掌握到它的完整樣貌。

眾多恆星密集而成的恆星集團

瀰漫星雲中的眾多恆星在誕生後數百萬年至數千萬年間，其周圍氣體被新生恆星放出的紫外線及氣流吹散，只剩下年輕的恆星，就成了「疏散星團」(open cluster)。所謂的星團，是指眾多恆星密集的區域。形狀不規則的星團稱為疏散星團，而聚集成球狀的星團則稱為「球狀星團」(globular cluster)。

疏散星團在直徑 5～50光年的範圍內聚集著數十～數百顆恆星。由於是從銀河系的銀河圓盤的分子雲誕生，所以星團成員都是在幾乎同一個時期誕生的年輕恆星，集中分布於天河周邊。目前已經知道的疏散星團有昴宿星團（Pleiades）、畢宿星團（Hyades）、鬼宿星團（Praesepe）等等大約1500個。

球狀星團在直徑數十～數百光年的範圍內聚集著數萬～數百萬顆恆星。大多分布在銀河系的中心區（核球），也有一些散布在銀河圓盤（Disk）周圍的星系暈中。目前已經知道的球狀星團有武仙座M13、獵犬座M3等等大約150個。疏散星團是由年輕恆星組成，相對地，球狀星團則是由年齡100億歲以上的恆星組成。

散發出藍白色光芒的恆星集團「昴宿星團」

哈伯太空望遠鏡拍攝的「昴宿星團」。這個疏散星團位於金牛座方向上，距離地球大約410光年，由大約100顆恆星組成。這種藍白色光芒意味著這些是非常年輕的恆星，估計大約為6000萬歲～1 億歲左右。

專欄 COLUMN 疏散星團的誕生

疏散星團源自氣體及微塵濃密聚集的「星際分子雲」。一個星際分子雲反覆地壓縮和碎裂，形成數十至數百顆恆星而開始發光，於是誕生了疏散星團。組成疏散星團的眾恆星都是由同一個母親（星際分子雲）生出來的兄弟姐妹。

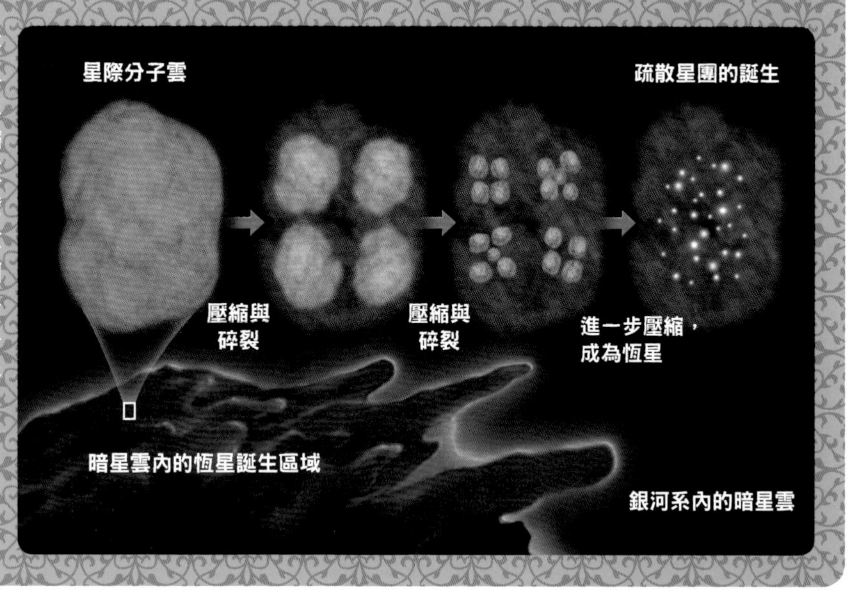

恆星數量數不勝數的「ω星團」

哈伯太空望遠鏡拍攝的「ω星團」(Omega Centauri，NGC 5139)中心區域。位於南天的半人馬座方向上，距離地球大約 1 萬7000光年。ω星團在直徑大約200光年的範圍內，聚集著多達數百萬顆的恆星。恆星與恆星之間的距離非常接近，在星團中心區域只有0.1光年左右。這個距離只有太陽與最鄰近恆星之間的距離（4.22光年）的40分之 1 左右而已。

藉由核融合反應而自行發光的恆星

分子雲是由星際氣體高密度聚集而成的天體，主要成分是氫分子。分子雲反覆地壓縮和碎裂，在這個過程中，氣體逐漸往中心區集結，形成由氣體和塵埃所構成的圓盤（原行星盤，protoplanetary disk）。如果更進一步壓縮，則在圓盤的中心會孕育出「原恆星」（protostar，或稱胎星）。這個時候會產生龐大的熱（重力位能），以紅外線的形式往外輻射，並且導致恆星周圍的一部分氣體噴射出去成為噴流。然後，原始恆星停止壓縮，中心區開始發生核融合反應，就這樣誕生了一個「恆星」。和行星不一樣，恆星能自行發出光芒。

通常，在分子雲裡面，會有許多個恆星在同一個時期誕生。以太陽來說，很可能是在這大約46億年的期間和「兄弟們」分散遠離了。又，雖然太陽是單獨的恆星，但是宇宙中好像以由 2 顆以上恆星繞著彼此的質心運轉的「聯星」占大多數。

恆星的中心區，處於數千萬K的高溫狀態，氫藉由核融合而成為氦，這就是能量的來源。

噴出噴流的原恆星

原行星盤的中心有顆原恆星，朝垂直於圓盤的方向噴出氣流（噴流）。剛誕生的原恆星由於重力塌縮而發光，但因為被周圍的氣體包覆而看不清楚。不過，隨著原恆星的成長，紅外線會逐漸往外洩露出來。

從分子雲誕生的恆星

在宇宙中，氣體濃密的星際分子雲裡面的密度特別高的區域（分子雲核心）藉由本身的重力而塌縮，最終孕育出恆星。分子雲的質量為太陽的100倍左右至10萬倍左右，溫度為10K～100K。

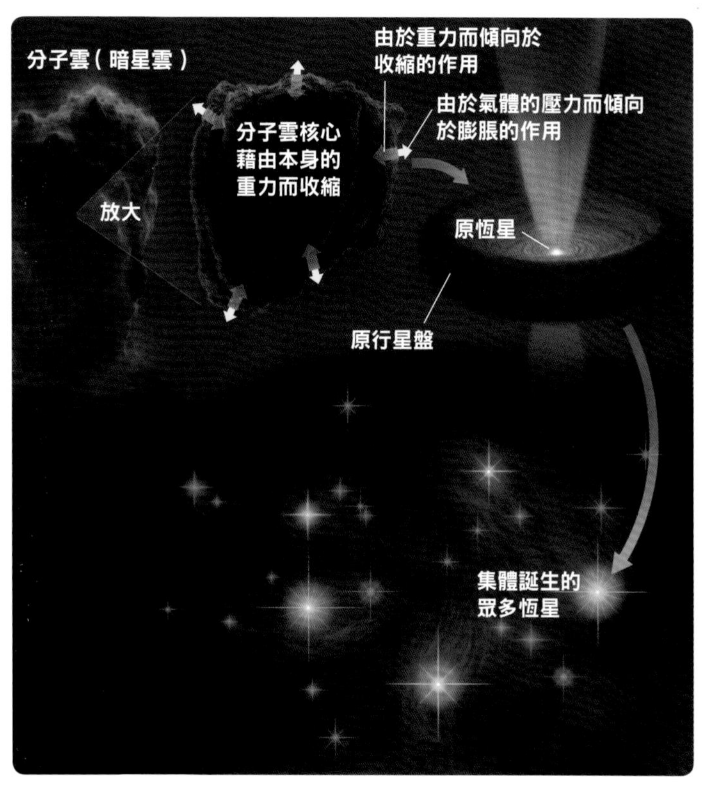

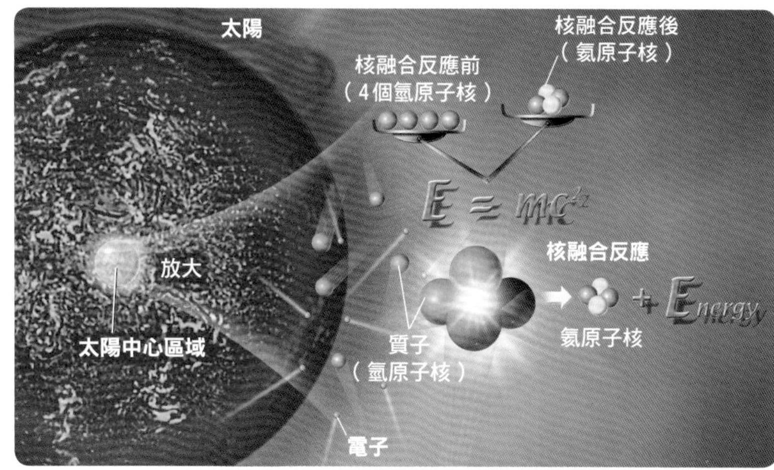

恆星的能量

在高溫狀態下，電子會從原子脫離，裸露的原子核以超高速度四處飛竄。這些原子核如果互相碰撞，會發生「核融合」而合併成更重的元素。在核融合反應的前後，反應後的總體質量會變輕，這是因為少掉的質量轉換成能量的緣故。上方的數學公式是依據「狹義相對論」導出的公式，E 表示能量，m 表示質量，c 為常數（光速）。1 公克的質量如果全部轉換成能量，會產生大約2500萬瓩時的能量。這相當於 1 座核能電廠運轉 1 天所製造的能量。

藉由彼此的重力連結在一起的恆星

2顆以上的恆星藉由彼此的重力連結在一起，並且繞著兩者的共同質心運轉，這樣的天體稱為「聯星」(binary star)。通常，比較亮的一方稱為「主星」(primary star)，比較暗的一方稱為「伴星」(companion)。

2顆恆星看起來重疊在一起的「雙聯星」之中，有些是真正的聯星，有些則只是觀察時恰巧位於相同（或極接近）的方向上而已。這種只是觀察時恰巧在相同（或極接近）的方向上的聯星稱為「光學雙星」(optical double star，視雙星)。

最靠近太陽的恆星是「比鄰星」(Proxima Centauri)，亦即半人馬座α星C。它和α星A、α星B組成三聯星，繞著一個共同質心公轉。大犬座最明亮的恆星是天狼星，它也是由天狼星A和天狼星B這2顆恆星組成的雙聯星。天河裡面有大約1000億～數千億顆恆星，其中可能有半數以上都組成了聯星系統。聯星的類型很多，例如其中一方天體為黑洞，不斷地把伴星的物質吸過來的「黑洞聯星」等等。

三聯星「半人馬座α星」

本圖所示的小紅星為最靠近太陽系的恆星，也就是距離4.22光年的半人馬座比鄰星。在左下方的遠處，可以遠遠地看到被歐特雲包覆的太陽系。半人馬座比鄰星與半人馬座α星A、半人馬座α星B這2顆更大的恆星（兩者都距離太陽系4.37光年）組成三聯星。α星A和α星B非常靠近，大約只相當於太陽和土星的距離。

三聯星的公轉軌道

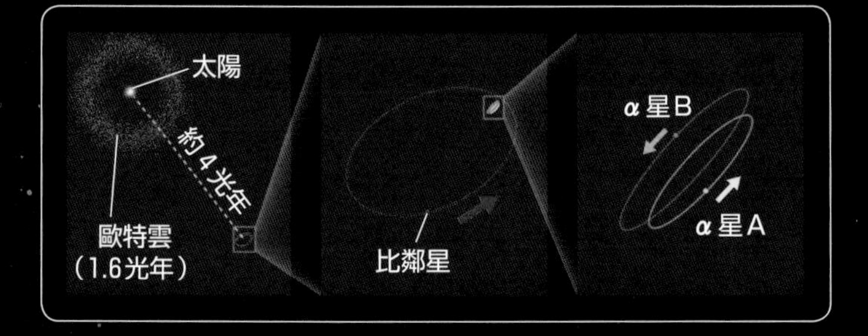

半人馬座 α 星A
（距離太陽4.37光年）

半人馬座 α 星B
（距離太陽4.37光年）

半人馬座比鄰星
（距離太陽4.22光年）

專欄 COLUMN

聯星的軌道

組成聯星的多顆恆星會互相繞著共同質心（這些恆星的質量中心）公轉。只要知道這些恆星的公轉軌道和週期，即可求得它們的質量。除了由兩顆恆星組成的雙聯星之外，也有三聯星和四聯星等等。北極星就是三聯星。

恆星的一生因質量而異

恆星臨終時的樣態因其質量而異，科學家認為會有4種不同的情形。

質量在太陽的0.08倍以下的恆星，由於無論如何壓縮，核心區域的溫度都不會上升，無法發生核融合反應，經過漫長的歲月緩慢冷卻，最終演變成「棕矮星」（brown dwarf）。至於質量大於太陽0.08倍以上的恆星會發生核融合反應，經過主序星（main sequence star）階段，而左右該期間的是恆星質量。

研究者認為質量為太陽的0.08～8倍的恆星，其一生的過程會跟太陽一樣，在經過數億年～數百億年的時間，內部的元素持續一點一點地燃燒，最後放出恆星外側的物質，留下稱為「白矮星」（white dwarf）的小恆星。我們可以說像這類太陽質量

8倍以下的恆星，會面臨比較安穩的死亡。

另一方面，大質量恆星的核融合燃料來源——氫氣的量非常豐富，質量愈大的恆星，核心區域的重力場縮愈厲害，因此會發生劇烈的核融合反應。亦即，質量愈大的恆星，壽命愈短。

質量是太陽8～25倍的恆星，其核融合反應不會停留在「氫融合成氦」階段，還會持續推進到「氦融合成氧、碳」、「氧、碳融合成氧、氖、鎂」……，而在最後製造出鐵核心之後，核融合反應停止，因為重力作用而開始收縮。其後，因無法支撐自己的重力，整個恆星潰塌而引發超新星爆炸（supernova explosion）。爆炸將恆星的大部分物質刮飛，只剩下中心的中子星（neutron star）。質量為太陽之10倍左右的恆星，其壽命約為1000萬年。

恆星質量在太陽的25倍以上的大質量恆星，在發生超新星爆炸之後，在中心區域形成黑洞，其壽命約500萬年，僅為太陽的2000分之1以下。

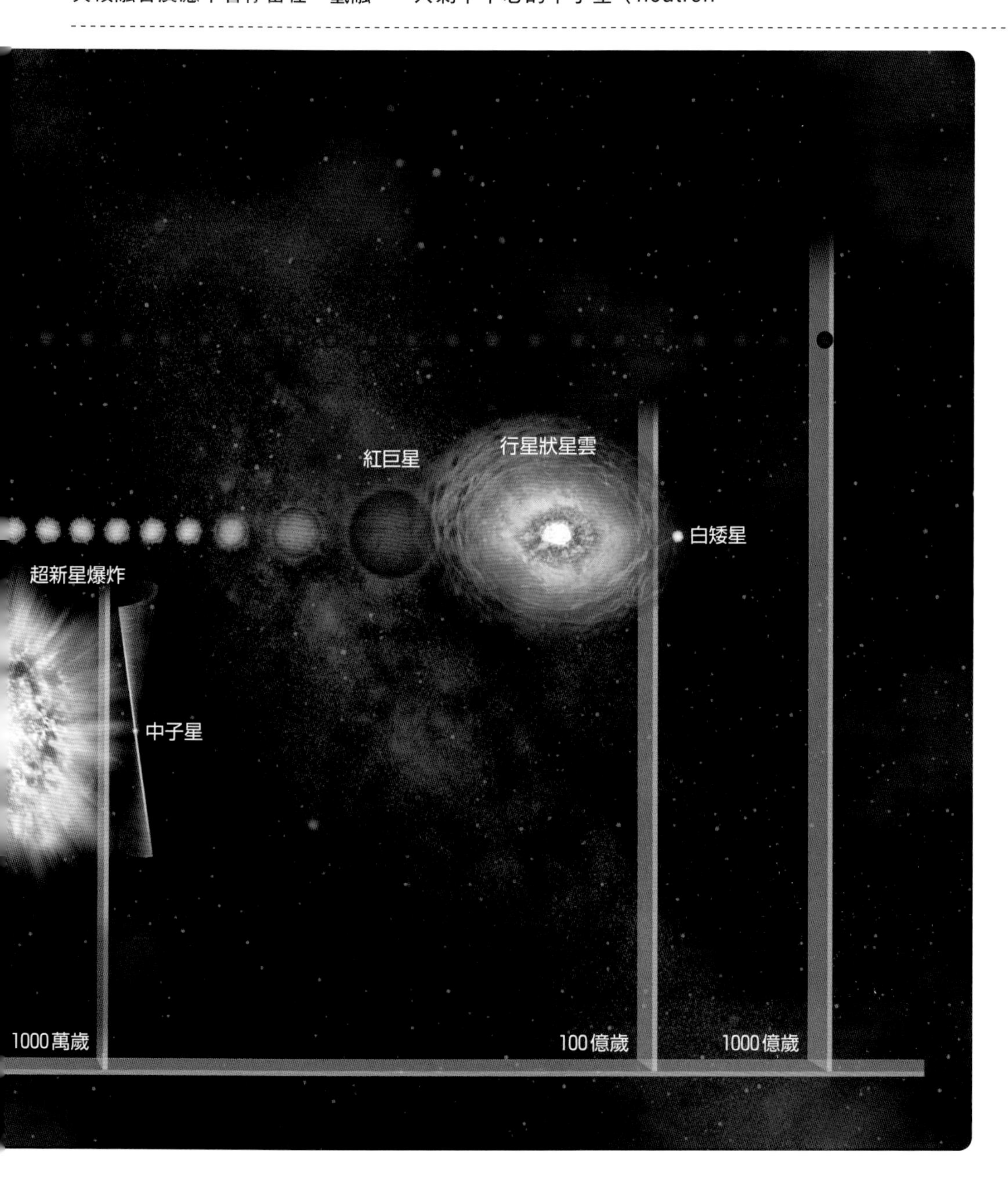

恆星亮度與主序星

我們以「星等」(magnitude)來表示恆星的亮度，像是「1 等星」、「2 等星」等。古希臘的天文學家喜帕恰斯（Hipparchus，約前190～前120）將夜空中最明亮的恆星定義為 1 等星，晴朗夜空中看起來有點朦朧的暗星定義為 6 等星，而亮度在 1 等星到 6 等星間的恆星依序分為 2～5 等星，像這樣的等級區分被稱為「目視星等」（visual magnitude）。

然而，肉眼所見愈明亮的恆星並非絕對距離地球愈近。目視星等只不過是肉眼所見的星等（視星等），為了獲知恆星的真正亮度，必須考慮恆星與地球的距離。將所有恆星都置於指定距離（10秒差距＝32.6光年）時，恆

根據目視星等區分恆星亮度

1 等星的亮度（6 等星的 100 倍）

2 等星的亮度（6 等星的約 39.8 倍）

3 等星的亮度（6 等星的約 15.9 倍）

4 等星的亮度（6 等星的約 6.3 倍）

5 等星的亮度（6 等星的約 2.5 倍）

6 等星的亮度

根據絕對星等區分恆星亮度

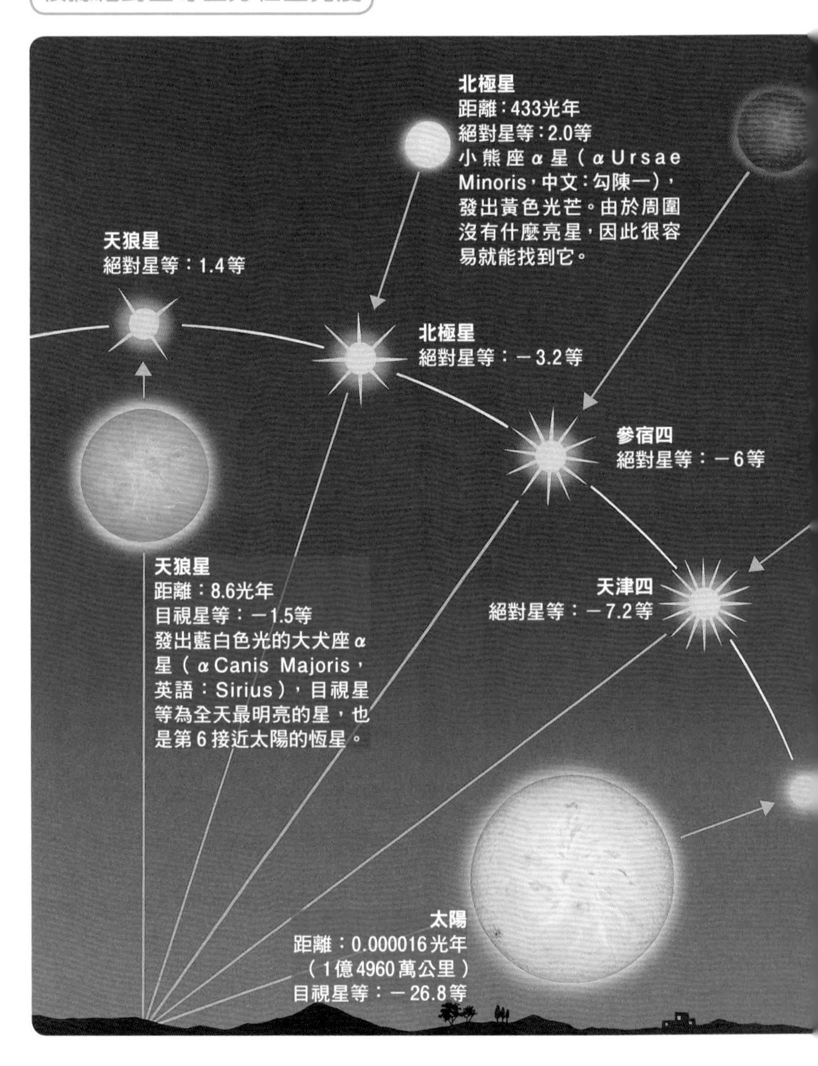

星所呈現出的視星等就是「絕對星等」(absolute magnitude)。例如：太陽的目視星等為−26.8等，而其絕對星等為4.8等，由此可知太陽僅是一般的恆星。

表示絕對星等之恆星亮度與表面溫度（顏色）關係的圖稱為「HR圖」(H-R diagram，赫羅圖)。橫軸取恆星的表面溫度或是光譜類型、縱軸取恆星的絕對星等（絕對亮度），將每顆恆星排列在一張圖表上。在這張可顯示恆星演化過程的赫羅圖上，分布在由左上角（明亮的藍白星）至右下角（黯淡的紅色星）之主序帶上的恆星被稱為「主序星」。銀河系的恆星有約90%都符合主序星，太陽也是典型的主序星之一。

所謂光譜類型是將恆星根據光譜（恆星顏色）的種類和強度來分類，除了恆星的元素組成以外，也依據表面溫度、表面重力而改變。

恆星生命的絕大部分時間都處於主序星階段，恆星在該階段因核心的核融合反應產生大量能量，得以支撐自己本身的重量，穩定的發光發熱。恆星的壽命因其質量而異，質量愈大的恆星壽命愈短。以太陽為例，主序星階段大約有100億年。

其後，體積大幅膨脹，直徑超過地球軌道，成為「紅巨星」(red giant star)。亦即，在赫羅圖上從主序星往右上方移動，然後再逐漸左移，最終演變為左下方的「白矮星」(white dwarf)。

太陽附近之主要恆星的赫羅圖

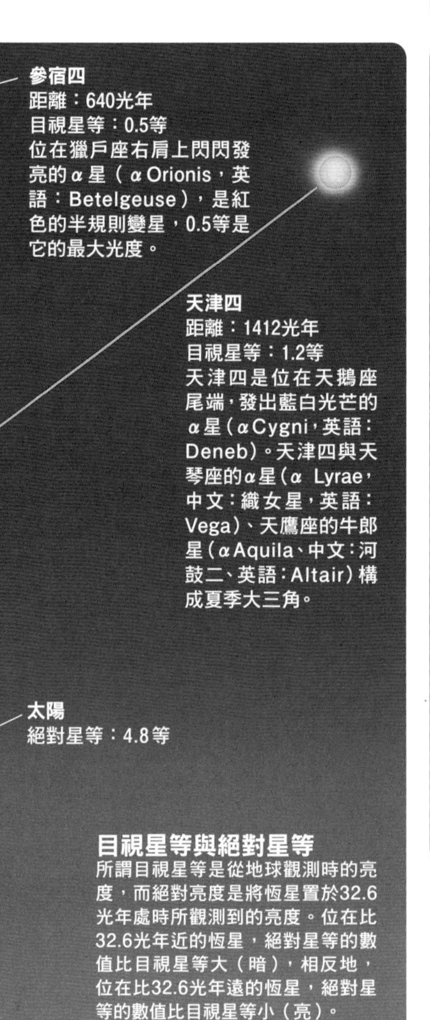

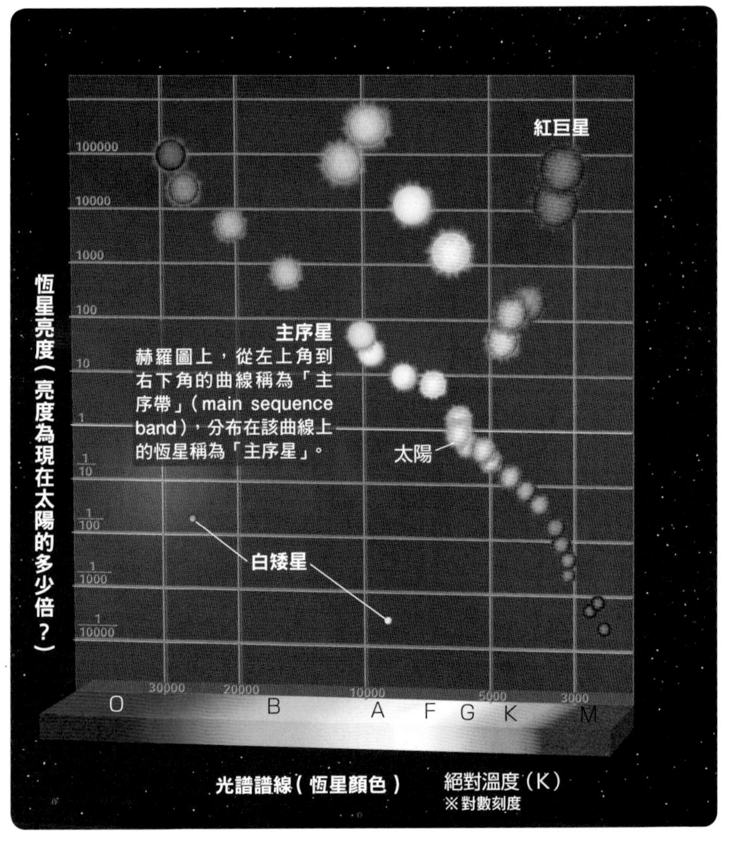

目視星等與絕對星等
所謂目視星等是從地球觀測時的亮度，而絕對亮度是將恆星置於32.6光年處時所觀測到的亮度。位在比32.6光年近的恆星，絕對星等的數值比目視星等大（暗），相反地，位在比32.6光年遠的恆星，絕對星等的數值比目視星等小（亮）。

無法演變為恆星的「棕矮星」

由於棕矮星（brown dwarf）的質量很小，還不到太陽的8%，因而恆星中心區域的溫度低，無法進行讓恆星持續發光所必須的核融合反應。像這樣的恆星在發生重力塌縮時，熱能被釋放，在紅光和紅外線的光譜中發出引人注目的光輝。當能量完全消耗罄盡時，就會演變成暗天體。

過去很難觀測到幽暗的棕矮星，不過1995年底美國加州理工學院中島紀（當時）的團隊首度確認「Gliese 229」這顆恆星為棕矮星。這顆距離地球約19光年的恆星光度約僅是太陽的10萬分之1，半徑跟木星差不多，質量為木星的20～50倍。自此之後，陸陸續續確認了許多的棕矮星。

獵戶座大星雲與棕矮星

哈伯太空望遠鏡所拍攝到，距離地球約1500光年的獵戶座大星雲（M42，NGC 1976）。在圖像中央下方附近有數顆年輕的棕矮星（紅點）因本身重力塌縮所產生的能量而發出微弱的光芒。

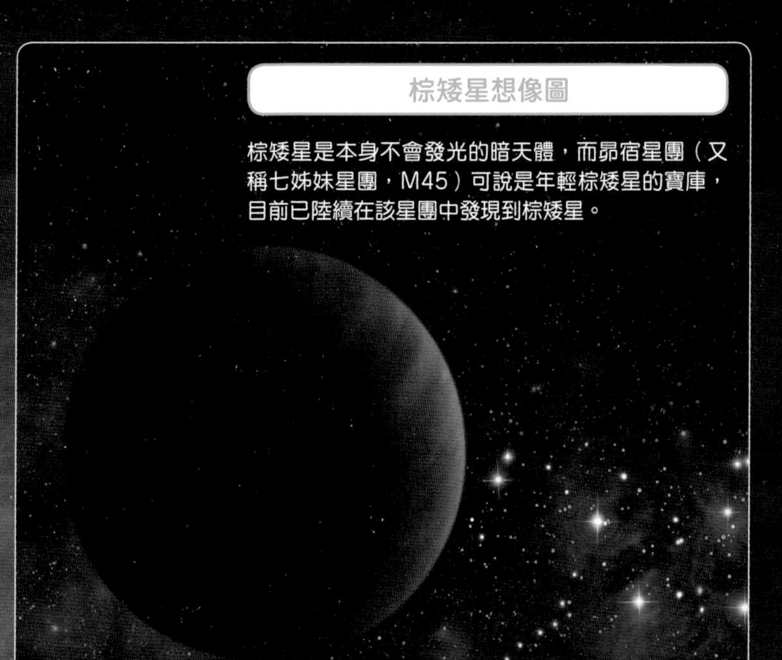

棕矮星想像圖

棕矮星是本身不會發光的暗天體，而昴宿星團（又稱七姊妹星團，M45）可說是年輕棕矮星的寶庫，目前已陸續在該星團中發現到棕矮星。

死期將至的巨大紅色恆星

恆星因為中心區域的氫燃燒（核融合反應）而能夠長時間處在主序星階段持續發出燦爛光芒。但是，當氫氣燃燒罄盡，中心區域的氦芯開始收縮，而恆星的外層則逐漸膨脹。當收縮力與膨脹力失去平衡，開始膨脹的恆星就演變成紅巨星。

由於紅巨星的表面積很大，看起來極為明亮。此外，因為紅巨星的溫度較低，會輻射出強烈的紅外線，看起來是紅色的。天蠍座的心宿二（天蠍座α，α Scorpii，英語：Antares）和獵戶座的參宿四都是廣為人知的紅巨星。

紅巨星的命運會如何端視該恆星的質量而定。質量在太陽質量 8 倍以下的恆星，最後會形成行星狀星雲（planetary nebula），中心區域會殘留白矮星。根據研究推測，太陽在數十億年後也會演變成紅巨星。太陽質量 8 倍以上的恆星會發生超新星爆炸，演變成中子星（neutron star）或黑洞（black hole）。

說不定即將發生大爆發的「參宿四」

冬季的代表星座「獵戶座」（Orion），在其左上閃閃發光的紅色 1 等星就是「參宿四」。它與太陽系的距離大約是640光年，其直徑約是太陽的1000倍。右邊大圖所示是法國巴黎天文台解析紅外線所得到的參宿四表面圖像，明亮之處表示其溫度較周圍為高。

天文學家認為，參宿四目前說不定即將發生「超新星爆發」。不過這裡所謂的即將，有可能是100萬年後、1 萬年後、又或者是 1 天後。參宿四所放出的光芒經過640年才抵達地球，換言之，地球所見到的參宿四是它640年前的樣貌。假如參宿四剛好在距今640年前發生超新星爆發，那麼也許明天我們就能夠看到發出絢爛光芒的參宿四。

質量與太陽相仿之恆星臨終時的樣貌

質量為太陽的0.08～8倍的恆星一旦演變成紅巨星，大量的氣體會從重力較弱的表面流出至宇宙空間中。在星雲的中心區域會有由失去外層之核心所構成的高溫緻密的白矮星，在白矮星所輻射的紫外線照射下，分布在其周圍的氣體發出絢爛光芒，這就是行星狀星雲。行星狀星雲以每秒約數十公里的速度持續膨脹，於是星雲的氣體和微塵粒子逐漸變稀薄，最後會只留下中心的白矮星。

白矮星是半徑約地球大小，質量跟太陽差不多的高密度天體。雖然白矮星的表面溫度是超過1萬K的高溫，但是因為表面積小，看起來很暗，很不容易被發現。由於一直到紅巨星的末期都還是被核融合反應所產生的能量加熱，當初是發出白色光芒。不過，當沒有了能量來源之後，隨著內部的熱能以光的形式釋放出來，溫度逐漸下降，最後看起來變成黑矮星。根據研究推測，大約在80億年後，太陽壽終正寢時也會迎來同樣的狀況。

天琴座的行星狀星雲

這是哈伯太空望遠鏡所拍攝到，天琴座方向距離地球約2600光年的行星狀星雲。因為形狀的關係，被命名為「環狀星雲」（Ring Nebula，M57）。分布在其周圍的氣體會因為氣體中所含的元素不同，而發出不同顏色的光。位在中央的是白矮星。

發出白光的白矮星

這是白矮星的想像圖。儘管恆星的一生已經終結，但是餘熱還是會讓它發出白色光芒。大犬座天狼星的伴星、小犬座南河三（α Canis Minoris，英語：Procyon）的伴星都是白矮星。高密度白矮星的重力強，白矮星的天狼星B對天狼星A的軌道運動產生極大的影響，目前已從天狼星A運動的紊亂情形確認到天狼星B的存在。

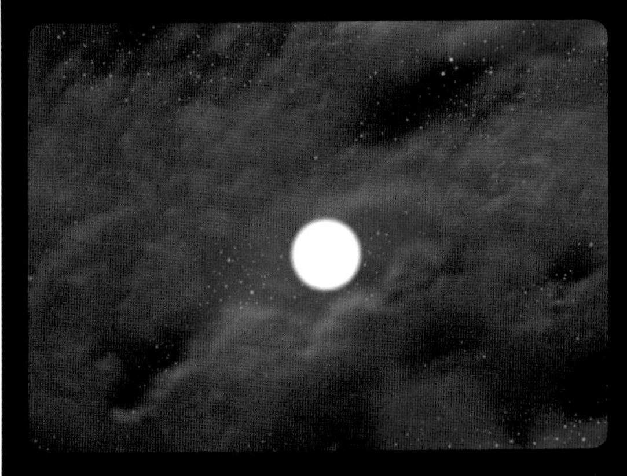

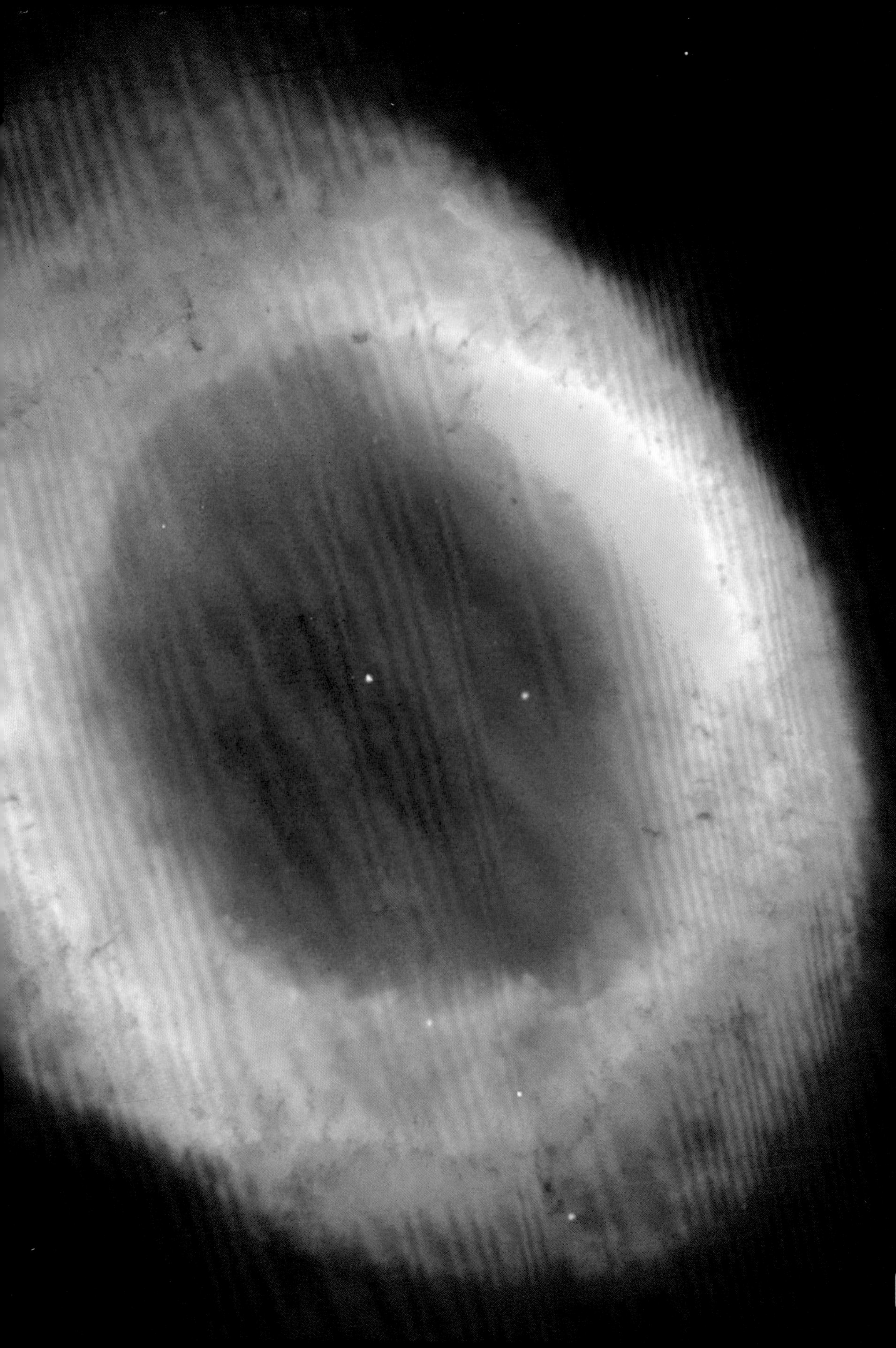

恆星在一生的最終時期發生的爆炸現象

亮度突然增加到甚至超過太陽的10億倍以上的恆星，稱為「超新星」(supernova)。超新星會發生把整個恆星吹散的「超新星爆炸」，從而結束一生。

超新星依據原來的恆星之質量及引發爆炸之現象的不同，分為Ⅰ型和Ⅱ型。Ⅰ型超新星又分為許多種型態，其中的「Ⅰa型」是由白矮星和紅巨星所組成的「密接雙星」(contact binary)發生的超新星爆炸。從低溫的紅巨星流入的物質沉降堆積在白矮星的表面，一旦堆積的質量超過某個限度，便會促發急遽的核融合反應，發生把整個恆星吹散的大爆炸。

還有一種是質量為太陽 8 倍以上的恆星所發生的爆炸。核融合反應是「從氫到氦」，「從氦到氧、碳」，「從氧、碳到氖、氖、鎂」……循序漸進，最終形成鐵的中心核。進展到這裡，就無法繼續發生進一步的核融合反應，接下來會藉由重力而開始收縮。最後，再也無法支撐本身的重力，於是整個恆星塌縮，發生超新星爆炸。這就是Ⅱ型超新星。在爆炸的周圍會殘留明亮的結構物，稱為「超新星殘骸」(supernova remnant)。大部分物質會因為爆炸而吹散，只有在中心殘留一個中子星或黑洞。

Ⅱ型超新星爆炸所釋放出來的龐大能量，絕大部分是以稱為微中子(neutrino)的基本粒子的形式釋放出來。1987年在大麥哲倫雲中出現了超新星，當時的爆炸所產生的微中子，後來被日本東京大學在岐阜縣飛驒市神岡町神岡礦山的觀測設施神岡探測器(KamiokaNDE)偵測到了。

Ⅱ型超新星的機制

質量較大的恆星在面臨壽終正寢時，因缺乏做為燃料的氫而開始膨脹，成為紅巨星。在恆星的中心，燃燒後的殘餘物質逐漸堆積，最終形成了鐵核。鐵不會發生核融合，所以急速收縮而發生重力塌縮，導致在中心區形成一個中子團塊，亦即高密度的中子星。朝中心區收縮的物質撞上中子星，反彈回去成為衝擊波(震波)。藉由超新星爆炸而撒放出來的元素在宇宙空間中飄蕩，後來成為星際氣體的原料，進而成為新恆星及行星的原料。

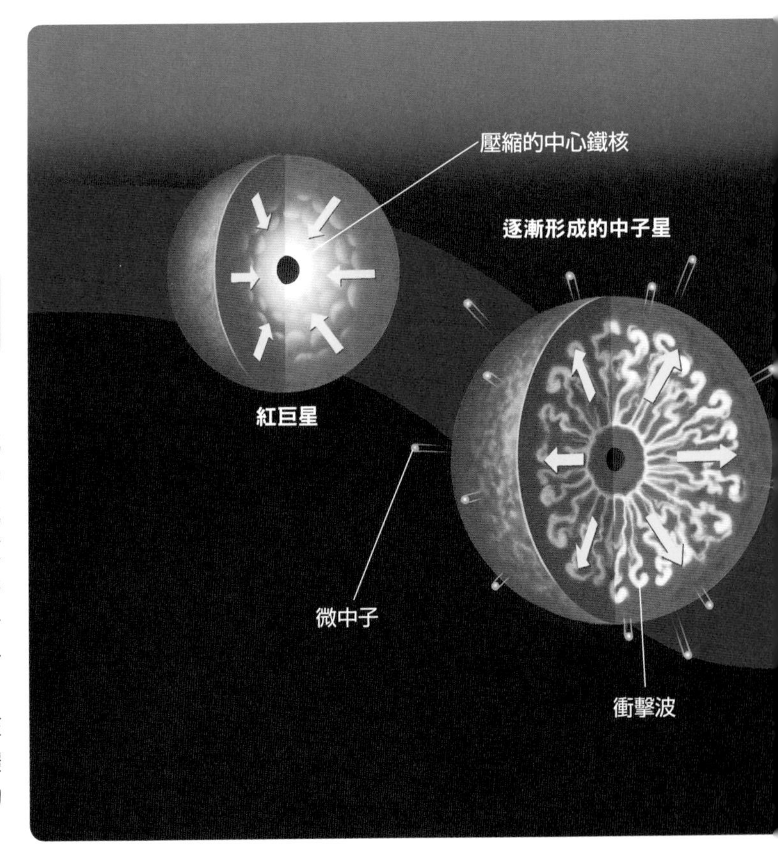

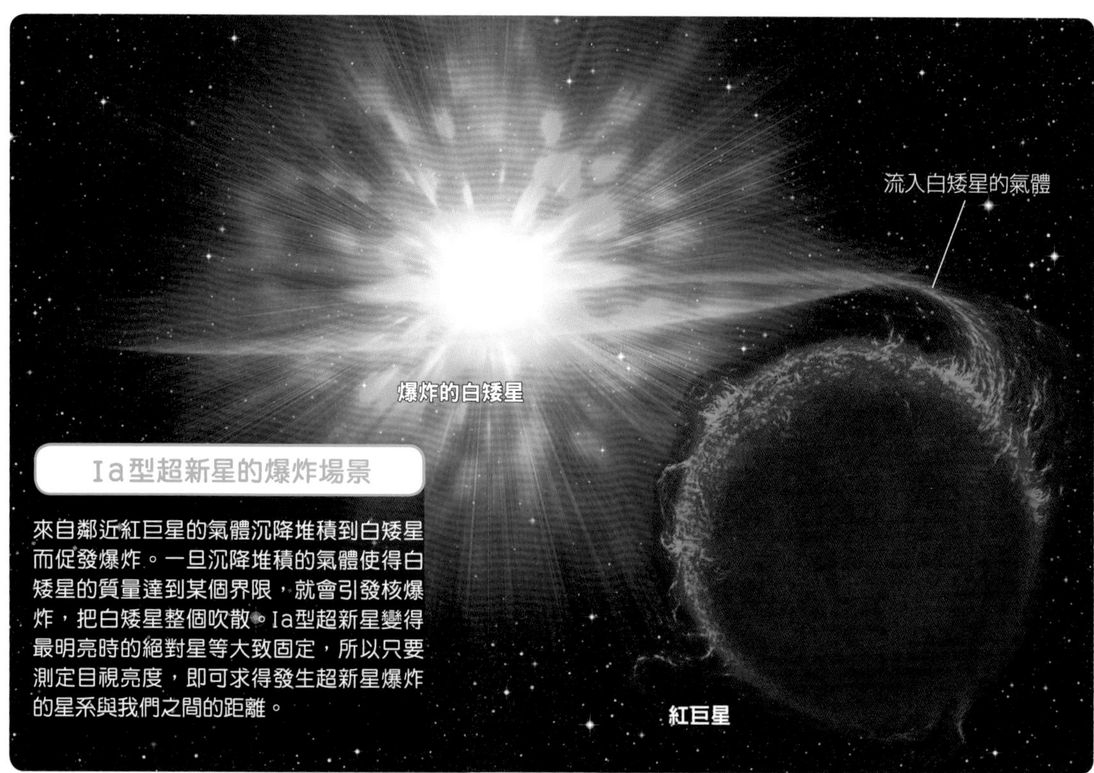

Ia型超新星的爆炸場景

來自鄰近紅巨星的氣體沉降堆積到白矮星而促發爆炸。一旦沉降堆積的氣體使得白矮星的質量達到某個界限，就會引發核爆炸，把白矮星整個吹散。Ia型超新星變得最明亮時的絕對星等大致固定，所以只要測定目視亮度，即可求得發生超新星爆炸的星系與我們之間的距離。

SECTION 31

Neutron Star

中子星

超新星爆炸之後殘留下來的中子星

質量為太陽8～25倍的恆星如果發生超新星爆炸，它的大部分物質會飛散，只有在中心殘留一個中子星。中子星是中心核耗盡了原子核能量之後，收縮到直徑10公里左右而形成的超高密度天體，整個天體全由中子構成。它以非常高的速度自轉，因而具有非常強大的磁場，強度達到太陽的10億倍左右。

如果中子星帶動如此強大的磁場做高速旋轉，則中子星周圍的氣體會大為混亂，因而輻射出無線電波、可見光、X射線等電磁波。這些電磁波的射束從中子星的南北兩極釋放出來，宛如燈塔的燈光一樣轉動而朝各個方向掃射出去。當這個射束恰好朝地球的方向照射過來時，我們就會接收到訊號，所以也稱之為「宇宙的燈塔」。1967年，這種無線電波訊號首次在英國被觀測到，成為第一個被發現的中子星。

因為這種天體看起來是以極為短暫的週期斷斷續續地放射出電磁波，所以也稱為「脈衝星（或稱波霎）」（pulsar）。

從中子放射出來的無線電波射束

受到中子星的強大磁場的影響，從中子星的兩極放射出無線電波的射束。由於磁場的極和自轉軸一般來說並不一致，因此隨著中子星的自轉，無線電波的射束也會旋轉。

專欄 COLUMN 訊號在地球上被觀測到的機制

如右邊上方插圖所示，無線電波射束的方向偏離地球的期間，什麼也觀測不到。另一方面，如下方插圖所示，無線電波射束的方向朝地球這邊時，便能夠觀測到無線電波。由此可知，在地球上是週期性地觀測到無線電波，所以在發現之初，一度懷疑這可能是不小心接收到人造的無線電波，或者是地球外智慧生物傳來的訊號。

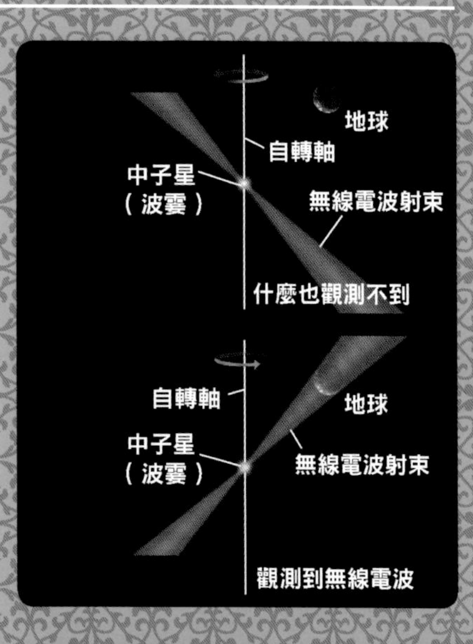

大質量恆星發出臨終前的哀鳴

質量約為太陽25倍以上的恆星，在生涯的最終階段所發生的超新星爆炸稱為「極超新星爆炸」(hypernova explosion)。這個時候，恆星的中心核因為無法支撐本身的重力而場縮，成為連光也會吞噬進去的黑洞。劇烈旋轉的黑洞把恆星的物質吸捲進去，在其周圍形成圓盤。這麼一來，被旋轉帶動而揮舞的物質會因為恆星的磁場的作用，成為強烈的噴流(jet)而斷斷續續地噴射出去。此時，如果後來噴出的噴流團塊的速度比先前噴出的噴流團塊更快，則後面的團塊便有可能會追撞先前噴出的團塊。這些噴流團塊的速度幾近光速(每秒約30萬公里)，當它們互相撞擊時，會產生大量的伽瑪射線，沿著噴流的方向呈細束狀放射出去，這稱為「伽瑪射線暴」(gamma-ray burst)。伽瑪射線暴就像是大質量恆星在瀕臨死亡之際所發出的哀鳴。

伽瑪射線暴可依被測量到的時間長短而分為長爆和短爆兩種。長伽瑪射線暴可能是極超新星爆炸的產物，而短伽瑪射線暴則可能是由中子星等的聯星撞擊等因素所引發。

專欄 COLUMN 光速不變原理的驗證

所謂的「光速不變原理」，是指「真空中的光(電磁波)的速率不因其波長之差異而不同」。科學家利用伽瑪射線暴來驗證這個原理。伽瑪射線暴會在幾乎同時發射出各種波長的光。不同波長的伽瑪射線，只要速率有些微的差異，則它們抵達地球的時刻就會有所不同。

2009年，JAXA(日本宇宙航空研究開發機構)等的聯合研究團隊使用伽瑪射線太空望遠鏡「費米號」(Fermi Gamma-ray Space Telescope)進行觀測，但截至目前為止，並沒有獲得足以推翻這個理論的觀測結果。

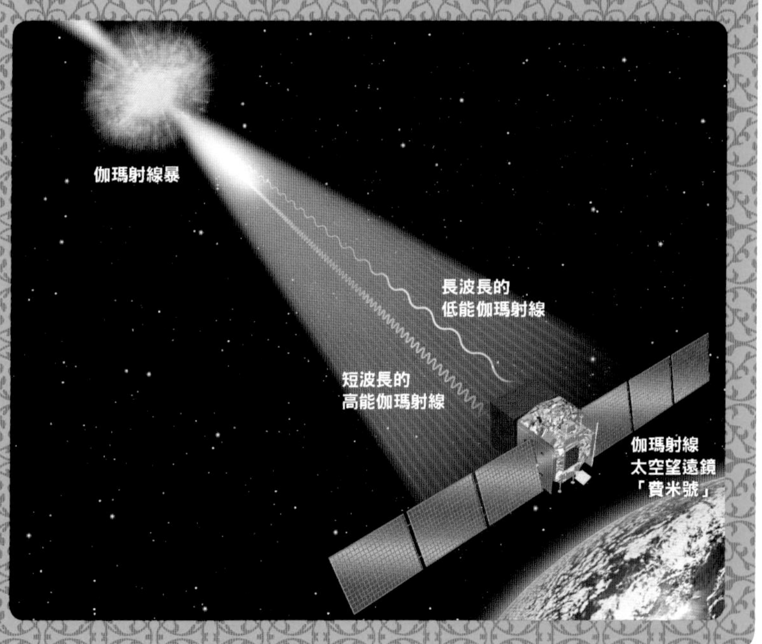

發生極超新星爆炸的恆星

插圖中央的黑點是由於極超新星爆炸而形成的黑洞。它周圍的物質呈螺旋狀掉落，成為插圖中紅色漩渦所呈現的圓盤狀，從該處斷斷續續地噴出幾近光速的噴流。噴流的團塊彼此碰撞，引發伽瑪射線暴。伽瑪射線的能量範圍極為寬廣，達到可見光的10萬～1兆倍。

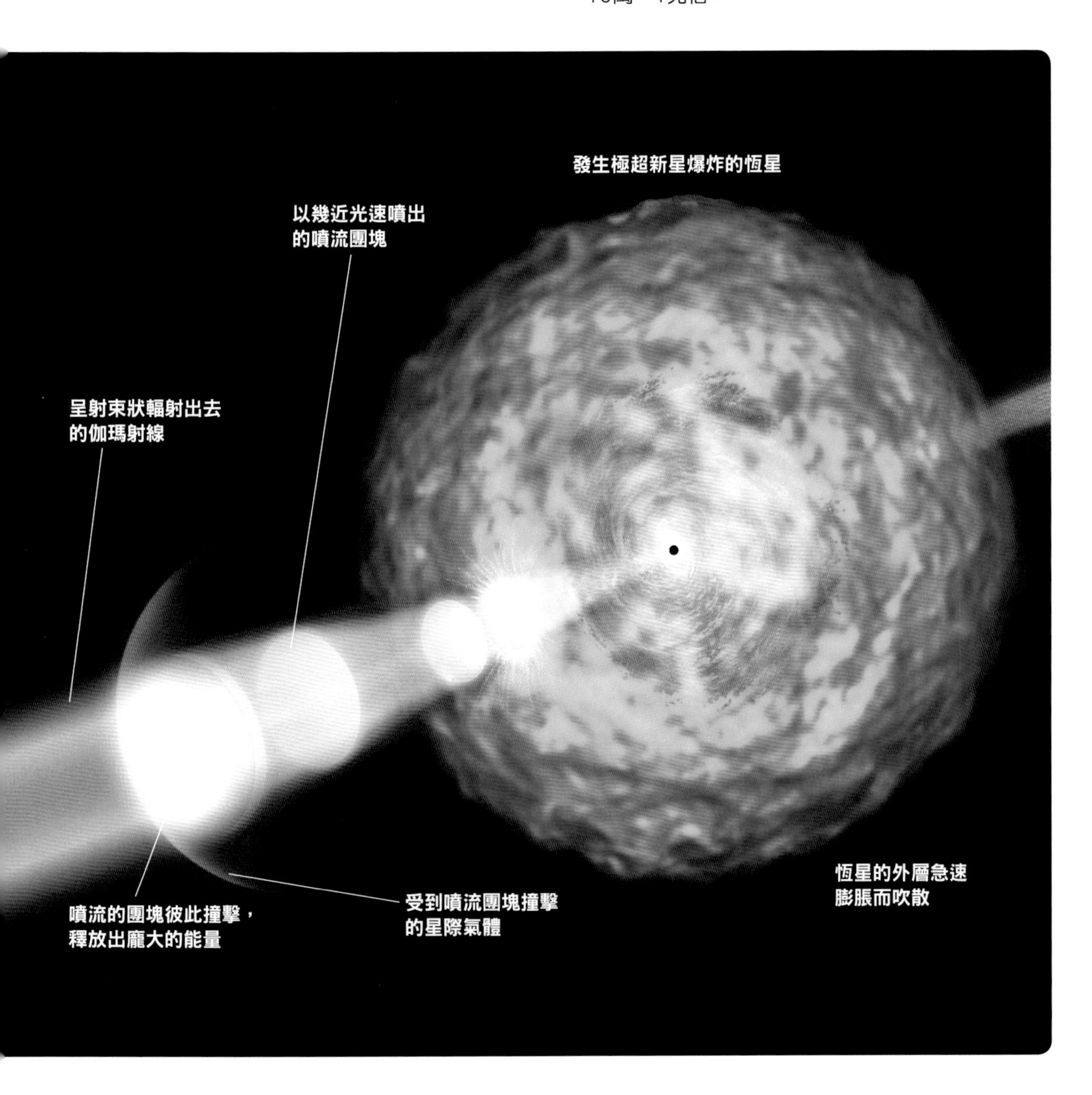

重力強大到連光也會吞噬進去的天體

「黑洞」是一種重力強大到能把任何東西都吞噬進去的天體。一旦掉進黑洞，就算是光也無法脫離它的魔掌。大質量恆星如果發生了超新星爆炸，爆炸後可能會形成黑洞，不過這個時候所形成的黑洞，質量只有太陽的10倍左右。相對地，在星系這種恆星大集團的中心，則有可能形成質量為太陽的100萬倍以上的超大質量黑洞。在銀河系的中心，觀測到眾多恆星在做著劇烈的運動，這可能是因為銀河系中心有個超大質量黑洞的關係。

我們無法直接看到黑洞，但可以藉由往黑洞掉落的物質所放出的輻射確認它的存在。最早被視為黑洞候選者的「天鵝座X-1」是個輻射出強烈X射線的天體，與藍色超巨星組成聯星系統。恆星外層的氣體由於黑洞的強大重力而遭到剝離，一邊高速旋轉一邊加速地被黑洞吸進去。這個時候，會形成吸積盤（accretion disk）。氣體被吸入吸積盤時，會輻射出強烈的X射線，所以可藉此間接地得知黑洞的存在。

吞進氣體的「天鵝座 X-1」

天鵝座X-1的想像圖。這是由兩個相互繞轉的天體所組成的「聯星」，黑洞（左側）正在吸入對方的氣體。流進來的氣體並非立刻被吸進黑洞，而是一邊旋轉一邊掉落，形成吸積盤。吸積盤中的氣體受到壓縮及加熱，因而放出X射線等輻射。沒有被吞進黑洞的剩餘物質則以噴流的形式朝上下兩個方向噴出。

專欄 COLUMN 逐漸向黑洞接近會發生什麼情況？

如果探察機逐漸向黑洞靠近，會發生十分奇妙的現象。根據廣義相對論，如果從探察機的外側進行觀測，則探察機發出的光波長會因為重力的吸引而被拉長。在這種情況下，會看到探察機逐漸降低速度，當飛到極靠近黑洞的邊界時，速度終於降到「0」，看似「靜止不動而呈現紅色」。

但是，如果由乘坐在探察機裡面的太空人來進行觀測，則時鐘正常運動。一旦超過黑洞的邊界，探察機會受到重力的吸引而被拉長，可能因而在中途解體。

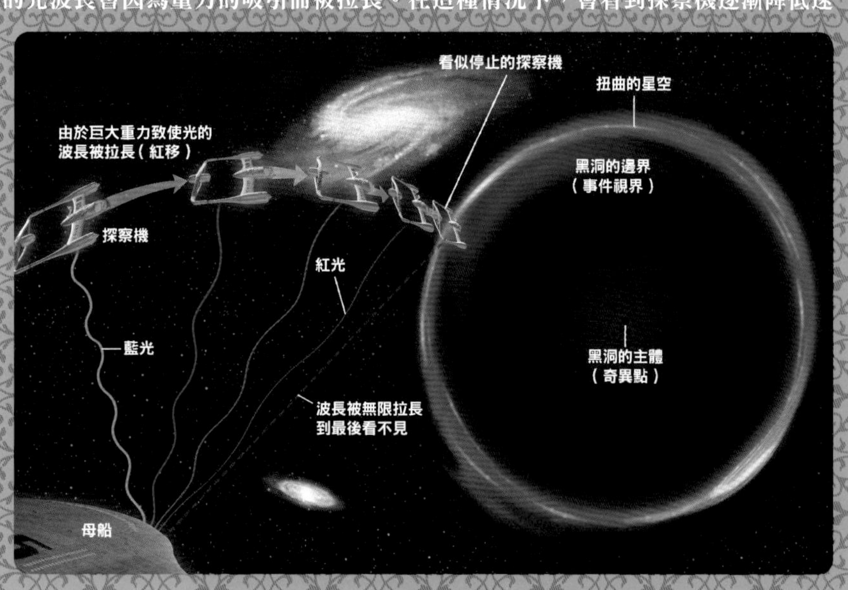

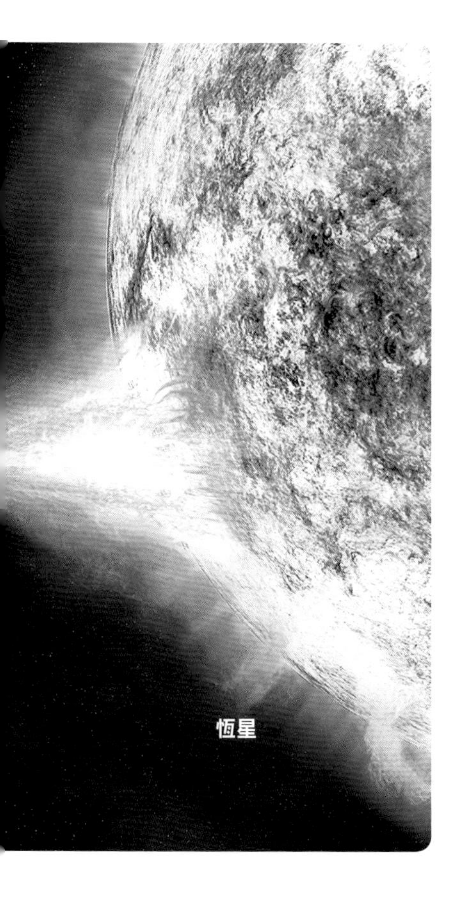

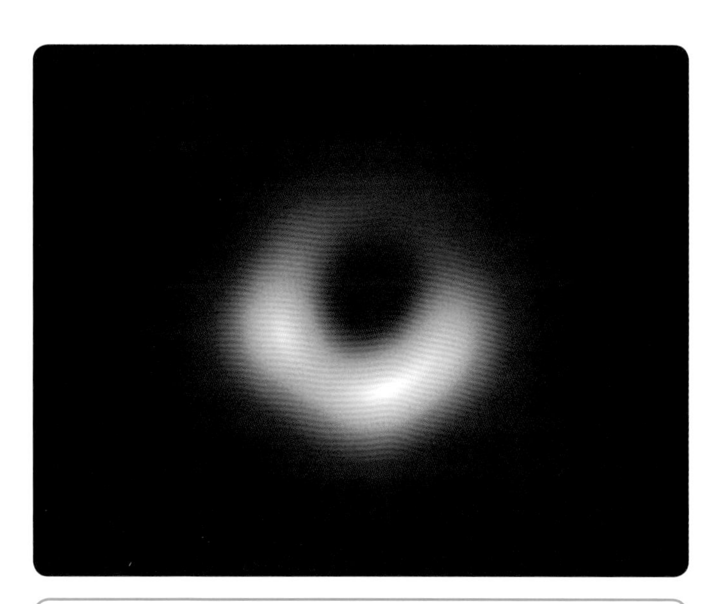

首次拍攝到的黑洞

2019年 4 月使用無線電波望遠鏡拍攝到的黑洞陰影。這個黑洞位於距離地球大約5500萬光年的星系「M87」的中心。光環內側的黑圓就是黑洞的陰影。

星雲與星團的3D地圖

右圖是以太陽系為中心，將距離太陽5000光年以內之主要星雲和星團的分布描繪成3D地圖。每一刻度代表1000光年，最外圍的圓直徑相當於1萬光年，約為銀河系直徑的10分之1。從地圖可以清楚了解到「獵戶座大星雲」（瀰漫星雲）和「昴宿星團」（疏散星團）等聚集在銀河系的盤面（銀盤）附近。

91頁右上插圖是從銀盤側視星雲和星團，從圖中可看出星雲和星團沿著銀盤分布。

星雲・星團名稱／星座
與太陽的距離（光年）

瀰漫星雲

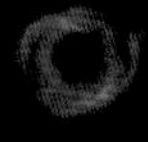

行星狀星雲

疏散星團

超新星殘骸

鬼宿星團（M44）／巨蟹座
距離太陽590光年

IC 2391 ／船帆座
距離太陽460光年

NGC 2682 ／巨蟹座
距離太陽2350光年

NGC 2261（哈伯變光星雲）／麒麟座
距離太陽4900光年

薔薇星雲／麒麟座
距離太陽4600光年

NGC 2264 ／麒麟座
距離太陽2600光年

8字星雲／唧筒座
距離太陽3800光年

5000光年
4000光年
3000光年

NGC 2264 ／麒麟座
距離太陽2450光年

NGC 3532 ／船底座
距離太陽1630光年

NGC 2068 ／獵戶座
距離太陽1600光年

獵戶座大星雲／獵戶座
距離太陽1400光年

IC 434 ／獵戶座
距離太陽1100光年

IC 2602 ／船底座
距離太陽510光年

畢宿星團／金牛座
距離太陽160光年

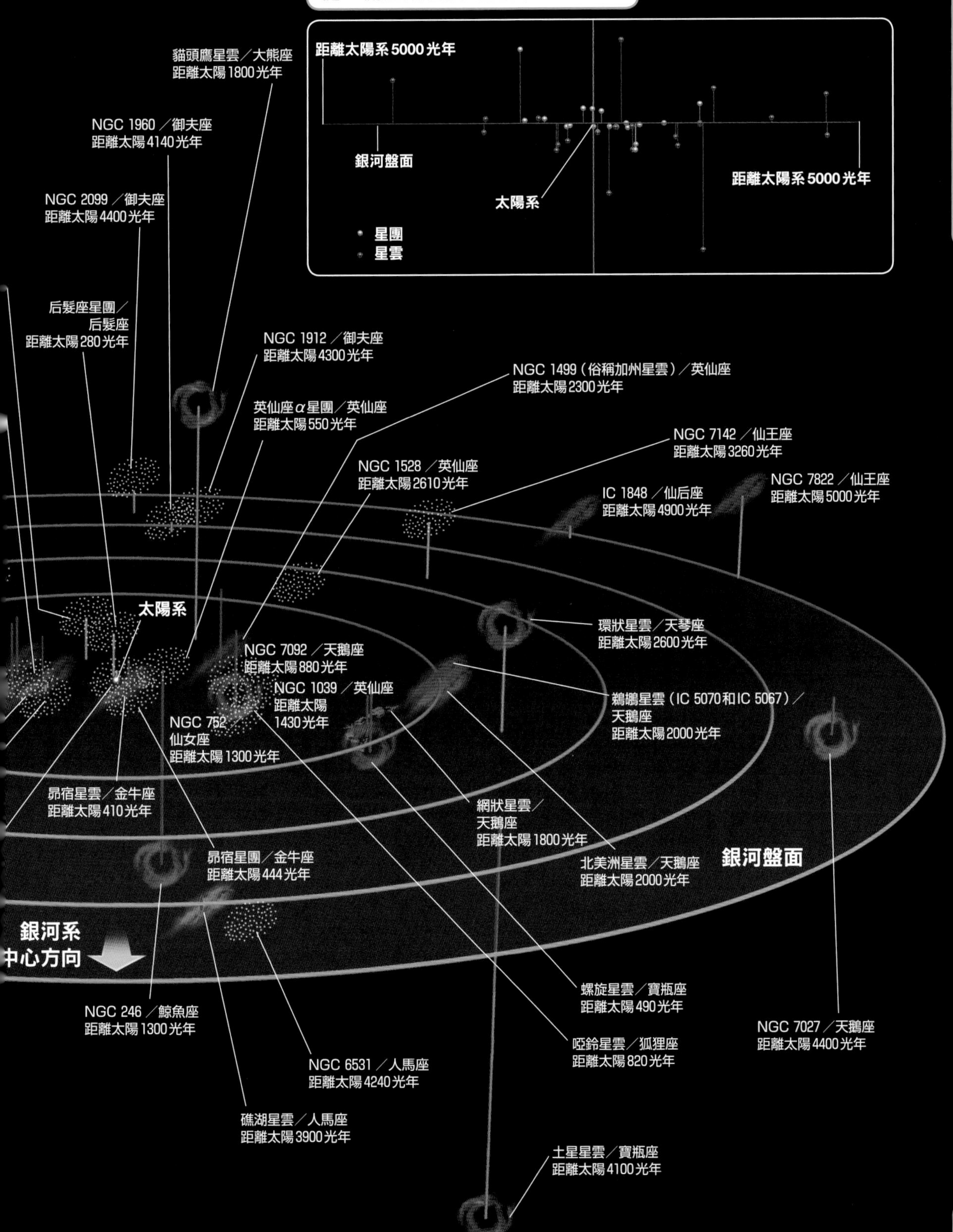
從正側面所看到的星雲・星團分布
距離太陽系 5000 光年
銀河盤面
距離太陽系 5000 光年
太陽系
星團
星雲
貓頭鷹星雲／大熊座
距離太陽 1800 光年
NGC 1960 ／御夫座
距離太陽 4140 光年
NGC 2099 ／御夫座
距離太陽 4400 光年
后髮座星團／
后髮座
距離太陽 280 光年
NGC 1912 ／御夫座
距離太陽 4300 光年
NGC 1499（俗稱加州星雲）／英仙座
距離太陽 2300 光年
英仙座α星團／英仙座
距離太陽 550 光年
NGC 7142 ／仙王座
距離太陽 3260 光年
NGC 1528 ／英仙座
距離太陽 2610 光年
NGC 7822 ／仙王座
距離太陽 5000 光年
IC 1848 ／仙后座
距離太陽 4900 光年
太陽系
環狀星雲／天琴座
距離太陽 2600 光年
NGC 7092 ／天鵝座
距離太陽 880 光年
NGC 1039 ／英仙座
距離太陽
1430 光年
鵜鶘星雲（IC 5070 和 IC 5067）／
天鵝座
距離太陽 2000 光年
NGC 752
仙女座
距離太陽 1300 光年
昴宿星雲／金牛座
距離太陽 410 光年
網狀星雲／
天鵝座
距離太陽 1800 光年
昴宿星團／金牛座
距離太陽 444 光年
北美洲星雲／天鵝座
距離太陽 2000 光年
銀河盤面
銀河系
中心方向
螺旋星雲／寶瓶座
距離太陽 490 光年
NGC 7027 ／天鵝座
距離太陽 4400 光年
NGC 246 ／鯨魚座
距離太陽 1300 光年
啞鈴星雲／狐狸座
距離太陽 820 光年
NGC 6531 ／人馬座
距離太陽 4240 光年
礁湖星雲／人馬座
距離太陽 3900 光年
土星星雲／寶瓶座
距離太陽 4100 光年

COLUMN

白洞存在嗎？

在廣義相對論中，除了黑洞之外，同時也預言了「白洞」（white hole）的存在。兩者之間具有把彼此的時間翻轉的關係，黑洞是任何東西都無法從其內部脫離的天體，相對地，白洞則是任何東西都無法在其內部停留的天體。白洞會把集中於其內部的奇異點的質量，以物質和光等形式不斷地吐出來，就連光也無法進入。

白洞無法觀測到？

有些科學家認為，即使白洞真的存在，我們也無法觀測到它。理論上，白洞具有與黑洞相等的重力。也就是說，從白洞內部吐出來的物質，以及原本就在其周圍的物質，理應會被白洞拉回去才對。但是，依照白洞的性質，被拉回去的物質並無法進入白洞的內部。結果，這些物質會沉積在白洞的表面，導致整體的質量越來越增加。這就相當於該處有個質量比白洞更大的黑洞存在，也就是形成了在緊臨白洞的外側有個黑洞區域的雙重結構。

空間的通道「蟲洞」

吐出物質和光的白洞

物質（基本粒子）和光從白洞中心的奇異點飛出來的場景想像圖。不過，實際上，並不知道會從奇異點飛出什麼樣的東西。

如果在外側形成黑洞區域，則物質和能量就無法洩漏到外部的宇宙。而且，也無法判斷其內部究竟有沒有白洞存在。如果是在被黑洞完全包覆之前，則有可能觀測到從內部釋放出來的物質和能量。

能夠移動到其他宇宙的空間穿越通道

旋轉的黑洞其內部與白洞連結在一起的空間結構想像圖。把兩個宇宙連結在一起的筒狀結構好像蠕蟲蛀蝕的孔洞一般，因此命名為「蟲洞」。

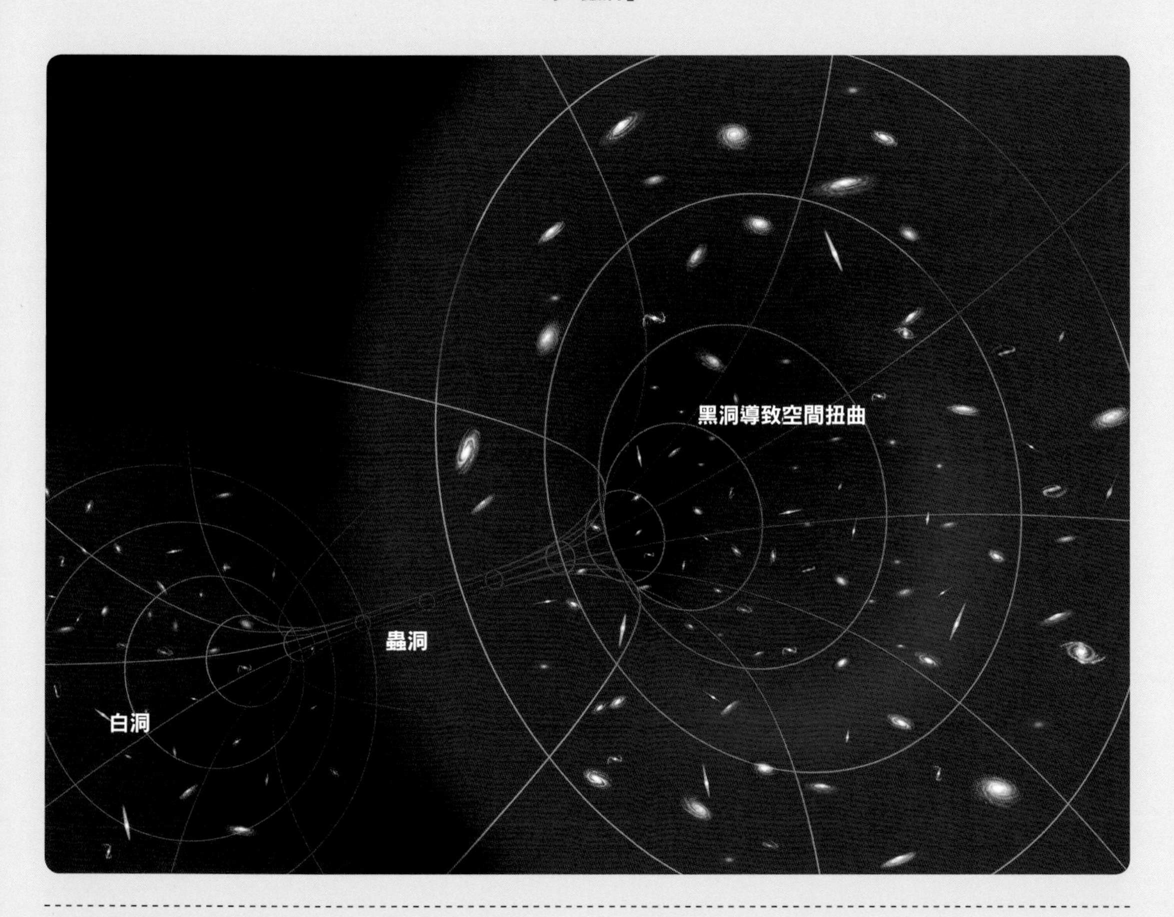

最新理論所預言的另一種孔洞為「蟲洞」（wormhole）。蟲洞的結構就像一個把某個空間和其他空間連結起來的穿越通道，只要通過蟲洞，就能在一瞬之間移動到另一個空間。被吸入黑洞的物質也有可能經由蟲洞從白洞釋放出來。不過，穿越出去的出口並不是我們所居住的宇宙，而是另一個宇宙。而且，無法從白洞回到我們的宇宙。

這種蟲洞可能是非常不穩定的結構。因此，雖然在理論上能夠穿越，但實際上，物質或光想要穿越時，所產生的能量不勻會加劇，最後可能會導致崩潰。在理論上，可能存在著不具有奇異點，而且不是單向通行的蟲洞。假設真的存在這樣的蟲洞，我們就有可能在一瞬之間移動到遠方，然後回到原處。或許，還能超越「時間障壁」，從事時間旅行。

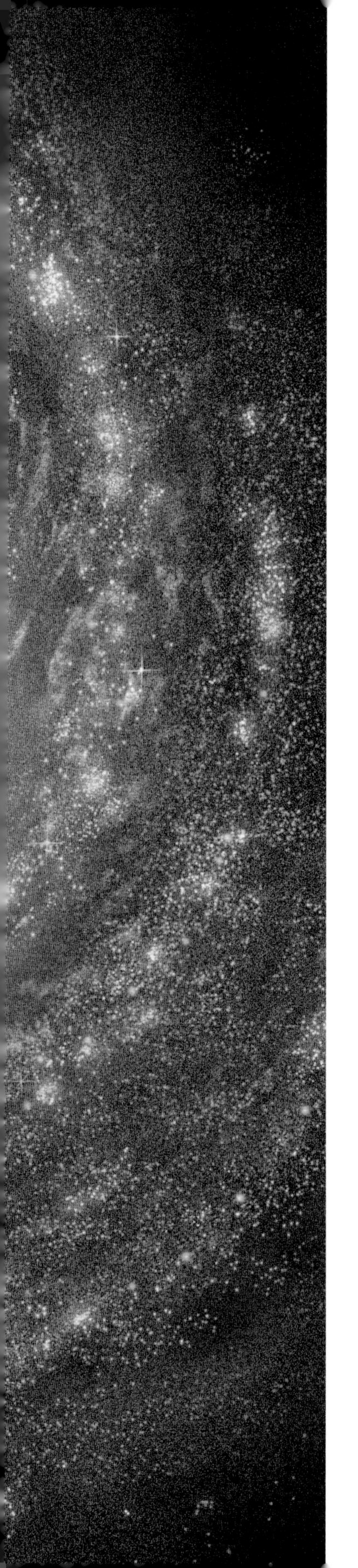

3
星系與銀河系
Galaxy

星系有三種類型

由眾多恆星組成的恆星大集團稱為「星系」(galaxy)。究竟要有多少顆恆星聚集在一起才能稱為星系並沒有明確的定義，不過，一般認為宇宙中的星系總數大約2000億個，但也有人認為數量更多。

星系依其外表的形貌，大致分為橢圓星系（elliptical galaxy）、螺旋星系（spiral galaxy）、不規則星系（irregular galaxy）這三種主要的類型。橢圓星系顧名思義，就是外表呈橢圓形的星系。組成橢圓星系的恆星一般以紅色者居多。由於紅色恆星的年齡比較古老，所以橢圓星系可能形成於比較古老的時代。

螺旋星系是具有螺旋（漩渦）模樣之薄圓盤的星系，與橢圓星系剛好成對比，螺旋星系充滿了年輕的恆星。其中，有些螺旋星系的中心呈現棒狀的結構，特別稱為棒旋星系（barred spiral galaxy）。

還有一些無法歸類為橢圓星系和螺旋星系的星系，則納入不規則星系的類型。一般而言，不規則星系的質量比較小。宇宙中，這種類型的星系最多，這些小星系可能會互相碰撞、合併，成長為更大的星系。另外，無法歸類為橢圓星系和螺旋星系的星系，還有透鏡形星系（lenticular galaxy，透鏡星系）。透鏡形星系是介於橢圓星系和螺旋星系中間的星系，雖然具有圓盤，但沒有螺旋模樣。

棒旋星系

螺旋星系

哈伯太空望遠鏡拍攝到的各種星系

距離地球大約250萬光年的「仙女座星系」(下)，被歸類為螺旋星系。已知它和我們銀河系之間具有重力的交互作用，逐漸往銀河系的方向逼近。

位於天爐座方向上的棒旋星系「NGC 1365」(左上)，距離地球大約6000萬光年。

橢圓星系「M87」(中上)，位於室女座方向上，距離地球大約5500萬光年。含有1000億顆以上的恆星。

不規則星系「NGC 1427A」(右上)，位於天爐座方向上，距離地球大約5000萬光年。

橢圓星系

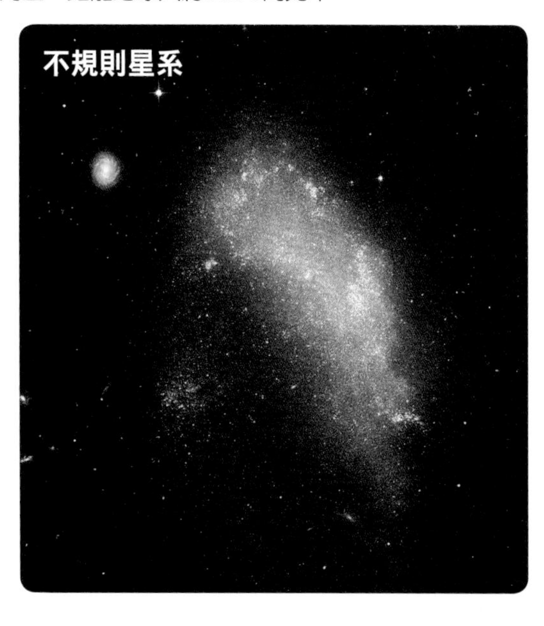

不規則星系

巨大螺旋星系的圓盤狀結構

插圖所繪為螺旋星系的結構。螺旋星系的中心有稱為「核球」(bulge)的球狀結構，這裡聚集眾多的古老恆星，看不到活躍的恆星產生。許多螺旋星系的核球中心都存在大質量黑洞。核球的光強度分布跟橢圓星系的非常相似，不過相對於橢圓星系不太旋轉，核球會高速旋轉。

從核球向外擴展出來的旋臂(spiral arm)形成螺旋，因著這些螺旋而製造出圓盤狀結構(星系盤)。

再者，在星系盤(galactic disk)的周圍有球狀星團，宛如包圍著星系一般。球狀星團是由數萬至數百萬顆恆星密集成球狀，球狀星團的恆星大多屬於老年恆星，據推測有很多恆星從誕生至今已超過100億年了。

此外，在星系外圍還有星系暈(galactic halo)包覆著整個星系。

太陽系所屬的「銀河系」

太陽系所屬的星系稱為「銀河星系」（Milky Way Galaxy），簡稱為「銀河系」，一般也稱為「銀河」或「天河」，被歸類為棒旋星系。

銀河系的直徑約10萬光年，中心區域是厚度為 1 萬5000光年左右的圓盤狀結構，含有大約1000億～數千億顆恆星。

銀河系由圓盤狀的星系盤（銀盤）、中央部分的扁平核球、包圍著銀盤的球狀銀暈所組成。銀盤以極高的速度繞著中心軸旋轉。銀盤上有幾條旋臂，聚集著非常年輕的恆星，以及做為恆星原料的氣體。

核球內聚集著眾多年齡100億歲以上的古老恆星。銀暈中有許多個由古老恆星組成的球狀星團，散布在直徑大約15萬光年的範圍內。

太陽位於旋臂之一的獵戶座旋臂（Orion Arm）上，距離銀河系中心大約 2 萬8000光年。太陽系在銀盤上上下下移動，並且以 2 億年左右的週期繞行銀河系一圈。

銀河系看起來好像河川的原因

我們居住的「銀河系」（天河）的想像圖。因為我們是從銀河系的內部觀看銀河系，所以看起來像一條宛如河川的長帶。

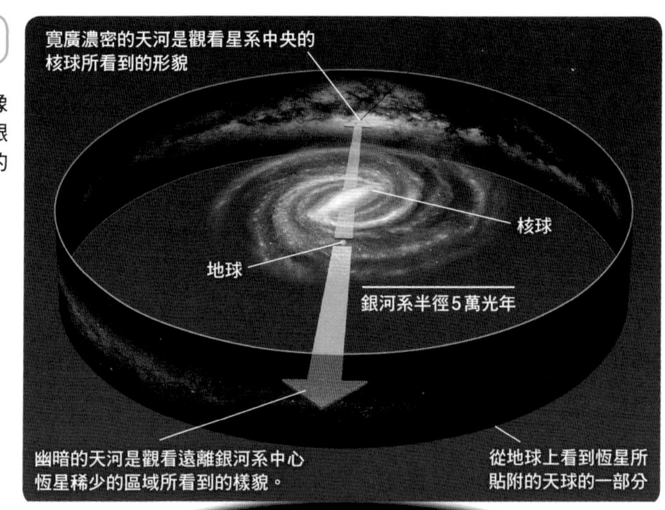

下圖所示為「GAIA衛星」利用可見光觀測到的銀河系（天河）。由於看起來像極了拖曳在天上的一條帶子，所以古代中國和古代日本稱之為銀河或天河，西方則稱之為牛奶路。到了近代的天文學，把它歸類為一個星系，稱之為銀河星系，簡稱銀河系。

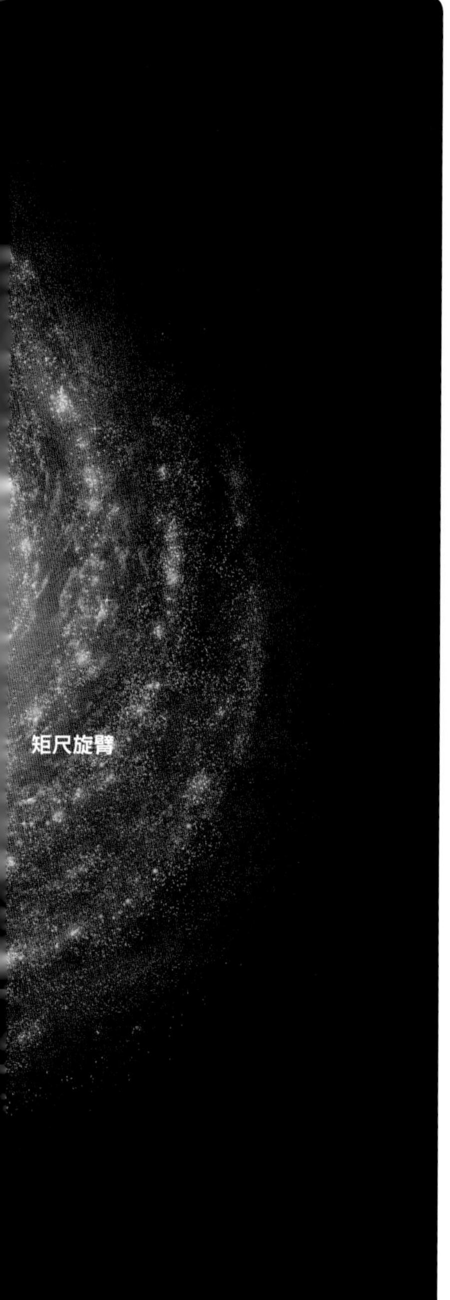

從正上方俯視銀河系

銀河系中心的核球內有許多年老的黃色恆星。銀河系的核球並非完全的球形，而是稍微細長的棒狀，從這個棒狀核球的兩端伸出「英仙座旋臂」（Perseus Arm）和「盾牌-南十字臂」（Scutum-Centaurus Arm）。太陽系位於比這兩條星系臂更細的「人馬座旋臂」（Sagittarius Arm）的支流「獵戶座旋臂」上。我們太陽系只不過是銀河系的一小部分而已。

在星系旋臂中孕育恆星

在螺旋星系及棒旋星系的星系圓盤所看到的螺旋結構，稱為旋臂（螺旋臂）。它的厚度大約300光年，裡頭擠滿了非常年輕的恆星和星際物質。在星系旋臂中，並非只有恆星，做為恆星原料的氫氣等星際物質也相當豐富，因此成為活躍地孕育恆星的區域。這些恆星和氣體以星系中央的核球為中心旋轉，因而形成了螺旋狀的星系旋臂。

氣體的旋轉速度非常快，大約每秒250公里，如果和密度波（density wave）碰撞便會產生衝擊波（壓力變化的波，也稱震波）。衝擊波後方的氣體被急劇壓縮，形成分子雲這樣的高密度雲，並在雲中孕育出恆星。

這些恆星的溫度相當高，會輻射出強烈的紫外線。如果因為這個紫外線，使得周圍的氣體的壓力升高，便會壓縮相鄰的分子雲，而從其中孕育出恆星。於是，在衝擊波的後方，就會連鎖性地誕生恆星。太陽可能也是以依這種機制在獵戶座旋臂中誕生。

專欄 COLUMN 螺旋星系的旋轉速度之謎

螺旋星系在旋轉，所以恆星會受到朝外的離心力的作用。也就是說，理論上，越靠內側的旋轉速度應該會越快，越靠外側的旋轉速度會越慢。

但是，實際上星系的內側和外側的旋轉速度幾乎沒有差異。這意味著，星系外側的重力強度和內側相差不多。這也是科學家認為宇宙中分布著大量的暗物質（無法利用無線電波及X射線等電磁波觀測到的未知物質）的理由之一。

太陽系所在之 獵戶座旋臂的截面

這是把銀河系的星系旋臂的一部分環切再放大的想像圖。銀河系內有多達1000億～數千億顆恆星，某個程度井然有序地分布著，但並沒有達到完全均衡的狀態。如果恆星靠得稍微近一點，引力會加大，進一步吸引新的星際物質和恆星過來。於是，形成了恆星密度比較高的區域，轉化為密度波，進一步發展成為旋臂。

英仙座旋臂

獵戶座旋臂

人馬座旋臂

衝擊波面

聚集於螺旋結構中的眾多恆星產生強大的引力，吸引氣體以高速撞入而產生衝擊波面。氣體進一步撞入更深，於是受到壓縮。

太陽系所在的獵戶座旋臂的截面

撞入衝擊波面的氣體被壓縮（距離衝擊波面100光年左右）

被壓縮的氣體開始孕育出恆星（距離衝擊波面數百光年左右）

包覆在銀河圓盤周圍的區域

銀河系的外圍包覆著一個稱為「星系暈」（銀暈）的球狀區域。根據球狀星團及環繞銀河系旋轉的伴星系（麥哲倫雲等）的運動等因素，推測星系暈占有極為廣大的區域，但對其實際狀態並未十分明瞭。

星系暈分為3層，在最內側的光學星系暈，分布著能夠利用可見光看到的球狀星團，直徑大約15萬光年。和密集於核球的球狀星團相比，它們的數量稀少，但這些球狀星團可能都是在銀河系形成時一起形成的天體。

光學星系暈的外側有X射線星系暈。X射線星系暈是利用無線電波和X射線進行觀測所發現的區域，充滿了稀薄的高溫氣體，大小為光學星系暈的2倍至數倍。

在X射線星系暈的外側，可能還有個暗物質暈（dark matter halo）。所謂暗物質暈是指由未知的物質「暗物質」形成的區域，估計其質量和直徑都遠遠超過銀盤。

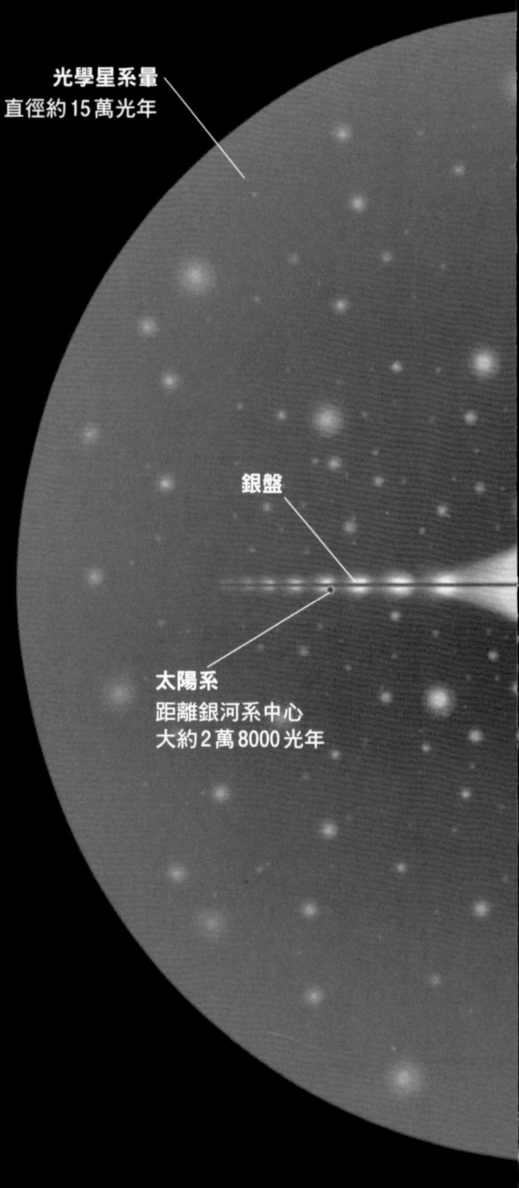

包覆著銀河系的星系暈

光學星系暈是分布在球狀星團和矮星系（dwarf galaxy）等天體的球狀區域。所謂矮星系是指規模只有銀河系100分之1左右的小星系，多半在更大星系的周圍繞轉。

光學星系暈的外側有X射線星系暈。X射線星系暈的外側還有暗物質暈。

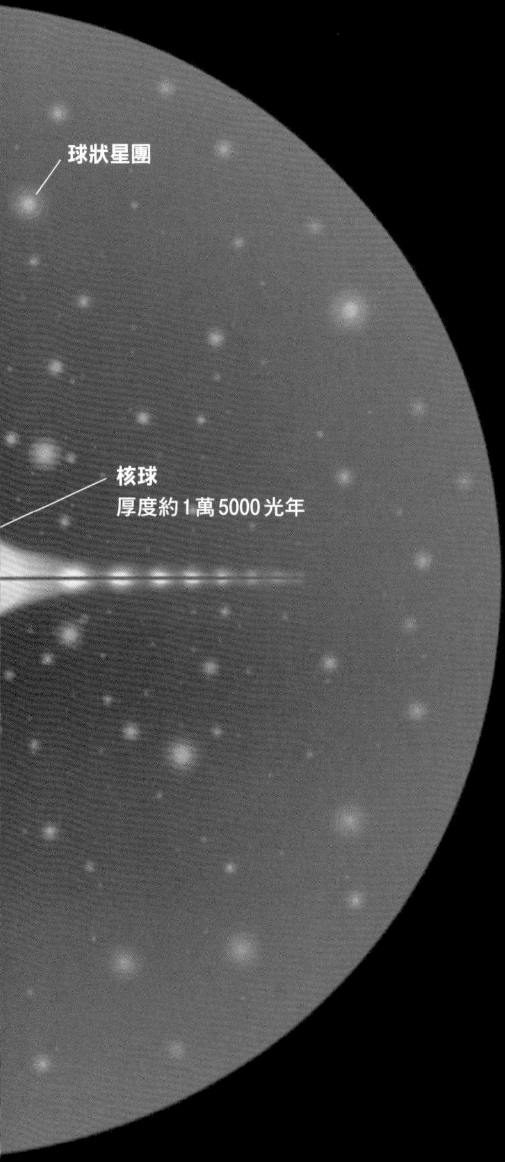

球狀星團

核球
厚度約1萬5000光年

專欄 COLUMN 暗物質暈

暗物質暈的分布範圍可能遠比X射線星系暈更為廣闊，暗物質暈裡面充滿了肉眼看不到且本尊不明的暗物質。目前最有可能的暗物質候選者是理論上預言但尚未發現的粒子。由於它與可見光及無線電波等一切電磁波都不發生交互作用，所以我們無法觀測到。

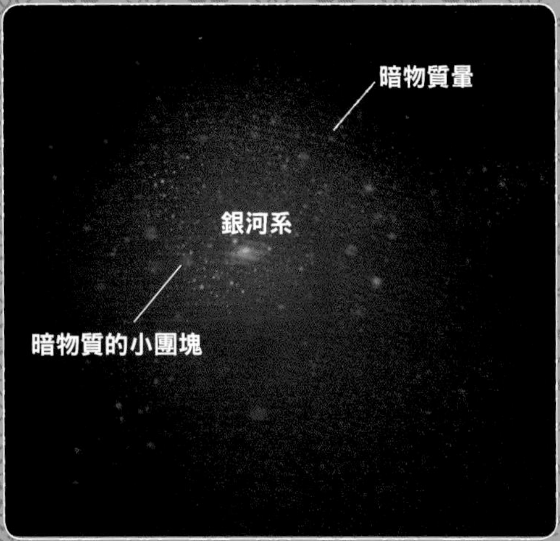

暗物質暈
銀河系
暗物質的小團塊

銀河系所屬的星系集團

銀河系所屬的星系集團稱為「本星系群」（Local Group），這個聚集大大小小各星系超過50個以上的星系群，直徑大約有600萬光年，係由螺旋星系、矮橢圓星系（dwarf elliptical galaxies）、棒旋星系、不規則星系等各種不同類型的星系所組成。

本星系群的組成份子中，最亮的是仙女座星系（Andromeda Galaxy），其次是銀河系、三角座的螺旋星系M33。

在本星系群中，仙女座星系和銀河系特別大，此二星系約占整個星系群質量的75%。

構成這樣集團的星系與星系間的宇宙空間幾乎呈真空狀態，但科學家認為並非空無一物，應該還是有極稀薄的氣體。換句話說，本星系群是因為重力的束縛而聚集在一起的集團。

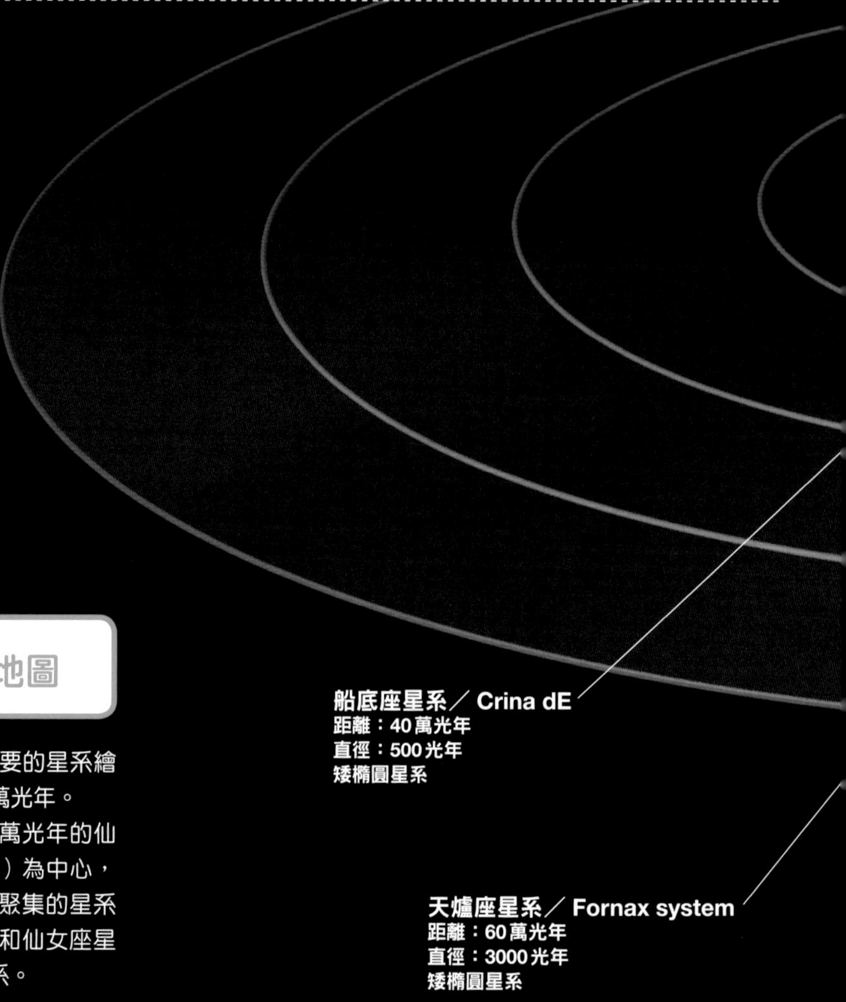

本星系群的3D地圖

右圖是以銀河系為中心，將主要的星系繪成3D地圖，每1刻度表示50萬光年。

以與我們銀河系相距約250萬光年的仙女座星系（M31或NGC 224）為中心，在半徑300萬光年左右範圍內聚集的星系群就稱為本星系群。在銀河系和仙女座星系的周圍存在許許多多的矮星系。

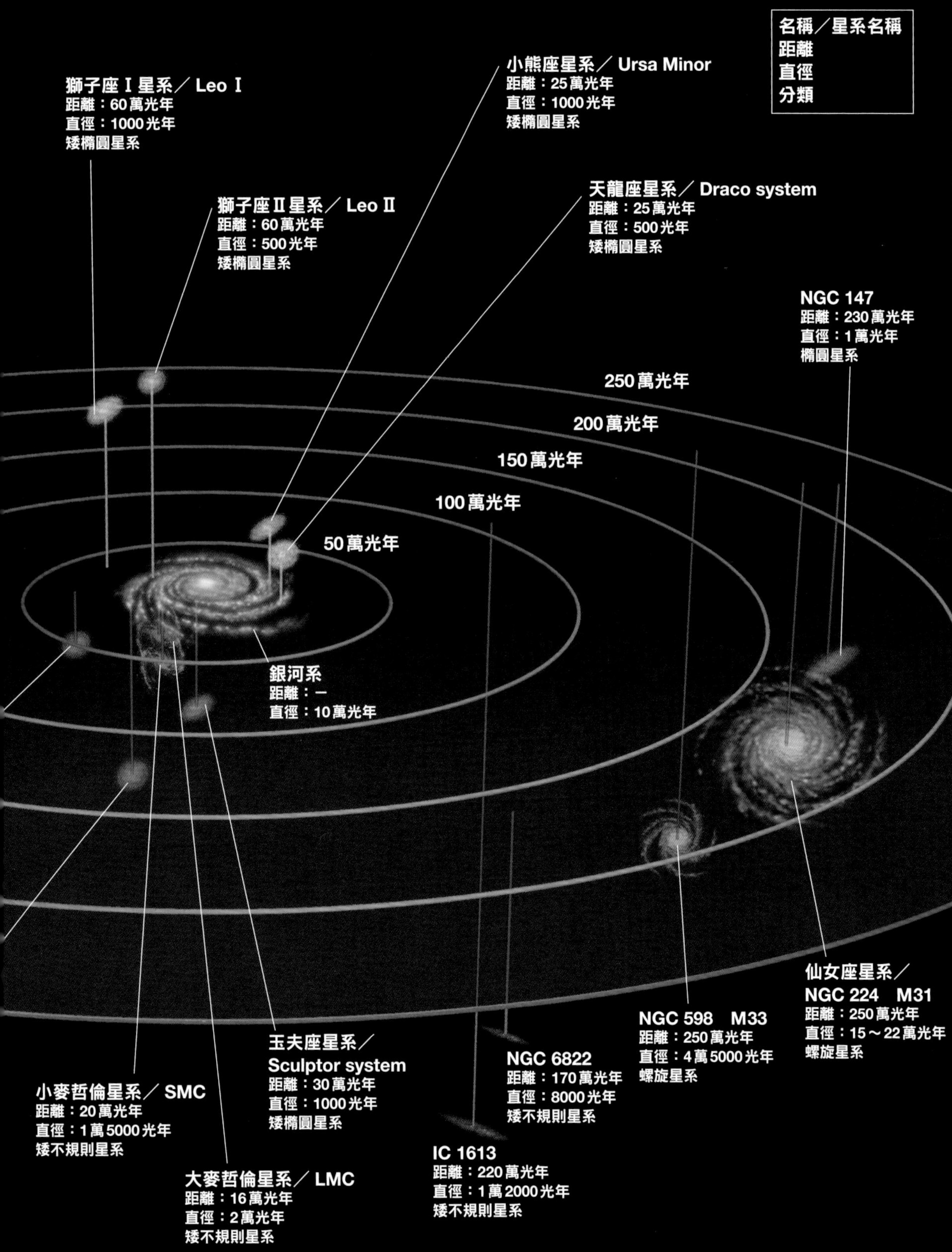

名稱／星系名稱
距離
直徑
分類

獅子座Ⅰ星系／ Leo Ⅰ
距離：60萬光年
直徑：1000光年
矮橢圓星系

小熊座星系／ Ursa Minor
距離：25萬光年
直徑：1000光年
矮橢圓星系

獅子座Ⅱ星系／ Leo Ⅱ
距離：60萬光年
直徑：500光年
矮橢圓星系

天龍座星系／ Draco system
距離：25萬光年
直徑：500光年
矮橢圓星系

NGC 147
距離：230萬光年
直徑：1萬光年
橢圓星系

250萬光年
200萬光年
150萬光年
100萬光年
50萬光年

銀河系
距離：—
直徑：10萬光年

仙女座星系／
NGC 224　M31
距離：250萬光年
直徑：15～22萬光年
螺旋星系

NGC 598　M33
距離：250萬光年
直徑：4萬5000光年
螺旋星系

玉夫座星系／
Sculptor system
距離：30萬光年
直徑：1000光年
矮橢圓星系

NGC 6822
距離：170萬光年
直徑：8000光年
矮不規則星系

小麥哲倫星系／ SMC
距離：20萬光年
直徑：1萬5000光年
矮不規則星系

IC 1613
距離：220萬光年
直徑：1萬2000光年
矮不規則星系

大麥哲倫星系／ LMC
距離：16萬光年
直徑：2萬光年
矮不規則星系

比星系群更大的星系集團

聚集3個以上，數十個以下之星系的集團稱為「星系群」(例如：我們銀河系所屬的本星系群)。另一方面，在1000萬光年左右的區域內，聚集50個以上之星系的星系集團稱為「星系團」(galaxy cluster)。截至目前為止，被收納在天體目錄中的星系團，全天不超過1萬個。距離銀河系最近的星系團是位在大約5900萬光年的「室女座星系團」(Virgo Cluster)。此外，還有像是「唧筒座星系團」(Antlia Cluster或 Abell S0636)、「后髮座星系團」(Coma Cluster 或 Abell 1656)等，大多是以其所在附近的星座來命名。幾乎所有的星系團都會輻射出X射線，這是封閉在星系團中之高溫氣體的熱輻射。

室女座星系團的直徑大約1000萬光年，是由包括螺旋星系、橢圓星系、不規則星系等大約2500個星系所構成。在此看不到往星系團中心區域集中的現象，完全呈現不規則形態。在室女座星系團的中心有個橢圓星系M87，這是個相當巨大的星系，質量大約是銀河系的數十倍。

室女座星系團

這是利用地面的天文望遠鏡所拍攝之室女座星系團中的部分區域圖像。巨大的橢圓星系「M87」是位在室女座星系團中心區域的最大星系，目前已闡明在M87的中心區域有個質量約太陽65億倍的黑洞。

※看起來像是小點般的光源，是包括遠比室女座星系團更靠近身前之銀河系的恆星。

M84

M86

專欄 COLUMN 星系團的大小

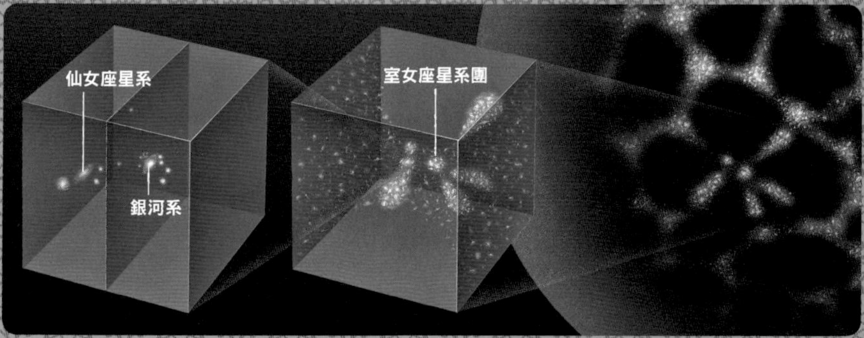

仙女座星系

銀河系

室女座星系團

本星系群（一邊約600萬光年）

我們銀河系與大、小麥哲倫星系、仙女座星系等附近的星系構成本星系群。繪在插圖中央的平面代表星系面（表示天體分布之際的基準面）。

超星系團（一邊約3億光年）

銀河系所屬的本星系群與相鄰的室女座星系團等構成「室女座超星系團」（Virgo Super-cluster，簡稱Virgo SC）網絡的一部分。銀河系位在室女座超星系團的邊緣區域。

由無數星系交織成的宇宙的泡狀結構

規模比星系團更大的集團系統稱為「超星系團」，是由多個星系群和星系團所組成，大小在1億光年以上。如果以更大的尺度來看的話，可以見到由這些星系團和超星系團連結，形成巨大的網狀結構。

該網狀結構的形狀恰如無數的泡沫聚集在一起的樣子，相當於一個個泡沫膜的部分是由星系連結而成的；而相當於泡沫內部的部分，則幾乎看不到任何星系，天文學上稱泡沫的內部空間為「空洞」（void），直徑高達1億光年以上。在泡沫重疊的部分高密度聚集了眾多的星系，這部分就是星系團和超星系團。由數個這樣的星系泡狀結構重疊所形成的結構稱為「宇宙大尺度結構」（Large-scale structure of the Universe）。

此外，星系特別密集的部分則沿用中國萬里長城的概念稱之為「長城」（Great Wall）。1989年，美國的天文學家蓋勒（Margaret Geller，1947～）和哈佛大學的修茲勞博士（John Peter Huchra，1948～2010）觀測到宇宙大尺度結構確實存在。

宇宙的大尺度結構

這是參考根據觀測所製作之星系立體地圖和電腦模擬所描繪的大尺度結構。此處所繪的各個星系規模都比實際大小更為誇張。

從圖中可以清楚看出星系所形成的泡狀結構層層疊疊，許許多多的小洞看起來就像是海綿般的結構。

在幾乎沒有星系的「空洞」後方也有泡狀結構。不過，愈遙遠的星系看起來愈暗。

專欄 COLUMN 泡狀結構想像圖

為了方便了解星系相當於泡狀結構的哪部分，特以下面插圖來表現。就像大陸位於地球的表面一般，星系分布在泡泡的表面，而在泡泡的內部幾乎看不到星系。像這樣的泡泡大量聚集在一起就形成泡狀結構。

為了說明起見，插圖中有單個泡泡以及有泡狀結構外側的區域，但是實際的泡狀結構，不管從夜空的哪個方向看都是綿延得無邊無際。

星系彼此靠近而碰撞

銀河系的直徑大約10萬光年，不過在銀河系附近有幾個星系，它們與銀河系的距離大約是銀河系直徑的數倍左右。相較於星系的規模，其在宇宙中的分布可以說是相當的密集，因此星系彼此碰撞並不算稀奇。事實上，目前已經觀測到許多正在邁向碰撞之途的星系。

在恆星與恆星之間分布著星系氣體，因此星系彼此碰撞時，星系氣體也會相互碰撞，在碰撞處就會活躍誕生恆星，此稱為「星遽增」(starburst)。

據研究，我們銀河系將來也會與仙女座星系碰撞。根據觀測結果顯示，仙女座星系與銀河系正以每秒約109公里的速度接近中。如果這樣的接近態勢一直持續下去的話，大約在37億～38億年後，兩星系就會撞在一起了。

像這種兩大星系碰撞的情形，

約47億年後

4.再度開始接近

一度分道揚鑣的二個星系，在逐步恢復曾經崩壞的螺旋形狀的同時，又因為彼此重力的吸引而又再度開始接近。

現在

1.星系接近

約39億年後

2.中心區域的碰撞

約37億年後，星系的邊緣開始碰撞，約39億年後，中心區域碰撞。基本上，恆星彼此是不會發生碰撞的，而會穿越過彼此的星系。

約40億年後

3.穿越而過後分道揚鑣

碰撞後的兩個星系因為接近時的動能，在彼此穿越而過之後，會開始分道揚鑣。

星系形狀會大幅變形，並且活躍地產生新的恆星。碰撞後，這兩大星系會暫時分開，然後因彼此萬有引力的作用又再度碰撞。像這樣的碰撞反覆多次，最終應該會合併成一個巨大的橢圓星系。

另一方面，即使星系碰撞，但是星系內的恆星也幾乎不會相碰。這是因為相較於恆星本身的大小來看，恆星間的間隔實在非常遙遠之故。

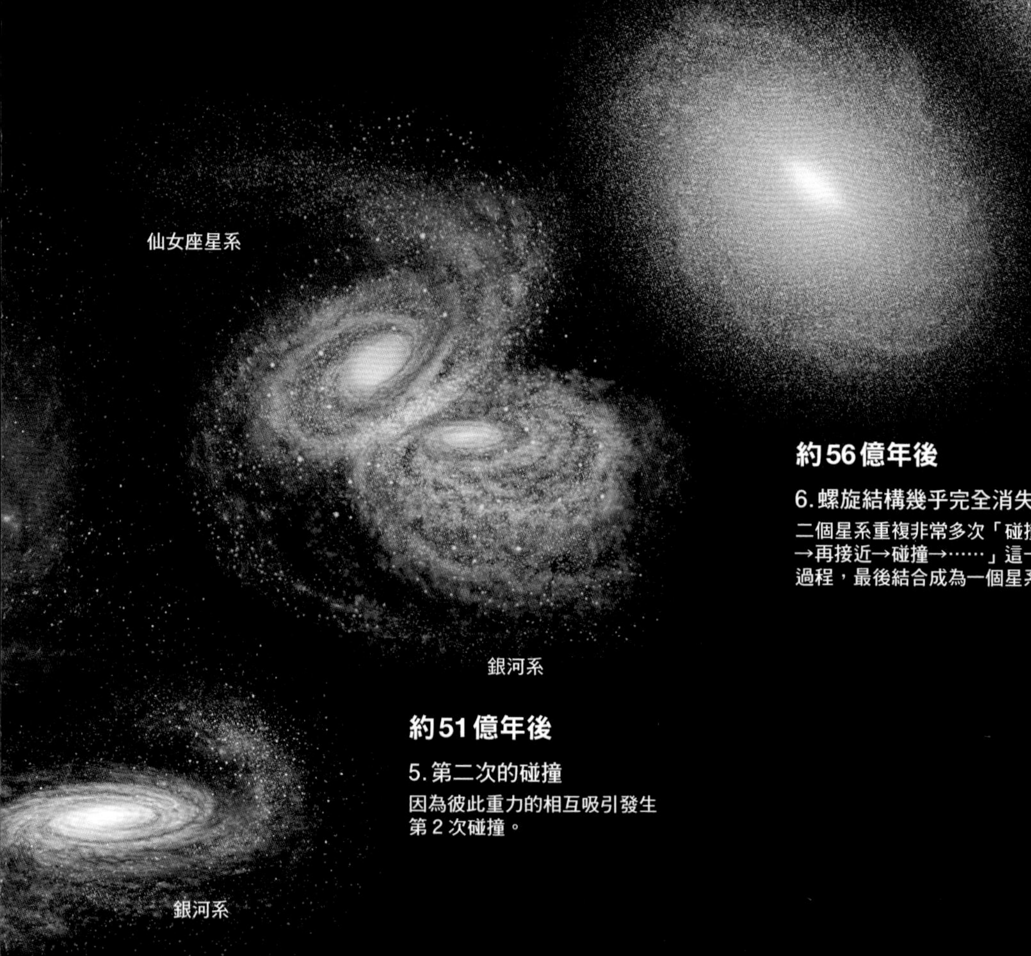

約60億年後

7. 演變成巨大的橢圓星系

因為多次的碰撞，螺旋結構消失，二個星系合併成為一個橢圓星系。

仙女座星系

約56億年後

6. 螺旋結構幾乎完全消失

二個星系重複非常多次「碰撞→穿越→再接近→碰撞→……」這一連串的過程，最後結合成為一個星系。

銀河系

約51億年後

5. 第二次的碰撞

因為彼此重力的相互吸引發生第 2 次碰撞。

銀河系

碰撞的銀河系與仙女座星系

在本星系群中，最大的星系是仙女座星系，其次是銀河系，兩者因為彼此的引力而互相接近，然後反覆碰撞。研究者們認為兩星系在反覆碰撞的過程中，形狀會逐漸變形。大約經過60億年後，會合併成為一個巨大的橢圓星系。

又，若是小星系碰撞大星系的話，根據研究認為小星系應該會被大星系吸收，大星系的旋臂會發展得愈來愈壯觀。

亮度為太陽之1兆倍的閃耀天體

在距離地球數十億光年之遙的遠方，有亮度為太陽之1兆倍的閃耀天體「類星體」(quasar)。因為它看起來像恆星，會輻射無線電波，因此被命名為「類星電波源」(quasi-stellar radio source)或是「類星天體」(quasi-stellar object)，一般簡稱為類星體。

1963年首顆發現到的類星體為「類星體3C273」，距離地球約15億光年。其後，又陸續發現許多的類星體，現在連遠在約130億光年彼方的類星體也都被觀測到了。

類星體的母體是星系，中心核的龐大能量以噴流的形式釋放出來，而根據研究認為能量來源是超大質量黑洞。亦即，在大質量黑洞強大重力作用下，在吸入物質時，釋放出巨大的能量輻射。

半人馬座A的噴流

照片中拍攝到距離地球約1100萬光年遠方的橢圓星系NGC 5128，從位在其中心之黑洞的吸積盤垂直噴出相對論性噴流(relativistic jet)。這是被稱為半人馬座A(Centaurus A)的強力無線電波源。

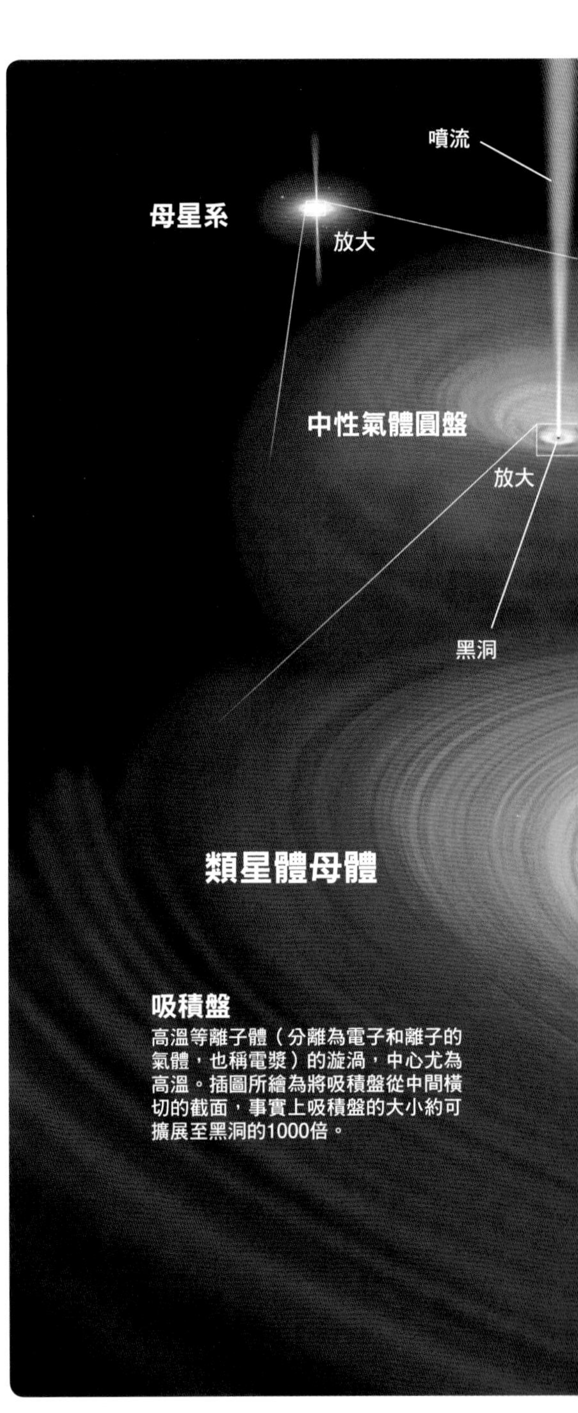

類星體的真正身分

這是以三種不同的縮尺來描繪目前所認知的類星體結構。中心黑洞為標準的類星體，半徑約30億公里左右。

研究者認為與恆星組成聯星系統之黑洞周圍相同的結構位在星系的中心區域。

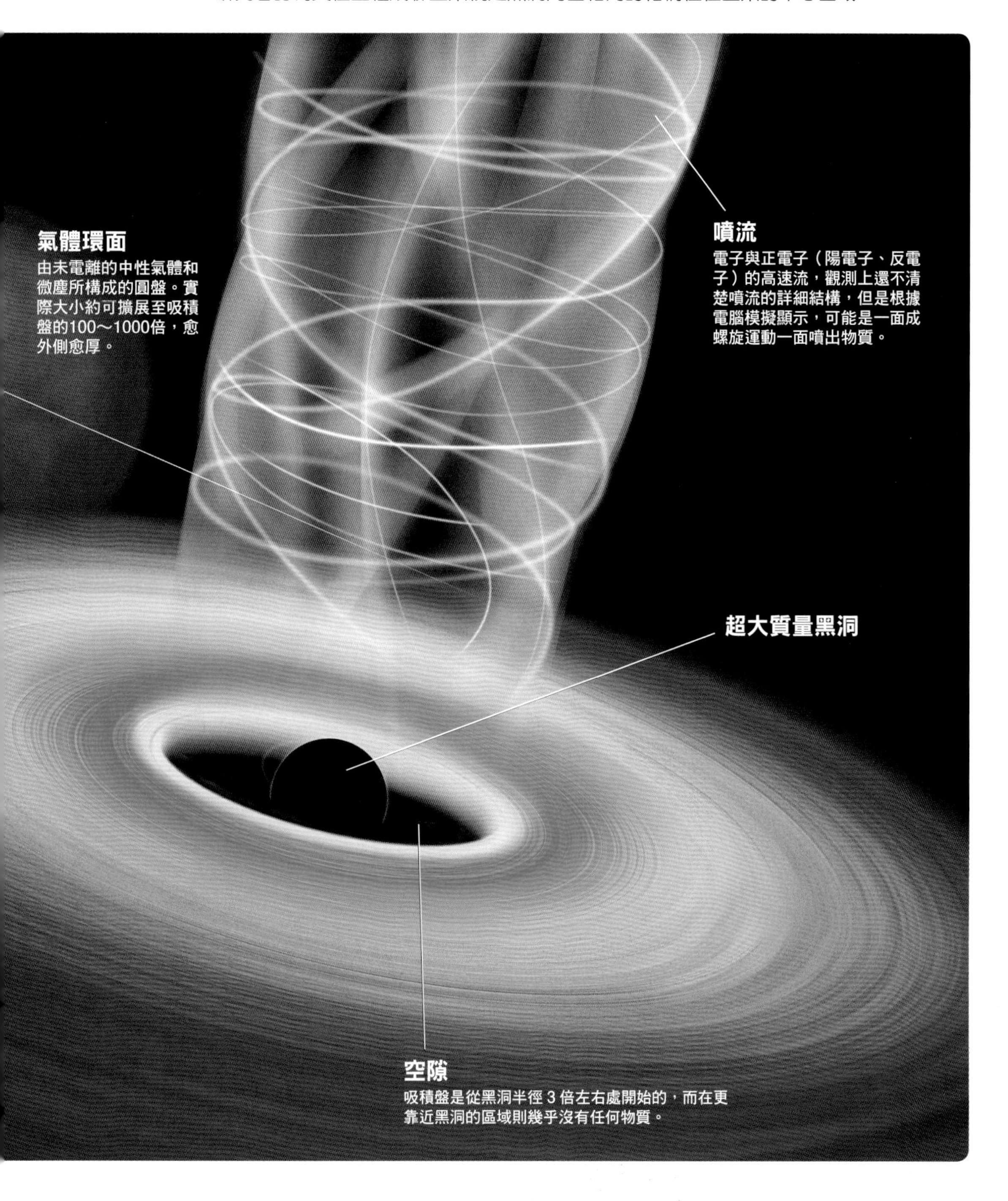

釋放出高能量的星系

有些星系釋放出來的能量並非源自恆星、星際微塵、星際氣體之類的一般星系的構成要素，這類星系稱為「活躍星系」（active galaxy）。這種星系的中心核可能會放射出比一般星系強烈的高能量電磁波。

活躍星系可依照輻射的特徵分為幾個類型，其中一類在利用光學觀測時有如一般的星系，但利用無線電波觀測時卻可發現有顯示爆炸現象的強烈輻射，這種活躍星系稱為「無線電波星系」（radio galaxy）。無線電波星系絕大部分是橢圓星系，所放射的電磁波強度為一般星系的100萬倍左右。

「星遽增星系」（starburst galaxy）是由於星系互相碰撞等因素而發生星遽增（爆炸性地誕生新恆星）的活躍星系。

星遽增星系M82

哈伯太空望遠鏡加裝特殊濾鏡拍攝到的星系「M82」，可能是因為和隔壁的M81接近的關係，導致發生了星遽增。從星系盤中心附近朝兩極方向噴出紅色的東西，那是稱為「星系巨風」（galactic superwind）的高溫電離氫氣。

還有一類活躍星系會放射出強烈的無線電波和X射線，而且光的偏振十分顯著，稱為「蝎虎BL型類星體」(blazar，又稱耀變體)，這種活躍星系也是以橢圓星系居多。

另有一類在利用可見光觀測時可看到高速氣體發出的明線光譜（亮線），這種活躍星系稱為「西佛星系」(Seyfert galaxy)，絕大多數是螺旋星系。「星遽增星系」也會放射出氣體的亮線，但氣體的運動速度比西佛星系小。

「類星體」也是活躍星系的一種，可以說是活躍度最高的星系。

從地球上觀測時，這些活躍星系分別呈現出各式各樣的不同樣貌，但也有人認為，這些只是活躍星系朝向地球的方向不同所造成的差異，其實它們全部都是同一種天體。不過，這一點尚未獲得證實。

圓規座星系

本圖所示為西佛星系之一的圓規座星系（ESO 97-G13）。中心非常明亮，能夠看到從中心區域的高速氣體所發出的明線光譜（亮線）是它的最大特徵（圖像中為粉紅色的部分）。

COLUMN

把銀河系做電腦斷層掃描來看看吧！

如果把我們的銀河系好像做電腦斷層（CT）掃描一樣地環切來觀察，那麼它的截面看起來會是什麼模樣呢？這裡的圖像是把利用可見光預測的斷層圖像（黃色），以及銀河系內的中性氫氣分布模型的斷層圖像（藍色），疊合在一起同時呈現。

做縱向切割會看到什麼樣貌？

首先，把銀河系做縱向（由上往下）切割來看看。切割後，可以看到在銀河系的螺旋模樣斷成一節一節的明亮區域，亦即旋臂的部分聚集著許多明亮的恆星。恆星的分布集中於旋臂的部分（明亮區域），但中性氫氣則稀薄且均勻分布在銀盤（galactic plane，以朦朧的藍色表現）。在恆星分布區域的外側，氣體的分布顯著增加，並且形成相對於銀盤偏倚的結構。

做橫向切割會看到什麼樣貌？

銀河系形成薄薄的圓盤結構，但恆星分布最多的平面是銀盤。在插圖中，是以垂直於銀盤的銀河北極方向為上側。由圖可知，中性氫氣分布較多的區域並非銀盤。

※本頁插圖乃依據日本東京大學祖父江義明名譽教授與日本鹿兒島大學學術研究院理工學域理學系物理暨宇宙專攻中西裕之副教授所提供的資料繪製而成。

將銀河系縱向切割來看看吧！

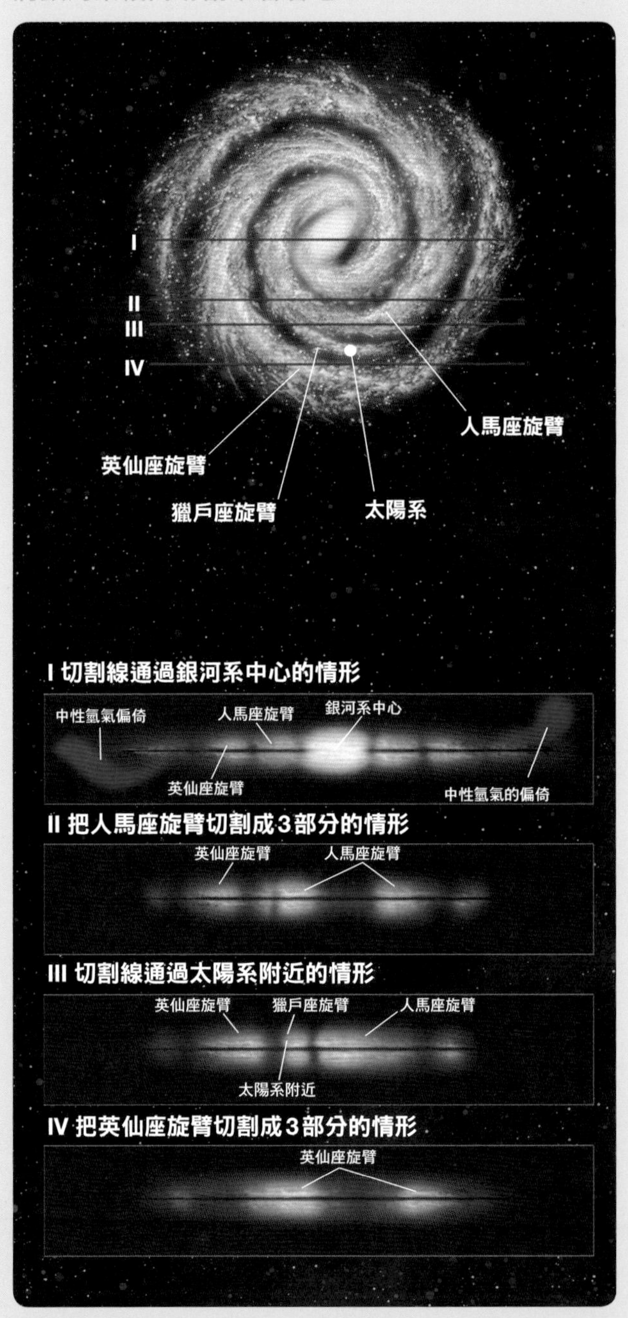

將銀河系橫向切割來看看吧！

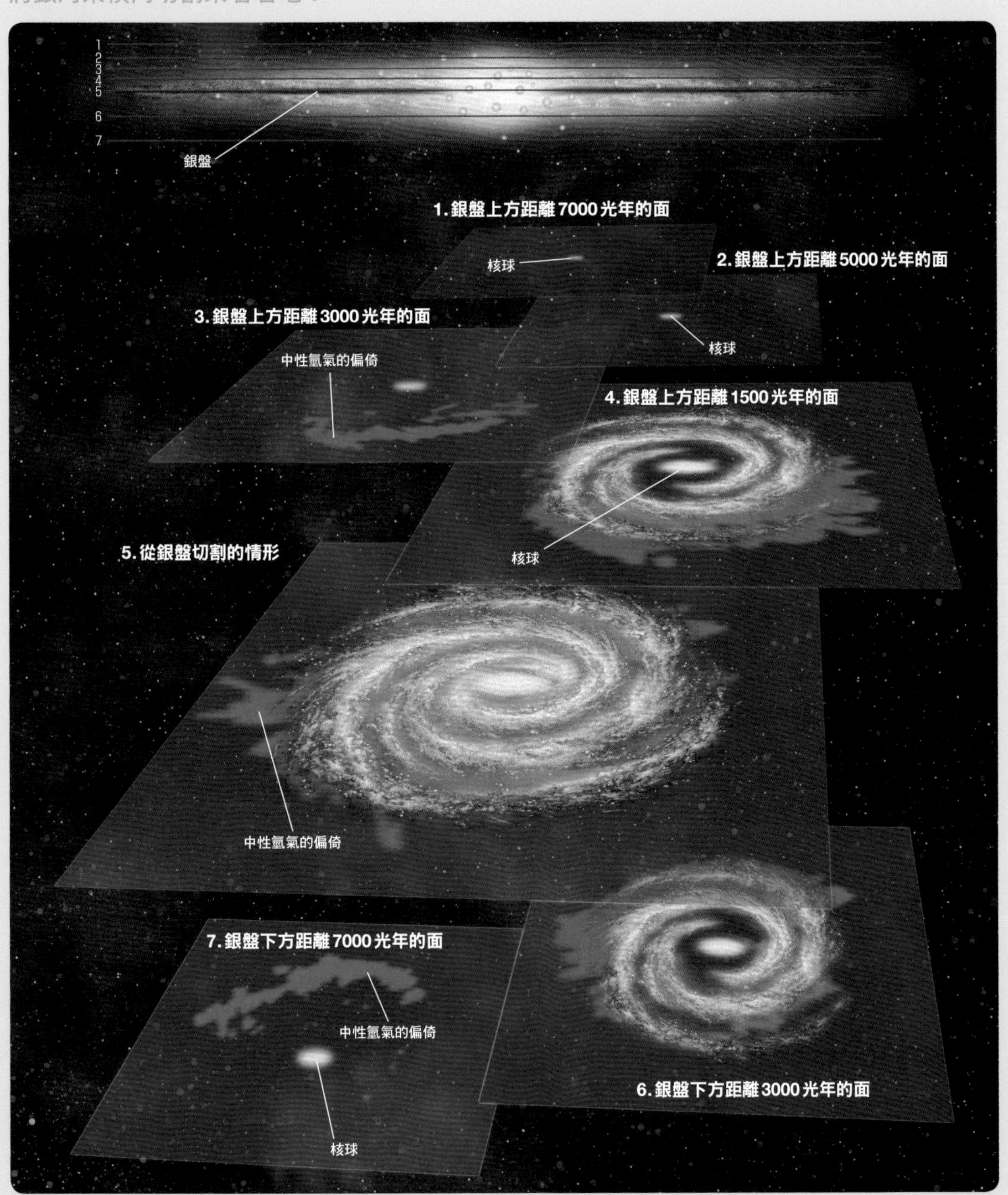

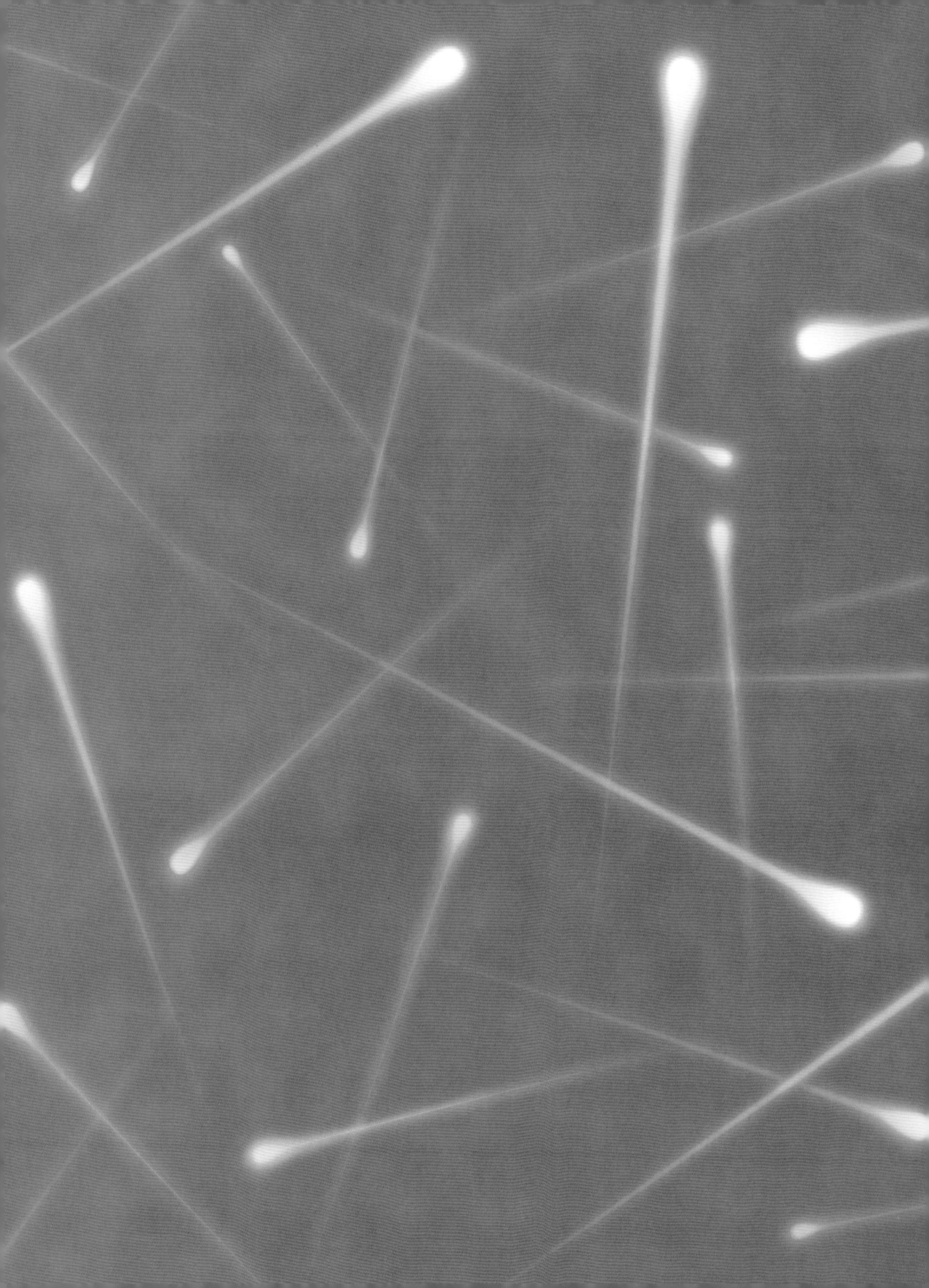

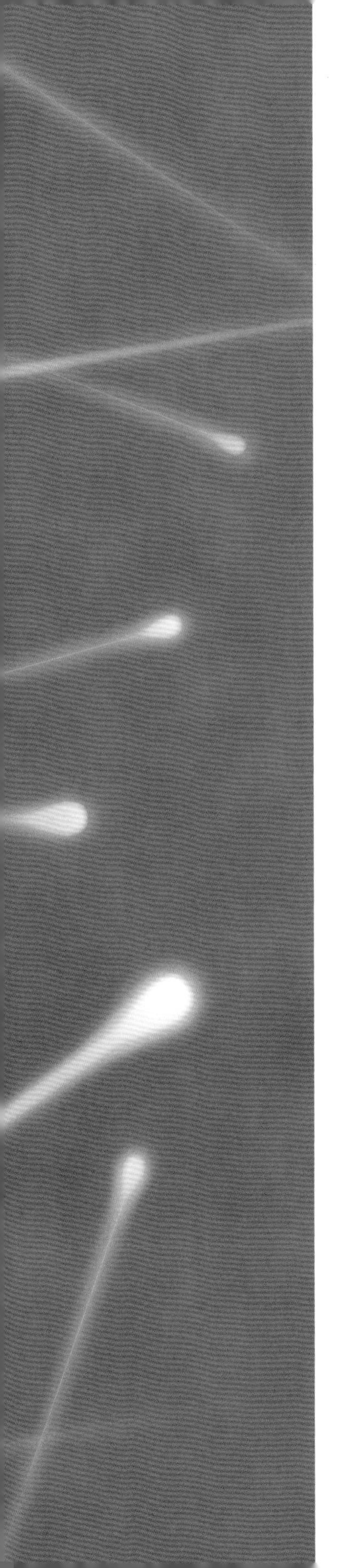

4
宇宙的誕生與未來

Cosmology

愈遙遠的星系以愈快的速度遠離而去

科學家推定現今宇宙的年齡為138億歲。宇宙有年齡，這意味著宇宙曾經有過「誕生的瞬間」。

1929年，美國的天文學家哈伯（Edwin Powell Hubble，1889～1953）調查了星系的距離及它們的光譜，察覺到星系的譜線往紅色的一端偏移，這種現象稱為「紅移」(redshift)。該現象可能是星系遠離我們而去，由於「都卜勒效應」導致星系發出之光的波長被拉長所造成。由於愈遙遠的星系產生紅移的程度愈大，因此發現了星系的距離與退離速度成正比的關係，這稱為「哈伯-勒梅特定律」（Hubble-Lemaître law）。

愈遙遠的星系以愈快的速度遠離而去，這讓人聯想到「宇宙正在膨脹中」的概念。如果往過去回溯，則宇宙越來越縮小，星系越來越密集。回溯到最後，整個宇宙「塌縮」成一個點，這個時點可能就是宇宙的開端。

速度2

B星系
與銀河系的
距離為2

A星系
與銀河系的
距離為1

銀河系

專欄 COLUMN 星系的光譜偏移

假設從星系發出黃光。如果該星系相對於地球為靜止不動，則被觀測到時仍維持黃光（B）。如果該星系相對於地球為遠離而去，則在地球上被觀測到時，會變成波長較長的偏紅光（A）。相反地，如果該星系相對於地球為接近而來，則在地球上被觀測到時，會變成波長較短的偏藍光（C）。波長的偏移為都卜勒效應所造成，由於愈遙遠的星系會以愈快的速度遠離而去，所以偏向紅光的幅度會越大。

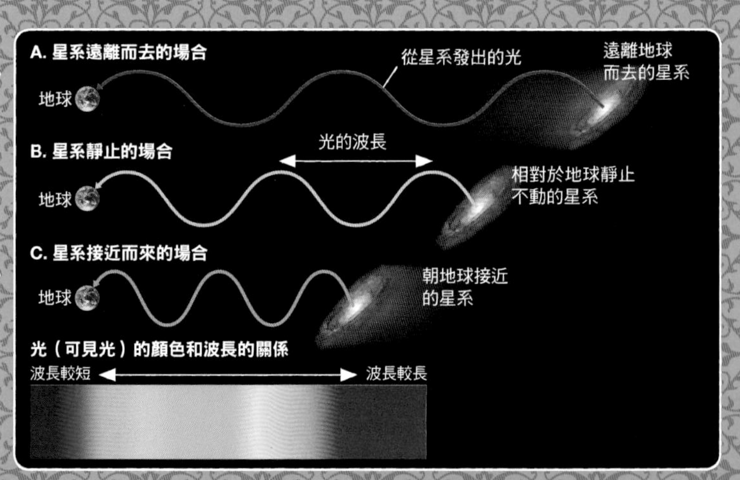

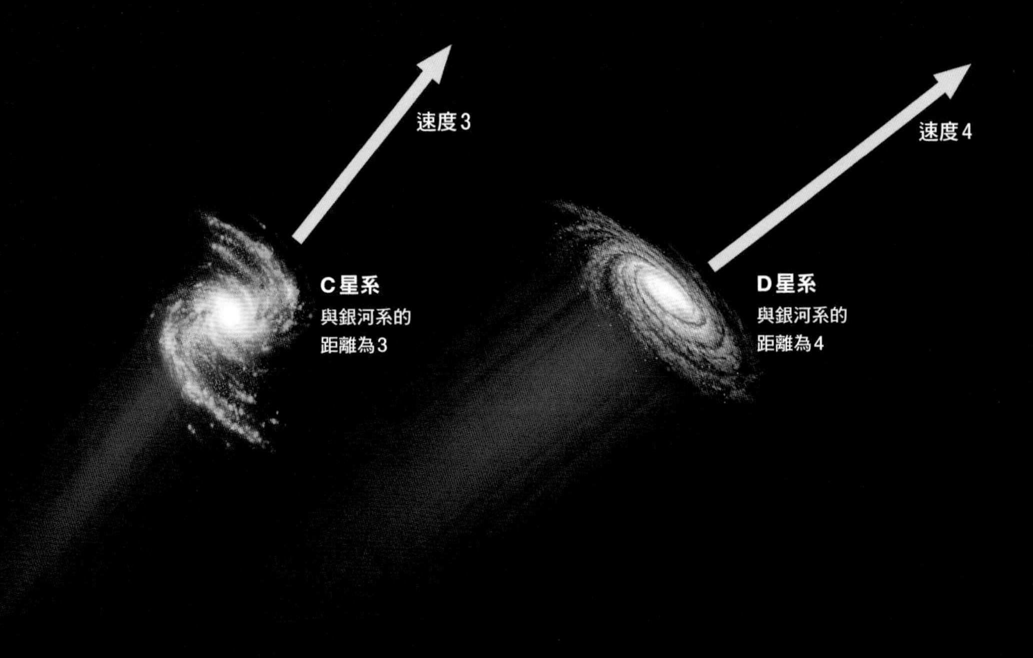

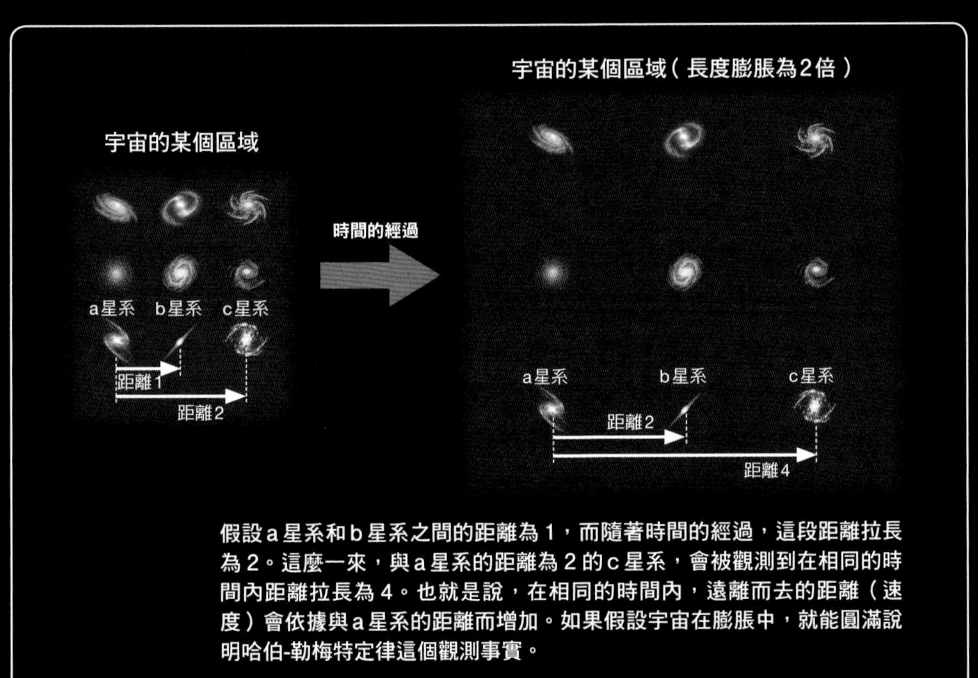

假設a星系和b星系之間的距離為1，而隨著時間的經過，這段距離拉長為2。這麼一來，與a星系的距離為2的c星系，會被觀測到在相同的時間內距離拉長為4。也就是說，在相同的時間內，遠離而去的距離（速度）會依據與a星系的距離而增加。如果假設宇宙在膨脹中，就能圓滿說明哈伯-勒梅特定律這個觀測事實。

哈伯
（1889～1953）
在美國芝加哥大學攻讀數學與天文學，畢業後赴英國牛津大學研讀法學。第一次世界大戰結束後，回歸研究天文學，在美國威爾遜山天文台擔任研究員。哈伯除了學問專精之外，在運動領域也十分出色，曾經是個拳擊好手，也曾經在美國擔任籃球教練等等，多才多藝。

從宇宙創生到未來的歷史

右圖是利用插圖整理繪出宇宙歷史的概要。

剛誕生的宇宙是個「基本粒子」分散地到處任意穿梭飛行的世界。隨著宇宙的膨脹，溫度逐漸下降，最後基本粒子彼此開始結合。大約在宇宙誕生的38萬年後，「原子」終於誕生了。

其後，天體等完全都不存在的「黑暗時期」大約持續3億年左右的時間。直到宇宙誕生約3億年後，宇宙最初的「恆星」終於誕生了。恆星的集團 ── 星系也開始略具雛形。眾多的小星系一再地重複碰撞、合併的過程，逐漸成長為今日我們所見到規模龐大、壯觀的星系。在恆星的周圍也會形成行星系統。太陽系大約誕生於距今46億年前，若從宇宙

宇宙的全歷史

插圖是宇宙誕生到未來的全歷史，下面表示過去，上面表示未來。

誕生開始數起，大約是在92億年後，而現在的宇宙則是誕生約經過138億年後的樣貌。

接下來，讓我們來看看宇宙的未來。根據研究推估：我們所居住的「銀河系」會不斷地跟鄰近的星系碰撞、合併，大約在1000億年後會成長為巨大的星系。另一方面，其他遙遠的星系會因為宇宙膨脹而離銀河系越來越遠，科學家認為大約在1000億年以後，就會完全無法觀測到。「我們巨大的銀河系」將會成為宇宙中孤立的存在。科學家認為星系中一顆顆的恆星最後都會燃燒殆盡，大約100兆年後，星系會完全失去光輝，宇宙再度回歸黑暗世界。

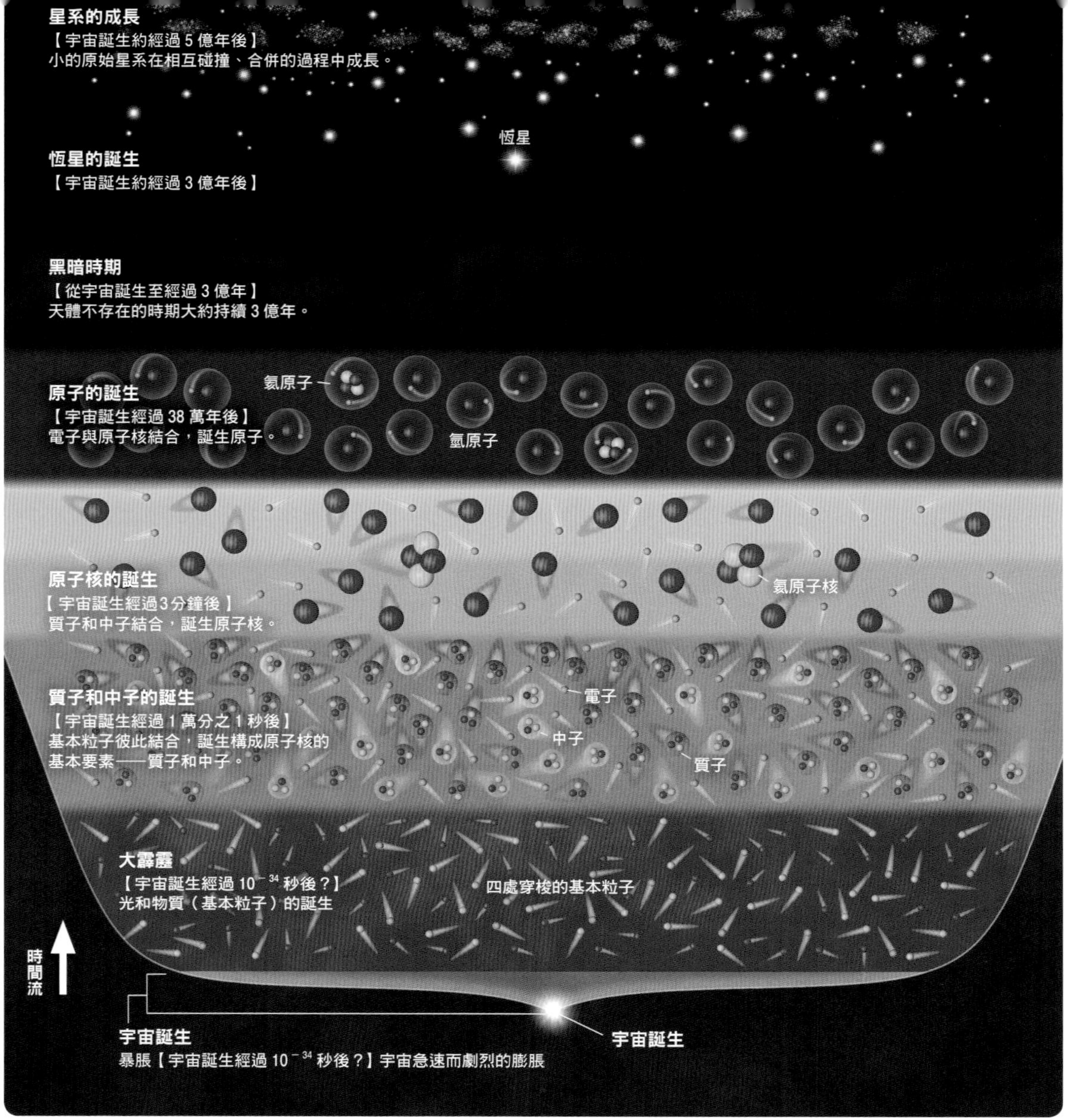

星系的成長
【宇宙誕生約經過 5 億年後】
小的原始星系在相互碰撞、合併的過程中成長。

恆星

恆星的誕生
【宇宙誕生約經過 3 億年後】

黑暗時期
【從宇宙誕生至經過 3 億年】
天體不存在的時期大約持續 3 億年。

氦原子
氫原子

原子的誕生
【宇宙誕生經過 38 萬年後】
電子與原子核結合，誕生原子。

氦原子核

原子核的誕生
【宇宙誕生經過3分鐘後】
質子和中子結合，誕生原子核。

電子
中子
質子

質子和中子的誕生
【宇宙誕生經過 1 萬分之 1 秒後】
基本粒子彼此結合，誕生構成原子核的基本要素──質子和中子。

大霹靂
【宇宙誕生經過 10^{-34} 秒後？】
光和物質（基本粒子）的誕生

四處穿梭的基本粒子

時間流

宇宙誕生
暴脹【宇宙誕生經過 10^{-34} 秒後？】宇宙急速而劇烈的膨脹

宇宙誕生

從無誕生的小宇宙

根據最新的理論認為：宇宙是從「無」中誕生的。所謂的「無」是指時間、空間、物質和能量皆無的狀態。

上面的話聽起來有點哲學味道，然而事實上「從無誕生的宇宙」是能夠藉量子論來加以說明的理論。在極短、極短的時間內，時間、空間、能量不斷地晃動，無法固定在一個值。超微宇宙就在此因「穿隧效應」（tunnelling effect）而突然誕生了。

所謂穿隧效應是指微粒子以非常小的機率穿越過平常無法通過之能量障壁的現象。宇宙愈小，或是真空能量愈高，因穿隧效應而誕生宇宙的機率愈高（無中誕生的宇宙創生論），這是美國的物理學家維蘭金（Alexander Vilenkin，1949～）博士在1982年倡議的，因此學界將該想法稱為「維蘭金假說」。該假說在廣大民眾間引發的反響遠比學界還要熱烈很多。

後來英國的物理學家霍金博士（Stephen William Hawking，1942～2018）和哈妥（James Burkett Hartle，1939～）推導出宇宙波函數（wave function of the universe），顯示以量子論方式所推導出的最高機率宇宙演化過程與維蘭金的宇宙一致。

科學家認為甫誕生宇宙的大小，在量子論可能的最小長度為10^{-34}公分，亦即宇宙是從超微尺度開始的。

從無誕生的小宇宙

這裡所繪為從不存在物質和空間的「無」中誕生微宇宙的示意圖。

從無中誕生的宇宙

專欄 COLUMN 維蘭金博士所認為的「無」

從空間中，將物體、氣體分子等完全去除，然後再使該空無一物的空間收縮。這個大小持續收縮至零的空間，就是維蘭金博士所認為的「無」。「無」中連時間（以時鐘來表現）都沒有。維蘭金博士應用時間、空間和重力的理論「廣義相對論」（general relativity），以及微觀世界的理論「量子論」（quantum theory）此現代物理學的二大基礎理論，推導出「無」的結論。

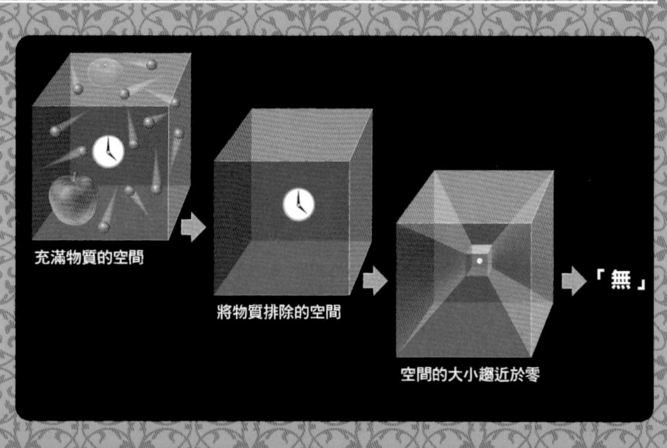

SECTION 49

Inflation

暴脹

宇宙的急遽膨脹

剛誕生的宇宙擁有極高的真空能量，這個能量促使空間在誕生後的10^{-36}～10^{-34}秒的期間內急遽膨脹。原本遠比原子還要小上許多的微小宇宙，在一瞬之間變成龐然大物。這個假說稱為暴脹理論（inflation theory），是在1981年由日本物理學家佐藤勝彥和美國理論物理學家谷史（Alan Harvey Guth，1947～）先後提出。

暴脹理論說明了為什麼現今宇宙每個地方的溫度都大致相同，而且幾乎完全平坦（均勻）的原因。根據暴脹理論，可以推導出「即使原始的宇宙有凹凸（不勻），在沒有增加凹凸程度的情況下，整體宇宙以猛烈的勢道擴張開來，於是逐漸變得平坦而成為現今我們的宇宙」這樣的宇宙創造機制。而這一點已經藉由「宇宙微波背景輻射」（cosmic microwave background radiation）的觀測和星系的分布資料等加以證實。

專欄 COLUMN 宇宙膨脹會使太陽系擴大？

會因為宇宙膨脹而擴大的，是相距遙遠到足以忽視重力影響的星系彼此之間的空間。星系本身則因為企圖維持集團形態的重力效應遠大於宇宙膨脹的效應，所以不會擴大。同樣地，太陽系也不會擴大。

此外，藉由靜電力而強力結合在一起的原子，也不會因為宇宙膨脹而變大。所以，不必擔心我們的身體會因此而腫起來。

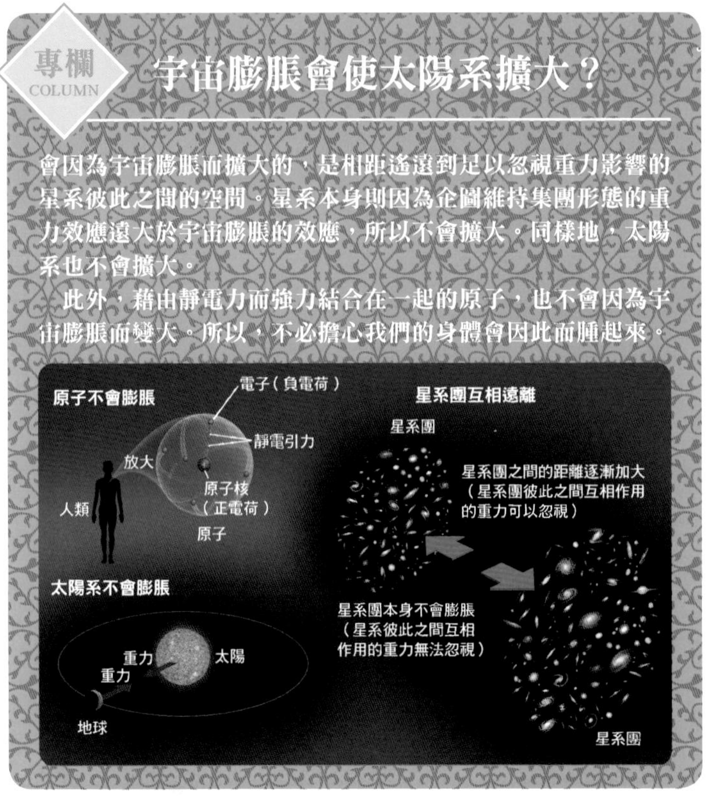

現在的宇宙
（誕生約138億年後）

本圖所示為宇宙在剛誕生不久後，即因為暴脹而急速膨脹成為灼熱狀態，後來隨著時間的經過逐漸冷卻，成為現今宇宙樣態的模式圖。現今的宇宙，在從地球上能夠觀測到的範圍內，是幾近「平坦（均勻）」的狀態。

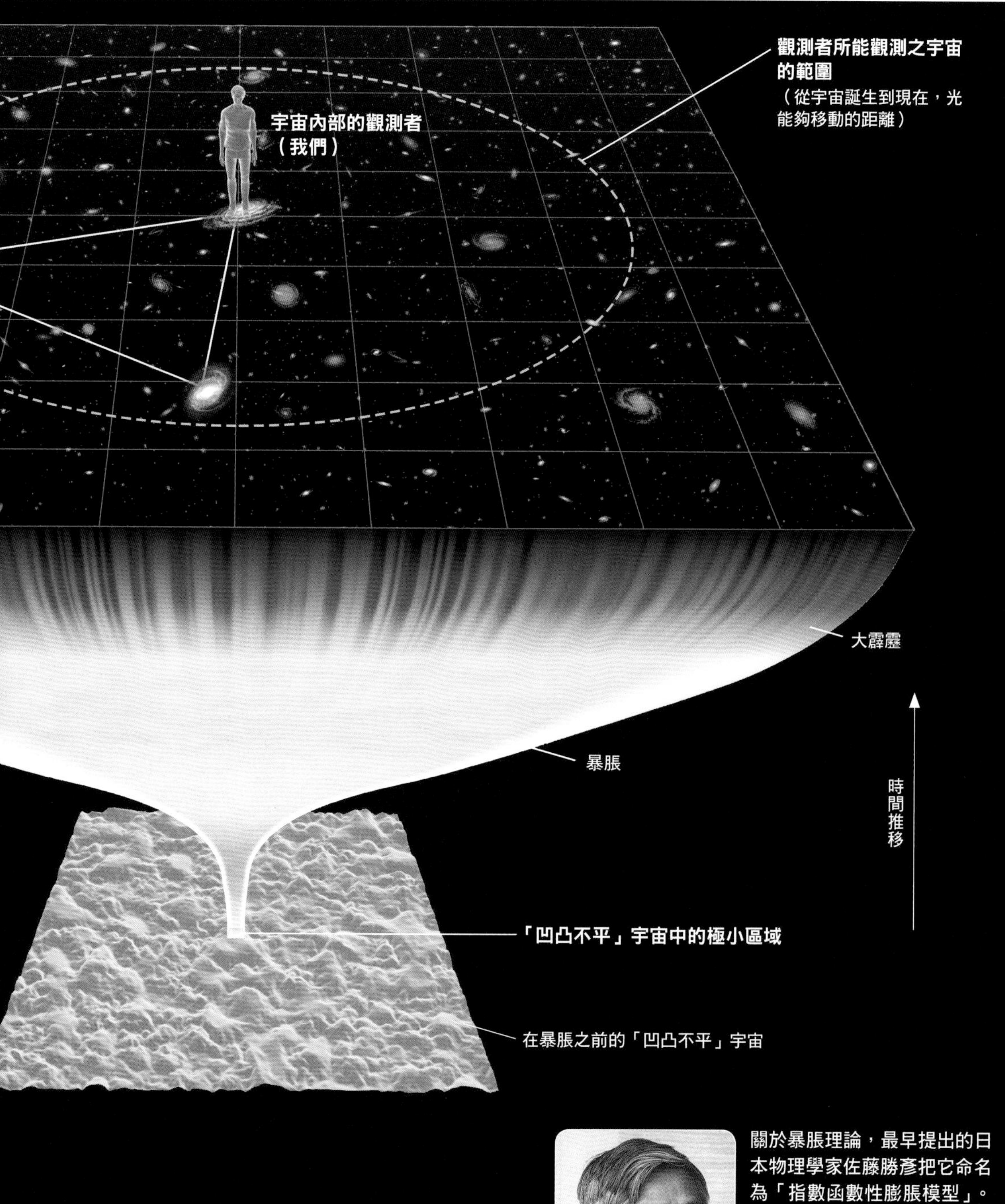

佐藤勝彥
（1945～）

關於暴脹理論，最早提出的日本物理學家佐藤勝彥把它命名為「指數函數性膨脹模型」。佐藤企圖利用本身專精的基本粒子物理學的理論來闡述宇宙的開端。

比佐藤稍晚幾個月，美國理論物理學家谷史發表了相同的暴脹理論。

灼熱的宇宙「大霹靂」

宇宙甫誕生後立即發生暴脹，在暴脹結束後形成的超高溫宇宙稱為「大霹靂」（Big Bang）。大霹靂原本是用來形容爆炸性膨脹，不過以當時的大霹靂理論無法說明甫誕生宇宙無限大的能量，以及急速膨脹的起源。然而，後來使用暴脹理論和量子論已經解決前述問題，大霹靂宇宙論得到確立。

當暴脹所造成的宇宙溫度從超高溫下降到某一程度時，會發生高能量真空躍遷到低能量真空的相變。這跟水轉換成冰的相變（物態變化）是一樣的，在宇宙相變的過程中，新的真空和舊的真空的能量差以熱能的形式釋放出來，這個灼熱的宇宙就是大霹靂。因為真空相變，能量被釋放出來，因此研究者認為宇宙應該是充滿了光、物質和熱。

暴脹結束立即誕生的物質就是基本粒子。科學家認為：此時的宇宙，是個各式各樣基本粒子在空間中穿梭漫飛的世界。

蓋模
（1904～1968）

小而高密度的宇宙，應該會是像超高溫的火球一般，這是美籍俄裔的物理學家蓋模（George Gamow，1904～1968）在1948年倡議的。這種大幅偏離當時主流宇宙觀（穩恆態宇宙論）的想法被譏諷是「大霹靂宇宙論」，但是據說蓋模反而很喜歡這個命名。其後，藉由「COBE衛星」等的觀測，證明蓋模的假想是正確的。

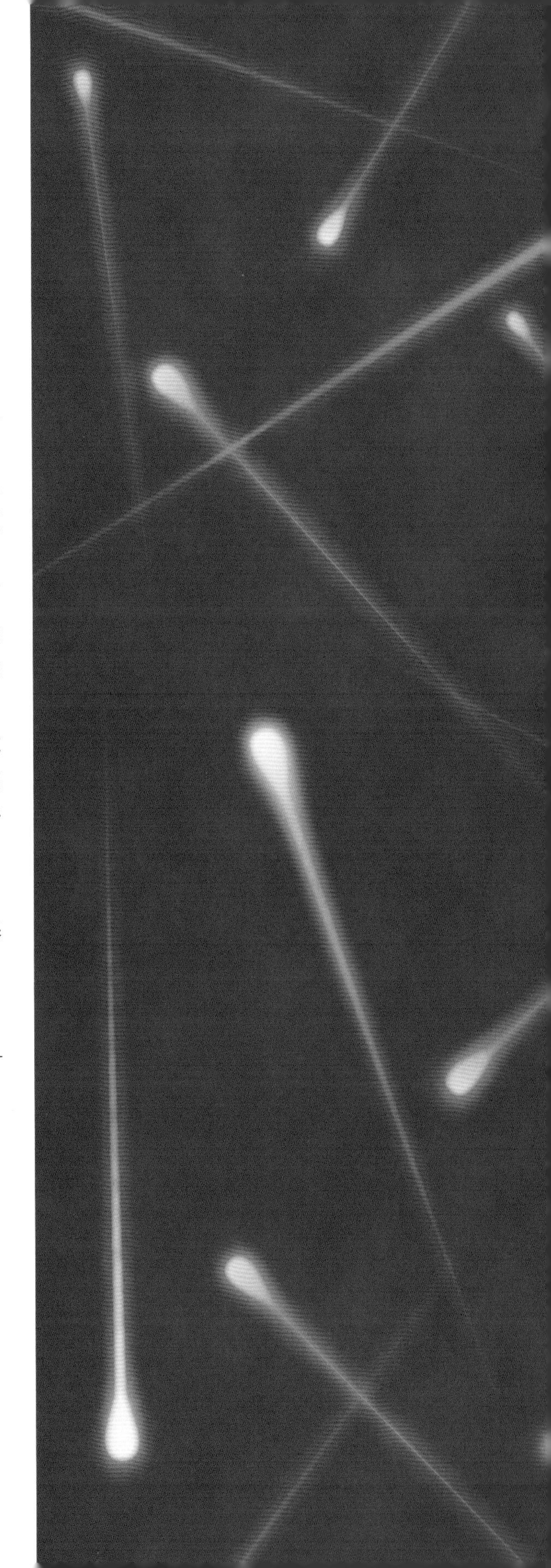

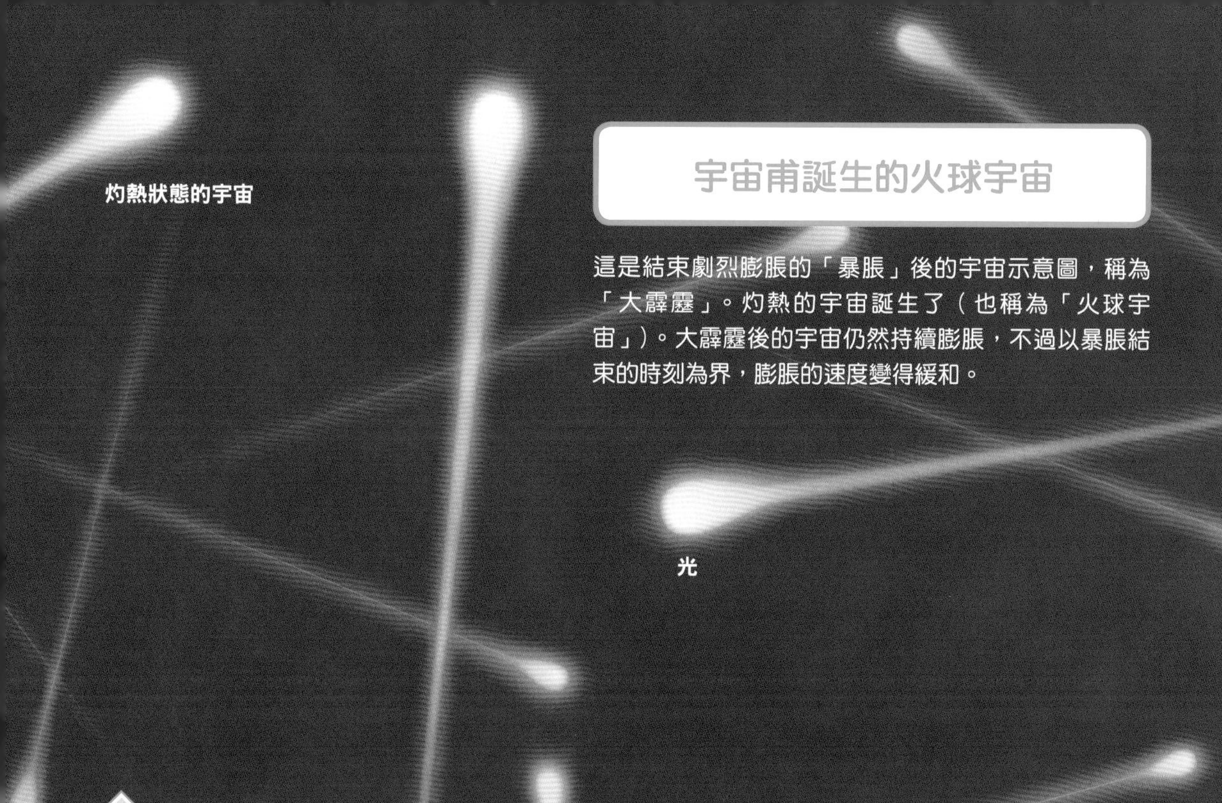

灼熱狀態的宇宙

宇宙甫誕生的火球宇宙

這是結束劇烈膨脹的「暴脹」後的宇宙示意圖，稱為「大霹靂」。灼熱的宇宙誕生了（也稱為「火球宇宙」）。大霹靂後的宇宙仍然持續膨脹，不過以暴脹結束的時刻為界，膨脹的速度變得緩和。

光

專欄 COLUMN 大霹靂的機制

宇宙誕生

暴脹中的宇宙為「過冷狀態」

就好像水溫即使超過0℃以下還會稍微「忍耐」一下不會結凍，此時的宇宙也處於過冷（supercooling）的狀態。在過冷狀態下，發生真空相變，而應該以熱的形式釋放出來的能量並未釋放（此能量稱為潛熱）。科學家認為就是該能量引發宇宙的急速膨脹。

大霹靂的熱是真空相變所釋放的「潛熱」

當過冷現象超過某一限度時，引發真空相變，潛熱一口氣被釋放出來，該熱能引發大霹靂。大霹靂理論並未說明初期宇宙為何是處於高溫高壓的「火球」狀態，而暴脹宇宙論對火球宇宙的成因提出說明。

時間的推移

質子和中子誕生，氫原子核也因此而生

在宇宙誕生約經過1萬分之1秒（10^{-4}秒）後，隨著宇宙溫度的下降，四處穿梭的基本粒子（夸克，quark）彼此結合，誕生了「質子」(proton)和「中子」(neutron)。氫原子核就是一個質子，因此我們可以說：此時，氫這個元素（元素符號為H）已經在宇宙中誕生了。

氫是週期表中出現的第一種元素（原子序1），也是原子質量最小的元素。在剛誕生質子的宇宙中，不存在任何出現在週期表中之元素的原子核。

基本粒子是構成物質最基本的粒子，也是無法再分割的最小粒子。在基本粒子中，由2個上夸克和1個下夸克組成的粒子就是質子；1個上夸克和2個下夸克組成的粒子就是中子。

質子（氫原子核）與中子的誕生

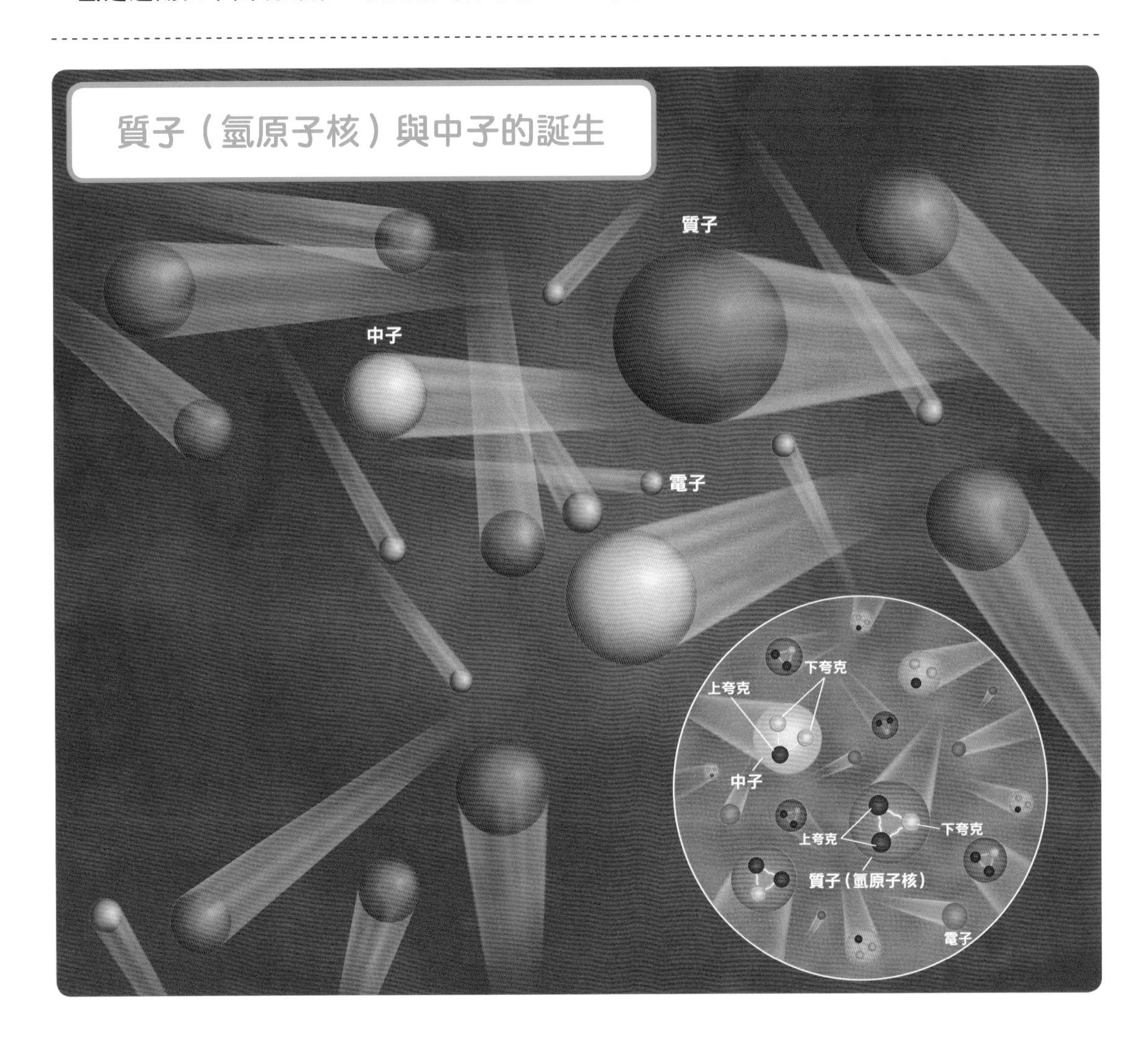

氦原子核的誕生

宇宙誕生約經過 3 分鐘後，宇宙的溫度進一步下降，質子和中子融合，氦原子核最先誕生出來。原子核（包含質子和中子）彼此碰撞，發生核融合反應。像太陽這樣的恆星，就是因為核融合反應所產生的能量而閃閃發光。誕生 3 分鐘後的宇宙，整個宇宙就好像太陽內部的狀態一般。

在大霹靂發生約經過20分鐘後，核融合反應結束了。除了氫之外，另外增加的元素為氦（He，原子序 2）和少量的鋰（Li，原子序 3）。不過，由於過於高溫，原子核無法擄獲電子，因此原子（質子的周圍有電子繞轉的狀態）的誕生是相當後面的事了。

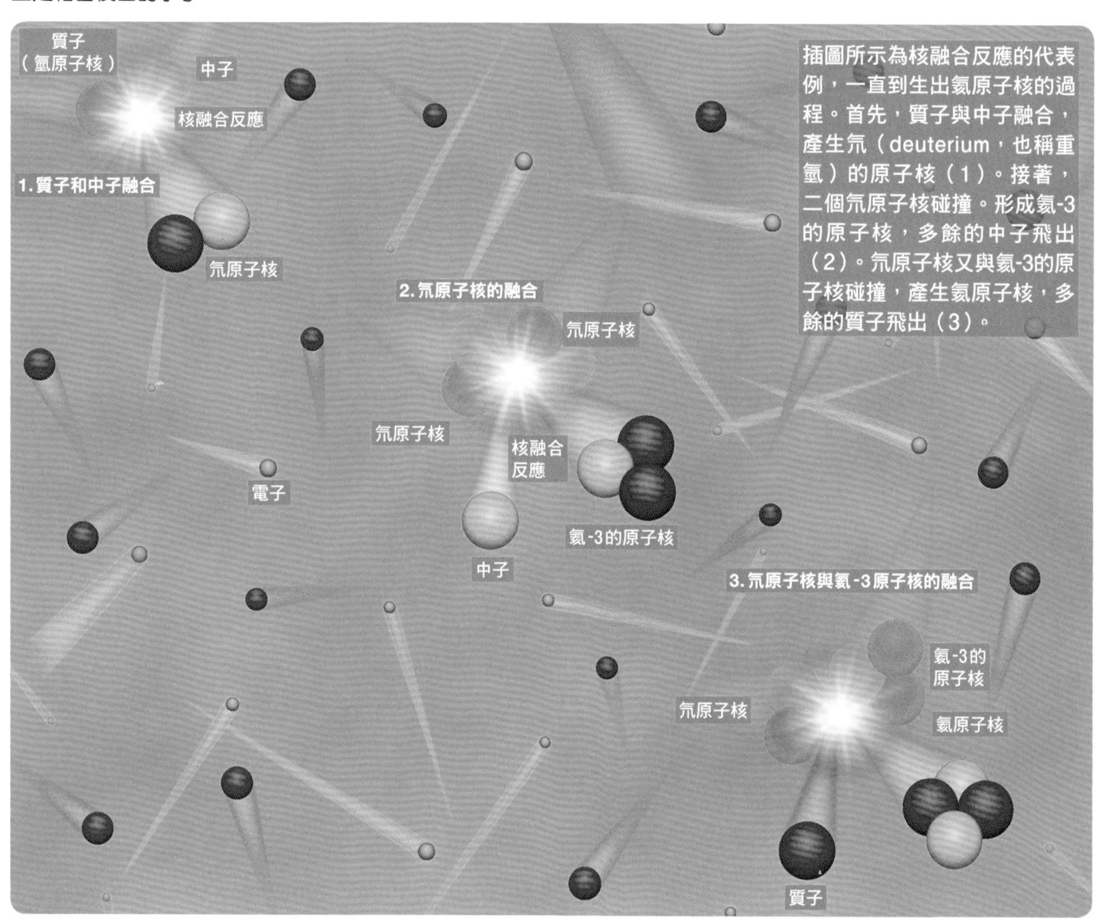

插圖所示為核融合反應的代表例，一直到生出氦原子核的過程。首先，質子與中子融合，產生氘（deuterium，也稱重氫）的原子核（1）。接著，二個氘原子核碰撞。形成氦-3的原子核，多餘的中子飛出（2）。氘原子核又與氦-3的原子核碰撞，產生氦原子核，多餘的質子飛出（3）。

專欄 COLUMN 原子核的發現

出生於紐西蘭的物理學家暨化學家的拉塞福（Ernest Rutherford，1871～1937）從讓 α 射線（氦原子核的高速射束）撞擊金箔的實驗中，發現在原子的中心有帶正電荷、質量較大的「原子核」，而其周圍有帶負電荷，質量較輕的電子繞轉。他認為只有在 α 射線撞擊到小原子核時，行進方向才會出現大幅彎曲。

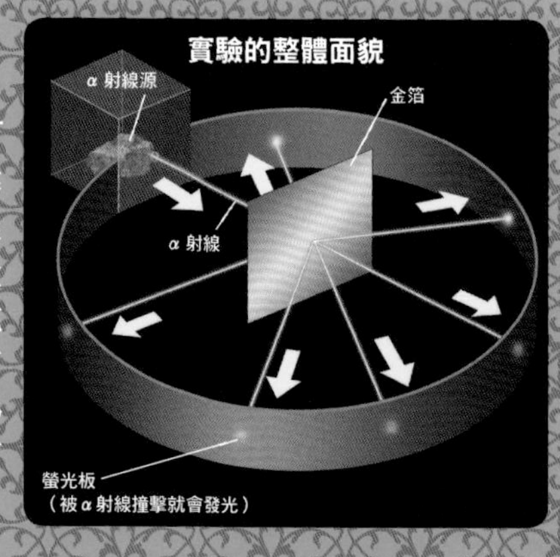

拉塞福
（1871～1937）

宇宙放晴與宇宙微波背景輻射

宇宙誕生大約38萬年後，宇宙溫度下降至3000K，電子與原子核的飛行速度變慢，帶負電荷的電子被帶正電荷的原子核擄獲，於是誕生了「原子」。

在原子形成前，因為在空間中自由飛行的電子和原子核不斷地碰撞，導致光無法直線前進。但是隨著電中性的原子形成，光也可以直線前進，於是就能清楚看到遙遠的彼方。科學家將此稱為「宇宙放晴」。

科學家認為隨著宇宙膨脹，存在於此瞬間的光，波長逐漸被拉長，現今仍然充滿整個宇宙，這就是宇宙微波背景輻射（cosmic [microwave] background radiation）。因為是充滿整個宇宙的電磁波，就好像是宇宙的背景一般，從任何方向皆可觀測得到。根據研究推測，在放晴的宇宙中，恆星、星系、星系團等現在所能觀測到的天體都已經在形成了。

專欄 COLUMN 被觀測到的宇宙微波背景輻射

普朗克（Planck）人造衛星所觀測到的宇宙微波背景輻射。誠如左下圖所示，宇宙微波背景輻射是從全天的各個方向來到我們地球（紅色點）。將之展開成一個橢圓，就是上面所看到的圖像。不同的顏色對應極些微的溫度不均。

宇宙微波背景輻射

宇宙誕生38萬年後的光經過138億年從各個方向來到地球，這就是宇宙微波背景輻射。插圖中，將放晴時的宇宙與現在的宇宙描繪在同一平面上。

宇宙放晴

宇宙的物質是在誕生 3 分鐘後製造出來的。首先誕生的是構成現在所有物質的基本粒子，其次誕生的是質子和中子，然後再經由核融合反應產生氦原子核。該時期由於光隨時會與電子碰撞無法直線前進，所以宇宙呈現不透明的狀態。其後，隨著宇宙膨脹，溫度逐漸下降，電子被原子核擄獲形成原子，結果光就能夠直線前進，宇宙才變透明。由於這就好像雲開霧散重見晴空一般，因此將原子形成時期稱為「宇宙放晴」。

專欄 COLUMN
電磁波來自「空無一物」之處

1965年，美國貝爾實驗室的彭齊亞斯博士（Arno Allan Penzias，1933～）和威爾森博士（Robert Woodrow Wilson，1936～）在進行消除天線雜訊的研究時，發現有無論以何種方法都無法消除的電磁波。二人認為該電磁波就是雜訊，戮力想要找到消除的方法。最後，他們認為雜訊的真正身分是宇宙微波背景輻射，二人也因為這個成果而榮獲1978年的諾貝爾物理獎。

觀測宇宙微波背景輻射的電波望遠鏡

威爾森博士（Robert Woodrow Wilson，1936～）

彭齊亞斯博士（Arno Allan Penzias，1933～）

誕生無數不同的宇宙

長年以來，大家都認為我們的宇宙是唯一的存在。宇宙的英文是「universe」，「uni-」就是「單一、唯一、獨」的意思。不過，近年來在宇宙論和基本粒子物理學間有議論提出新的想法，認為「宇宙不僅只一個，或許存在許多宇宙也說不定」，該論調被稱為「多重宇宙」（multiverse），「multi-」為「眾多、大量」之意。

定義多重宇宙的模型有數個，其中一個想法認為：「從甫誕生的宇宙生出無數多個子宇宙」。在暴脹期間，宇宙發生真空相變，從真空能量高的狀態轉變為真空能量低的狀態。不過，並非整個宇宙都發生真空相變，這就好像水凍結成冰時，首先會形成小小的冰核，然後結冰的範圍再逐漸擴展，在舊的真空中，會陸續形成新的真空，就好像泡泡般逐漸增廣。

新的真空泡泡分別以光速膨脹，於是舊的真空區域受到推擠，引發暴脹，演化成為其他的「子宇宙」。根據該模型的說法，子宇宙與親宇宙是完全不同的宇宙，並且由稱為「蟲洞」（wormhole）的時空隧道相連。由於子宇宙也會誕生「孫宇宙」，因此會一直不斷產生新的宇宙。

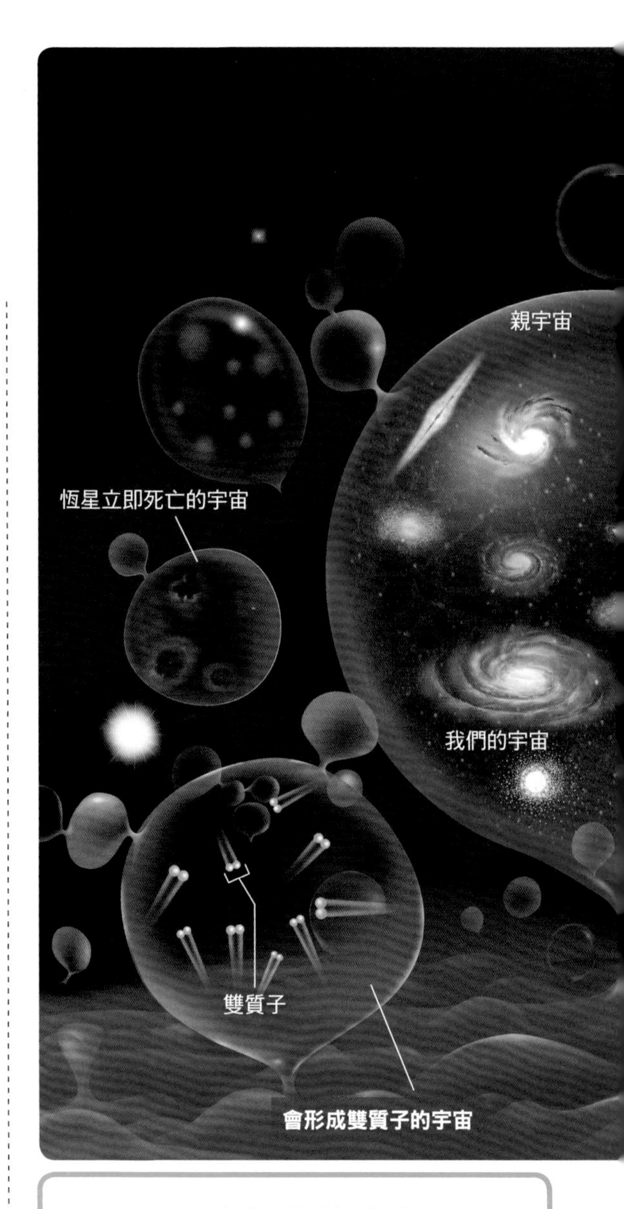

誕生無數的宇宙

根據暴脹宇宙論的說法認為：從甫誕生的宇宙生出無數個子宇宙。子宇宙還會再生出孫宇宙、孫宇宙生出曾孫宇宙……，宇宙就以這樣的方式多重產生。科學家認為這些宇宙的初始條件、物理定律等都不相同，跟我們宇宙的情況迥然不同。舉例來說，只要核力比我們宇宙強數%，相斥的質子就會緊黏在一起，誕生「雙質子」，亦即或許會誕生形成雙質子的宇宙。

專欄 COLUMN 可觀測宇宙的大小

從地球可觀測的最遠地點是大約138億年前發射出宇宙微波背景輻射的場所。由於我們知道宇宙現在仍然持續膨脹，因此宇宙微波背景輻射的出發點（可觀測宇宙的盡頭）持續在遠離地球之中。據推測，宇宙微波背景輻射的出發點如今已經遠離至大約470億光年的彼方。距離地球愈遠，退離的速度愈快，因此根據推測，可觀測宇宙之盡頭以超過光速的猛烈速度遠離地球。又，宇宙（宇宙空間）的膨脹速度超越光速與相對論並無矛盾。

根據暴脹理論的說法，真正的宇宙疆域遠比可觀測宇宙的盡頭還要廣袤浩瀚，而位在可觀測宇宙盡頭之外的宇宙區域目前仍然持續暴脹之中。

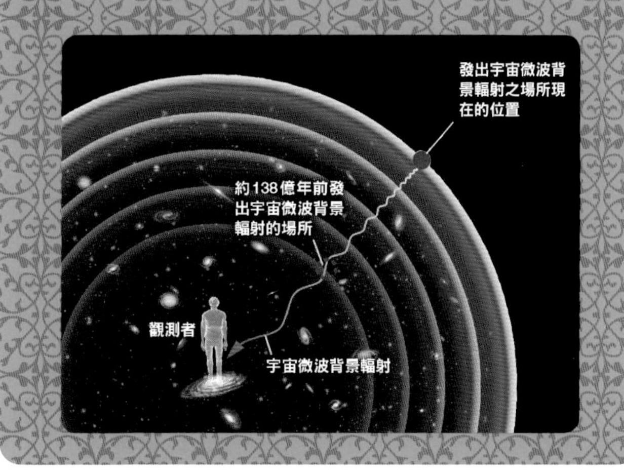

子宇宙是無法觀測到的

一般認為無法藉由天文觀測實際證明子宇宙的存在，科學家認為有一段時間，親宇宙與子宇宙之間有名為「愛因斯坦-羅森橋」（Einstein-Rosen bridge，又稱蟲洞）的「時空隧道」相連。但是，從親宇宙這方來看連結處，看起來就跟「黑洞」一樣。所謂黑洞就是連光都會被吞噬的區域，一旦進入黑洞內部，包括光在內的所有物質都無法再逃出至黑洞外部。換句話說，無法自黑洞內部傳送任何資訊到外部。子宇宙與親宇宙之間的訊息往來基本上是不可能的，因此就無法實際證明子宇宙的存在。此外，研究者認為該時空隧道最終會斷裂，子宇宙與親宇宙完全分開。

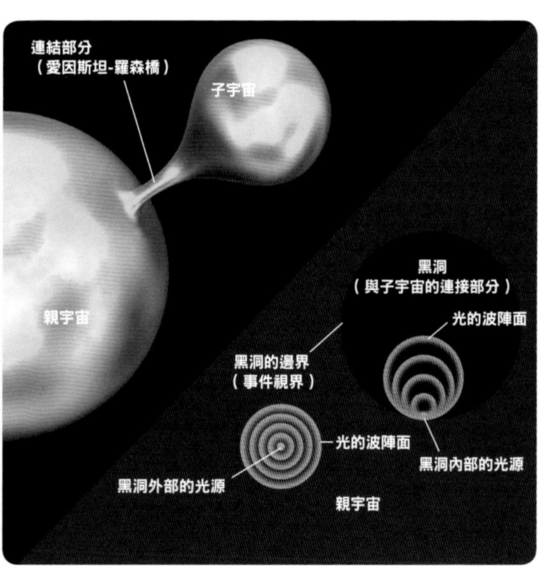

黑暗時期與第一代恆星的誕生

原子誕生後，宇宙無太大變化的時期大約持續 3 億年。科學家認為在這段時期，不僅像太陽這類的恆星尚未誕生，連稱得上天體的東西都不存在，因此稱為「宇宙的黑暗時期」。這是個幾乎只有氫和氦（氣體）飄蕩的世界。

由於氣體也具有些微的質量，因此對周圍物質會有引力的作用。在甫誕生的宇宙中，物質密度有點不均，密度高的地方會愈來愈高，宇宙中就會逐漸發展出稠密程度差異越來越明顯的氣體分布。因此，在宇宙誕生約經過 3 億年後，從氣體較濃密的區域誕生了天體，這就是「第一代恆星」(First Star)。

宇宙四處氣體較濃的部分，形成質量約為太陽100分之1的氣體團塊，這就是「恆星的種子」（原恆星，protostar）。其後，這些恆星種子在經過 1 萬年到10萬年的極短時間（以宇宙的歷史來看）內，從周圍吸聚了更多的氣體，逐漸成長為巨大的恆星「第一代恆星」。據推測，第一代恆星的質量約是太陽的數十倍到100倍。

隨著第一代恆星中心區域之核融合反應的進行，最終引發了超新星爆炸。因著超新星爆炸，原本僅有氫和氦的宇宙，現在有了各種元素散布其中，而這些元素也成了製造出第二代以後之恆星的材料。

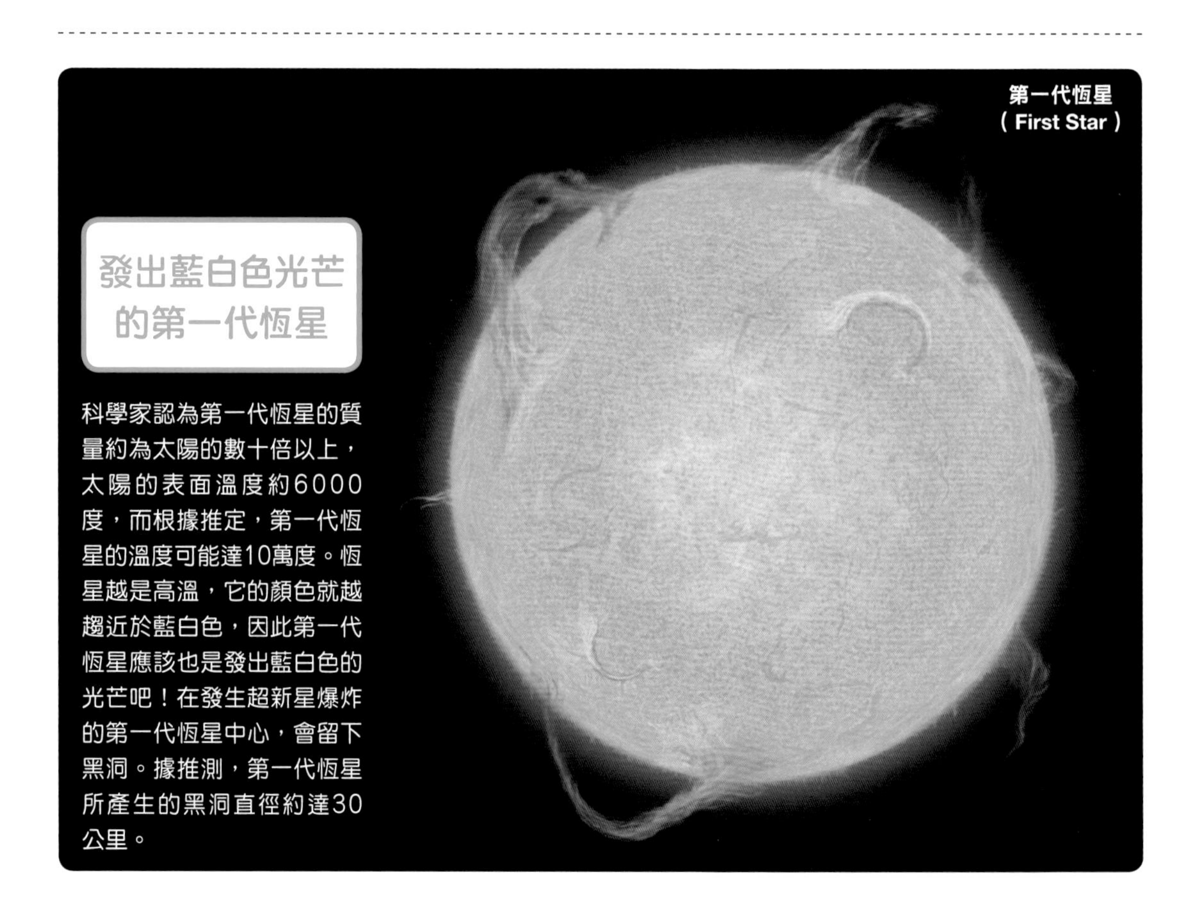

發出藍白色光芒的第一代恆星

科學家認為第一代恆星的質量約為太陽的數十倍以上，太陽的表面溫度約6000度，而根據推定，第一代恆星的溫度可能達10萬度。恆星越是高溫，它的顏色就越趨近於藍白色，因此第一代恆星應該也是發出藍白色的光芒吧！在發生超新星爆炸的第一代恆星中心，會留下黑洞。據推測，第一代恆星所產生的黑洞直徑約達30公里。

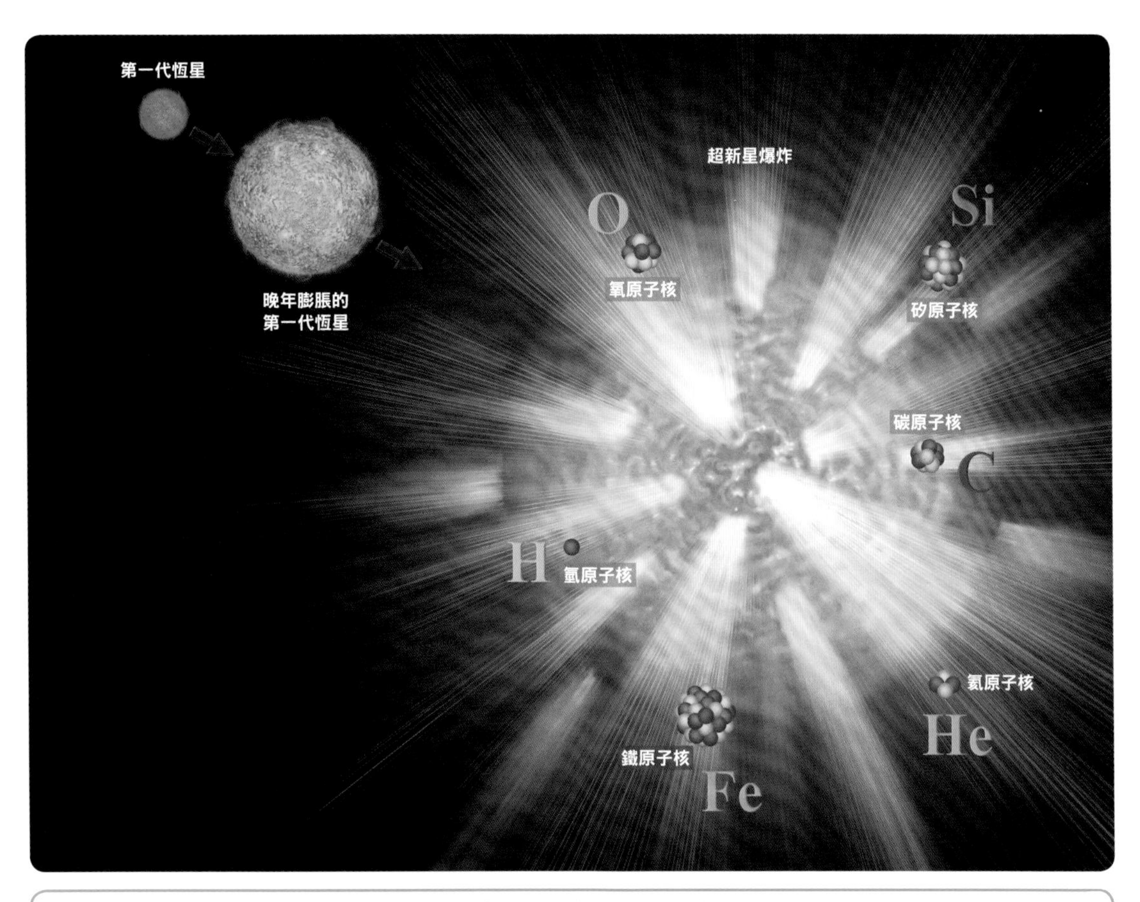

發生超新星爆炸的第一代恆星

第一代恆星的內部隨著核融合反應的進行，最終引發超新星爆炸。科學家認為第一代恆星的半徑會膨脹至原本半徑的100倍以上，而超新星爆炸是發生在第一代恆星誕生的300萬年後。在第一代恆星誕生以前，只存在氫和氦的宇宙中，就這樣加入了各式各樣的元素。以這些元素為基石，形成了第二代以後的恆星。形成我們身體的元素，也像這樣是由恆星所製造出來的。不過，科學家認為比鐵重的元素可能是中子星合併所產生的。

另一方面，第二代以後的恆星質量較輕，大多與太陽差不多，晚年不會發生爆炸，但會膨脹成為「紅巨星」，噴出大量的氣體。

專欄 COLUMN 詹姆斯韋伯太空望遠鏡（JWST）

詹姆斯韋伯太空望遠鏡（James Webb Space Telescope，JWST）是美國預計在2021年底發射的紅外線太空望遠鏡，主要任務就是搜尋第一代恆星。同時，也可望成為哈伯太空望遠鏡的接棒者。

超大質量黑洞的形成

所謂超大質量黑洞就是質量約是太陽100萬倍到數十億倍以上的巨大黑洞。目前已知幾乎在所有的星系中心都有超大質量黑洞。

根據近年來的觀測得知，宇宙誕生在經過約6.9億年後，就已經有約是太陽質量 8 億倍的超大質量黑洞了。而恆星之超新星爆炸所殘留的黑洞質量則大約是太陽的10倍。那麼，超大質量黑洞究竟是如何形成的呢？

科學家認為大致可分為二種成長方法。一種是黑洞彼此因萬有引力而互相吸引、合併的方法；另外一種是黑洞吞噬周圍的氣體和恆星的方法。從天文觀測發現一種關係：星系規模越大，位在星系中心的大質量黑洞也就越大。因此科學家推測：大質量黑洞與星系的成長有密切的關係。

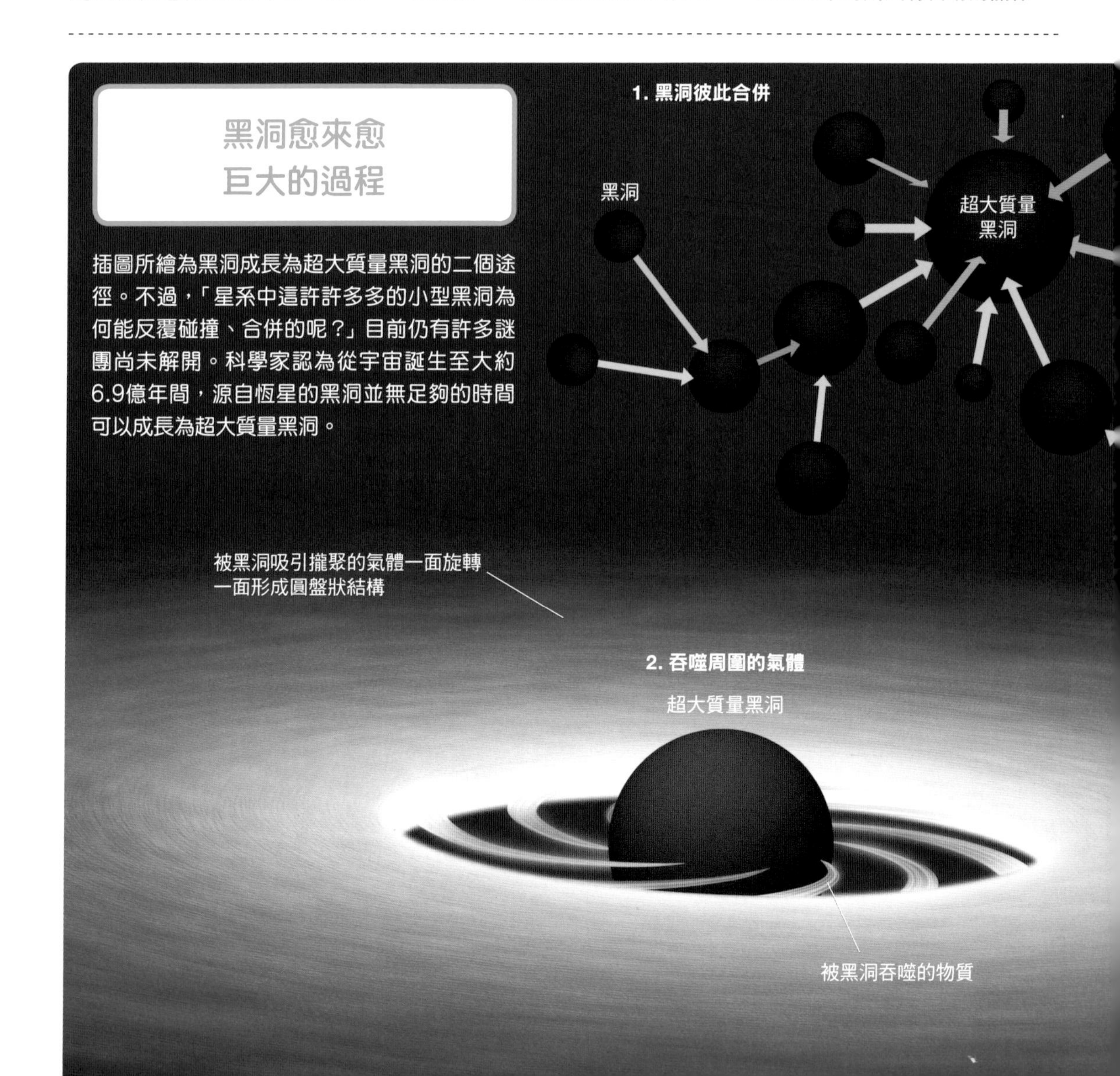

插圖所繪為黑洞成長為超大質量黑洞的二個途徑。不過，「星系中這許許多多的小型黑洞為何能反覆碰撞、合併的呢？」目前仍有許多謎團尚未解開。科學家認為從宇宙誕生至大約6.9億年間，源自恆星的黑洞並無足夠的時間可以成長為超大質量黑洞。

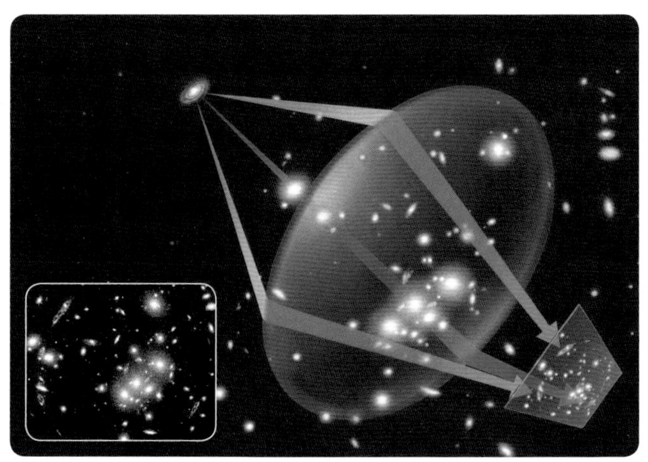

強大的重力宛如透鏡般發生作用

所謂「重力透鏡」（gravitational lens）是指天體的重力就好像透鏡會使光發生偏折一般，使光發生偏折的效應。星系團和超大質量黑洞等質量大的天體重力也大，會使周圍的空間發生極大的扭曲。因此，就像左圖般，可以看到通過其附近之遠方天體的光，途徑發生彎曲偏折。

宇宙甫誕生不久即已有黑洞了？

一般來說，黑洞是大質量恆星發生超新星爆炸所產生的。不過，有研究者認為黑洞的產生還有不同的方法。亦即，在連恆星都尚未誕生的宇宙最初期，由於密度的漲落而誕生了黑洞，這就是「原始黑洞」（primordial black hole）。科學家認為若宇宙中存在太陽質量10萬倍的原始黑洞，那麼這個「種子」即使僅經過數億年，應該也有可能成長為超大質量黑洞。

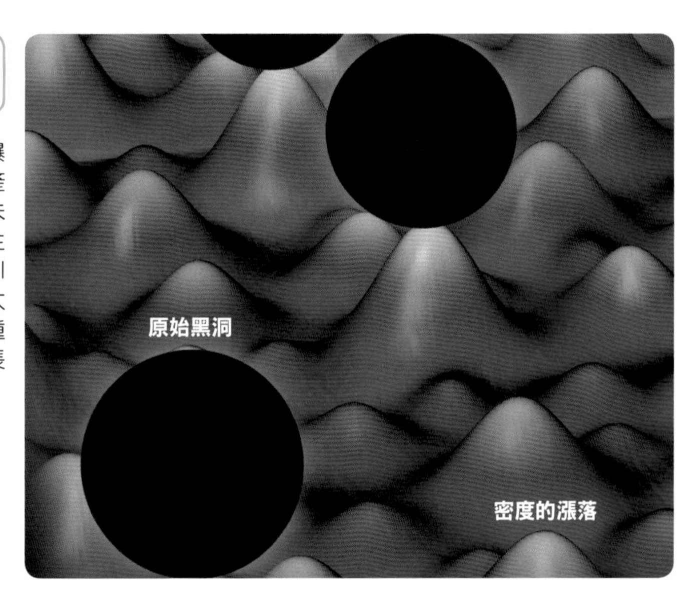

專欄 COLUMN 已經觀測到的黑洞合併

2016年2月，美國的研究團隊成功觀測到空間扭曲（重力波）是二個黑洞組成「雙星」後，在碰撞合併前後所產生的重力波。根據觀測，這二個黑洞質量大約是太陽的29倍以及約36倍，它們碰撞合併後的質量約是太陽的62倍。其能量遠遠超過超新星爆炸。

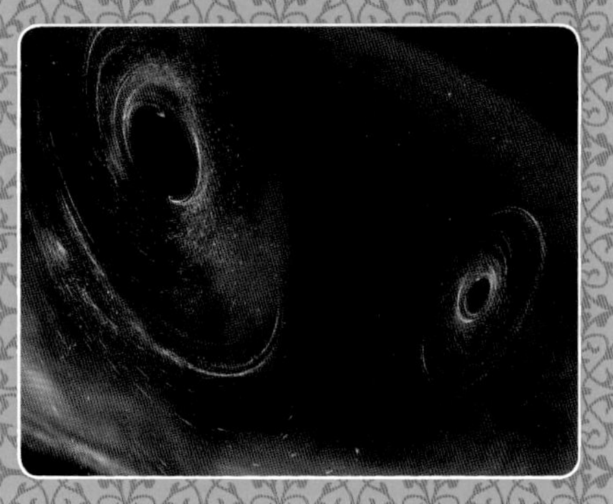

在宇宙中形成的星系種子

在宇宙的黑暗時期成長起來的氣體濃密區域也會孕育出「星系」。宇宙中最初形成的，可能是由較少數的恆星組成的「星系種子」，稱為「原星系」(protogalaxy)。原星系究竟是由多少顆恆星組成的集團，在什麼時候誕生，目前並不十分清楚。不過，根據天文觀測得知，在宇宙誕生的大約 5 億年後，已經有可以稱為星系的天體存在了。

星系可能是花費了幾億年至幾十億年的歲月，由小型星系逐漸「成長」為大型星系。原星系與鄰近的原星系藉由重力互相吸引，反覆地碰撞、合併，於是漸漸地成長為巨大的星系。根據觀測的結果得知，隨著宇宙的年齡逐漸增加，星系的數量逐漸減少，在宇宙誕生起的大約30億年期間，可能曾經頻繁地發生星系之間的碰撞和合併。

不斷成長的星系

小型的原星系（星系種子）彼此碰撞、合併，終至成長為巨大的星系。根據觀測結果來計算星系碰撞的頻率，得知在大約100億年前，事實上有將近10%的星系正處於碰撞的過程中。其後，隨著星系的合併持續進行，碰撞的頻率逐漸減少，現在只剩下1%左右而已。

專欄 COLUMN　宇宙誕生僅4億年後的星系樣貌

「GN-z11」(方框放大的區域)是位於大熊座方向上的星系，距離地球大約134億光年。觀看遙遠的星系，等同於觀看過去的宇宙。也就是說，這是距今134億年前，宇宙誕生僅4億年後的星系樣貌。這個星系的大小只有銀河系的25分之1左右。但是，孕育恆星的效率比銀河系高出20倍，非常地明亮。

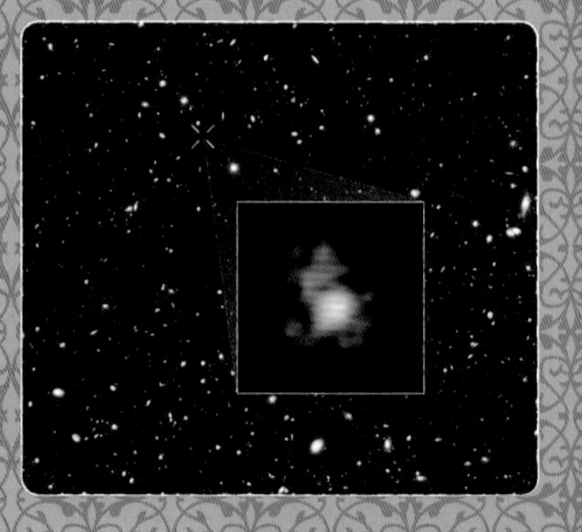

發生星遽增的原星系

宇宙空間因為大質量恆星的作用而電離。在宇宙空間中，需要大量的大質量恆星才能夠發生電離，由此可以推知，在原星系中有可能發生星遽增，亦即爆炸性地誕生恆星。藉由這種星遽增而誕生的恆星，後來在結束生命時發生超新星爆炸。殘留於原星系的氣體被這些超新星爆炸所產生的「星系巨風」（galactic superwind）吹散。依照這樣的機制而導致只有恆星殘留下來的星系，會形成橢圓星系。另一方面，如果原始氣體雲是在旋轉，則氣體的收縮會緩慢地進行，所以會發生比較緩和的星遽增，使得圓盤部分仍然有氣體殘存著，因此會形成螺旋星系。

太陽系在大約46億年前誕生

由於第一代恆星的超新星爆炸，宇宙中的重元素逐漸增加，使得由岩石及冰組成的微塵得以形成，從而成為「行星」的原料。也就是說，在第一代恆星的周圍，完全沒有像地球這樣由固體構成的行星存在。類似地球的行星，最早也要到第二代之後的恆星，才能在其周圍誕生。

原太陽的形成

那麼，且讓我們把行星的形成和太陽系的誕生放在一起來看看吧！太陽系是在大約46億年前，由氣體和固體的微塵粒子組成的分子雲塌縮所形成。母天體分子雲的大小可能達到現在的太陽系的100倍以上。首先，由於某種契機，分子雲的密度增加了，並藉由彼此的引力（重力）而開始收縮。隨著收縮，在中心誕生了「原太陽」(protosun)，殘留在原太陽周圍的分子雲則從球狀變得扁平，逐漸形成圓盤狀的「原太陽系圓盤」。

從微行星成長為原行星

收縮更進一步地持續進行，在氣體圓盤誕生的數十萬年後，氣體圓盤中的微塵粒子藉由碰撞、合併而不斷成長，誕生了大約100億顆大小僅僅數公里的「微行星」(planetesimal)。

在氣體圓盤誕生的大約100萬年後，微行星藉由反覆的碰撞、合併，成長為火星大小（直徑為地球的一半左右）的原行星（protoplanet）。原行星吸引星雲的氣體成為它的大氣，並且繼續捕捉微行星而加速成長。

太陽系的完成

在氣體圓盤誕生的大約1000萬年～1億年後，原行星藉由彼此之間的巨大碰撞，誕生了水星、金星、地球、火星這些「岩石行星」(類地行星)。另一方面，在距離太陽比較遠的地方，由於溫度比較低，因此形成了含有冰的巨大核心（基礎為原行星），再加上大量的氣體沉積在上頭，於是誕生了木星及土星這類的「氣體巨行星」(gas giant)。圓盤的氣體持續朝中心的恆星掉落，歷經數百萬年才消失。距離恆星更遠的天王星和海王星，由於成長所耗費的時間過於漫長，以至於未能捕捉到足夠的氣體，於是就形成了「冰質巨行星」(ice giant)。

最後，圓盤的氣體被吹散到太陽系外頭，太陽系就此完成。太陽中心區域的溫度變得非常高，開啟了氫燃燒成為氦的核融合反應。各個行星也分別走上自己的演化之道。地球以從內部噴出的氣體為主要成分而形成大氣，並且孕育出生命。

太陽系的形成

專欄 COLUMN 從微行星成長為原行星

本圖所示為微行星互相碰撞合併而形成原行星的場景想像圖。微行星存在於圓盤上，越往內側越密集，而且旋轉的速度越快，所以越往內側，微行星彼此的碰撞越頻繁。因此，原行星可能是從靠近太陽的地方先形成。

原行星可能會因為微行星碰撞產生的熱和原始大氣的溫室效應，而全都形成了「岩漿海」。

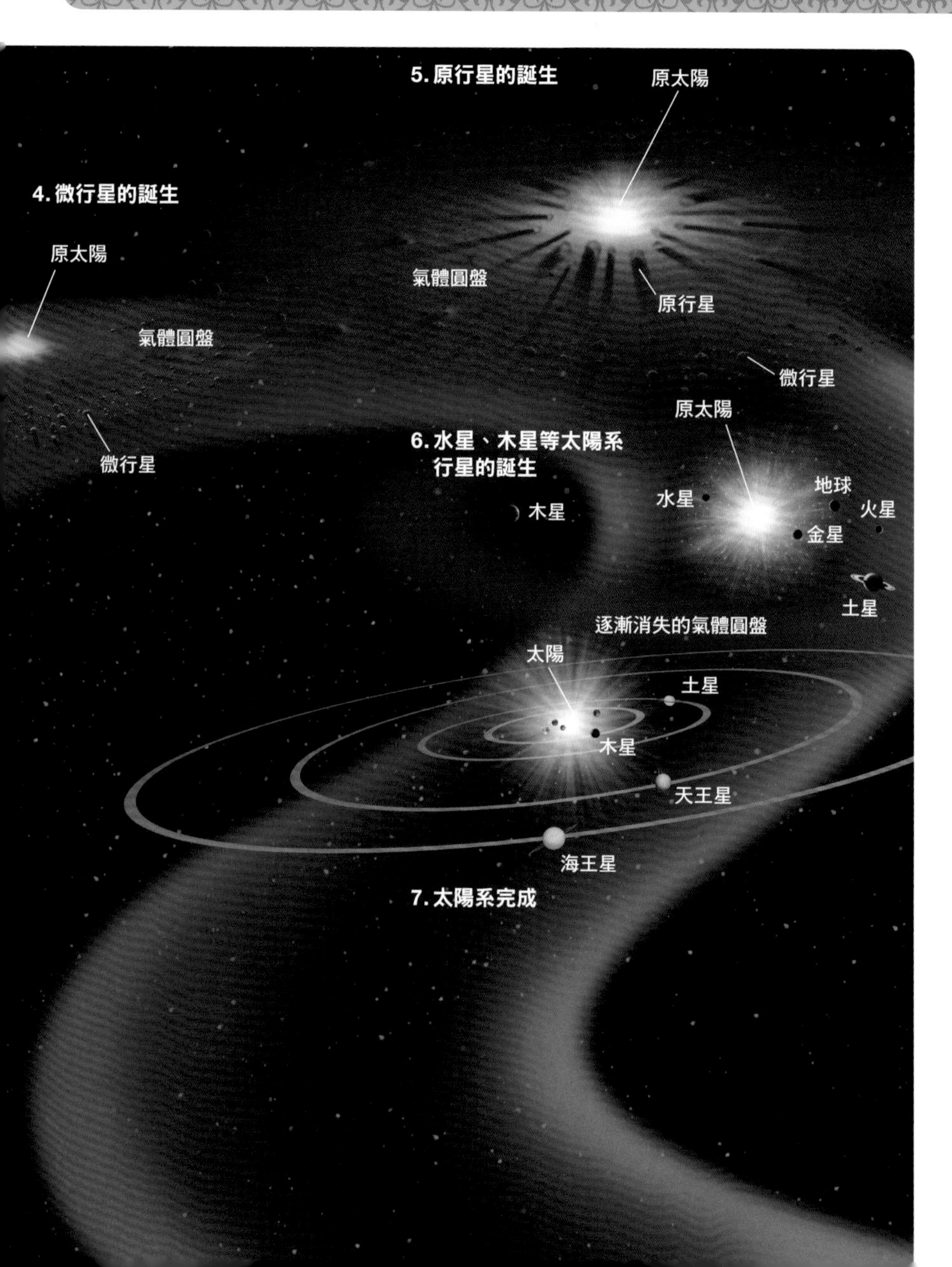

星系碰撞的原因是暗物質？

現在的宇宙是誕生約經過138億年後的樣貌。那麼，未來的宇宙會演變成什麼樣子呢？

就像原星系會反覆地碰撞、合併而成為巨大的星系，巨大的星系間也會互相吸引碰撞而合併成一個更大的星系。數十億年後，我們的銀河系也會和仙女座星系撞在一起。可能會對這個碰撞發揮影響的因素，就是看不到的物質「暗物質」(dark matter)。

構成星系團的星系是朝著四面八方在移動，但是，即使把星系團內所有星系的重力加起來，也不足以牽絆住這些移動的態勢。科學家依此推測，眾星系可能是藉由大量看不到的暗物質的重力而繫留在一起。暗物質的總質量或有可能超過星系團中心所有星系之恆星的總質量的10倍以上，而或許就是這個質量使得眾星系互相碰撞。

由於這個暗物質不會放射出電磁波，所以無法被我們觀測到，目前尚不清楚它的本尊為何。暗物質最有力的候選者是「超中性子」(neutralino，也稱中性微子，微小的電中性粒子)之類的尚未被發現的基本粒子。也有研究者認為，它或許不是單一的物質，而是由許多種物質組成。

包覆著銀河系的暗物質

暗物質的分布想像圖。越接近紅色的區域，表示暗物質越藉由重力而聚集。暗物質可能不只分布於銀河系的圓盤，更有大量暗物質分布到極為遙遠的廣大範圍，把銀河系的圓盤團團包圍著，這個分布範圍稱為「暗物質暈」。暗物質暈的範圍可能遠比「星系暈」這個球狀星團及矮星系等存在的區域更為廣闊。此外，暗物質暈裡面也可能有暗物質的小團塊。

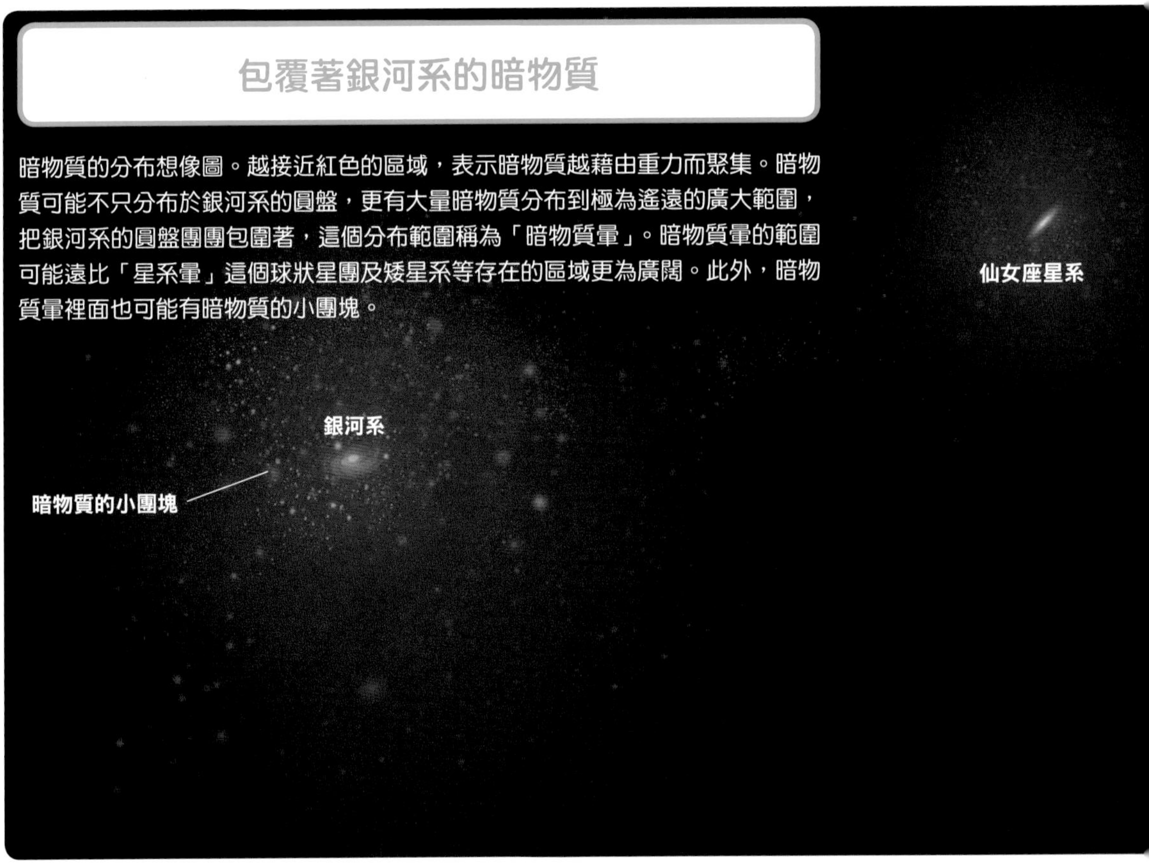

專欄 COLUMN 暗物質與大尺度結構

暗物質可能在宇宙的大尺度結構之中也扮演著重要的角色。利用電腦模擬的結果，如果暗物質不存在，則不會在宇宙誕生的大約138億年後，形成現在這樣的大尺度結構。

沒有暗物質的情況

宇宙誕生2億年後

宇宙誕生10億年後

宇宙誕生138億年後（現在）

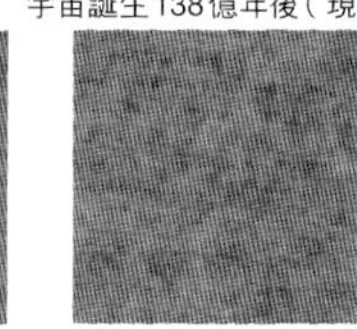

有暗物質的情況

宇宙誕生2億年後　宇宙誕生10億年後　宇宙誕生的138億年後（現在）

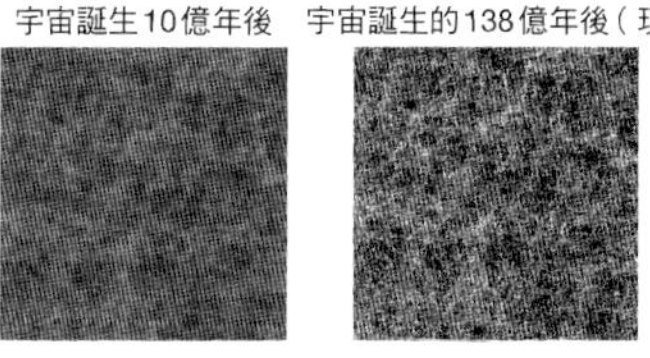

暗物質的特徵

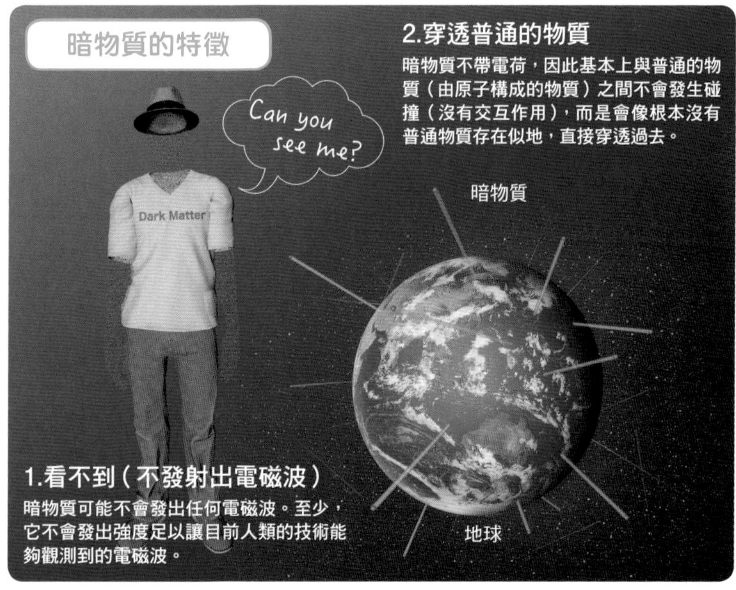

2.穿透普通的物質

暗物質不帶電荷，因此基本上與普通的物質（由原子構成的物質）之間不會發生碰撞（沒有交互作用），而是會像根本沒有普通物質存在似地，直接穿透過去。

1.看不到（不發射出電磁波）

暗物質可能不會發出任何電磁波。至少，它不會發出強度足以讓目前人類的技術能夠觀測到的電磁波。

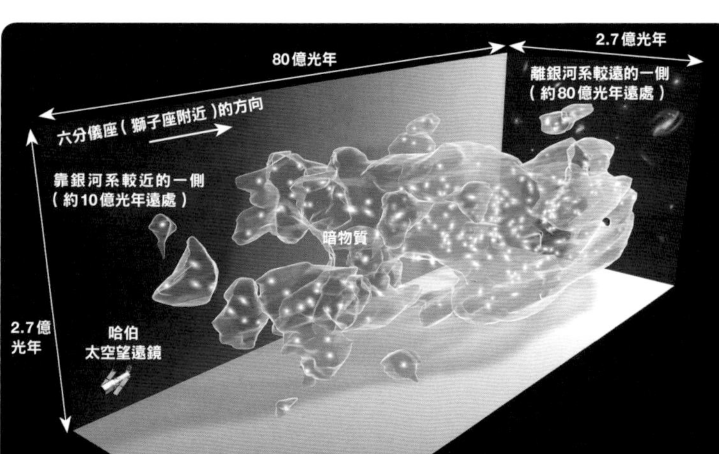

暗物質的分布

本圖所示為根據哈伯太空望遠鏡及昴望遠鏡等的觀測結果而繪製的暗物質的分布。觀測重力透鏡效應造成的星系形狀的扭曲，並假設扭曲程度越大則星系與地球之間的暗物質數量越多，依此計算暗物質的分布狀況。

加速宇宙膨脹的謎之能量

宇宙正在膨脹，這是1929年藉由哈伯的發現而獲得闡明，而今宇宙仍然在持續膨脹之中。根據一般的想法認為宇宙膨脹的速度應該會逐漸減緩，因為物質的重力就像車子的「煞車」功能一般，重力的作用應該會讓宇宙的膨脹速度減緩。然而，事實上宇宙不僅看不到收縮跡象，甚至還在持續膨脹，並且膨脹速度正在加速。宇宙中，究竟有什麼「東西」讓膨脹加速呢？

對於這個完全不知其真實身分，具有反引力（萬有斥力）作用，使宇宙加速膨脹的能量，科學家將之稱為「暗能量」(dark energy)。

根據觀測，宇宙從大霹靂至約90億年後的這段期間，宇宙的膨脹速度逐漸減緩，然而在90億年後，宇宙的膨脹速度又漸漸加速。要使宇宙加速，一定要有引發加速的動力，研究者認為該動力就是暗能量。

加速膨脹的宇宙

隨著宇宙的膨脹，普通物質和暗物質應該會因著分散而密度變低。但是，就只有暗能量不會變稀薄。研究者認為這是因為暗能量是空間（真空）本身所具有的性質，儘管宇宙再怎麼膨脹，暗能量也不會變稀薄，密度維持一定。

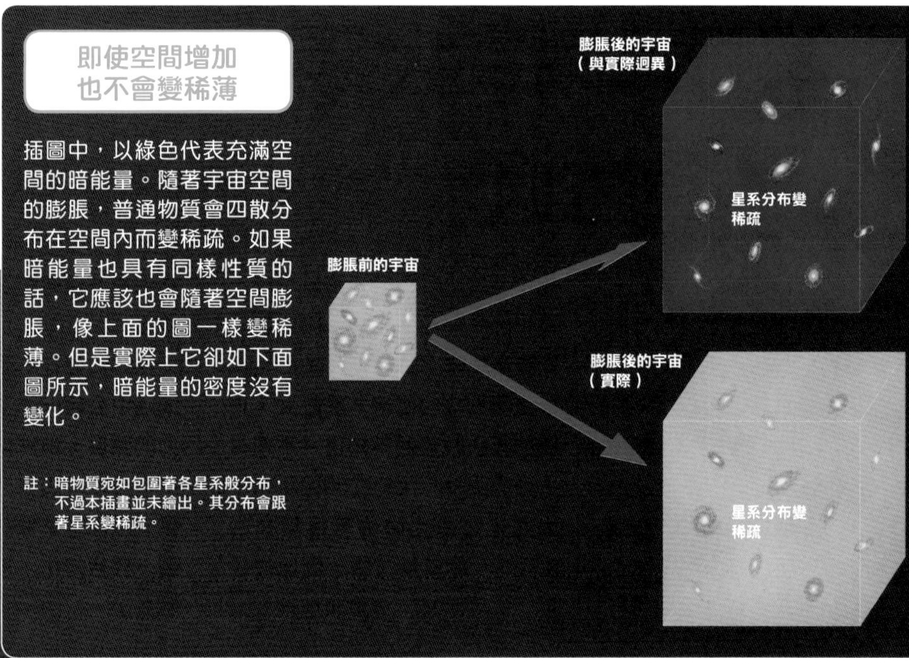

現在加速膨脹的宇宙

Ia型超新星

專欄 COLUMN 宇宙成分中不明身分者占95%

134頁由普朗克（Planck）觀測衛星所觀測到的宇宙微波背景輻射表現出初期宇宙之物質密度的疏密。我們知道不同的「宇宙成分」，理論上初期宇宙之物質密度的疏密情形會有所不同，因此只要分析宇宙微波背景輻射的圖像，就能闡明初期宇宙的成分。根據分析的結果得知，宇宙的成分為普通物質（由原子構成的物質等）占4.9%，暗物質為26.8%，暗能量為68.3%。換句話說，宇宙成分中，身分不明的約占95%。

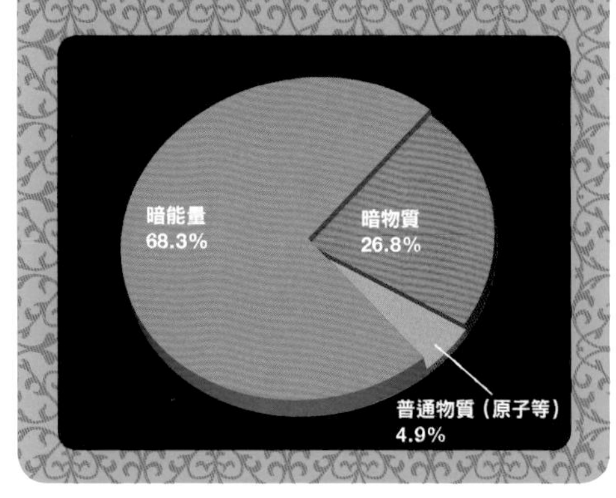

最終可能是太陽將地球吞噬

恆星邁入晚年時，體積會膨脹得越來越大，成為紅巨星，太陽也不例外。

太陽開始變大時，會變得十分明亮，地球的日照量變得非常多。地表的溫度上升，海洋逐漸乾涸，地球應該會變成生命極難生存的艱困環境。

即使是位在比地球還要遠的行星，溫度也會上升。由於構成土星環的主要成分是冰，因此科學家認為屆時應該會完全蒸發了。

太陽到底會變得多麼巨大，正確的大小我們並不知道。不過有人計算認為：大約在80億年後，太陽半徑最大時約可達現在的300倍。若真是這樣，則比較靠近太陽的水星、金星和地球，最後都會被變得龐然大物的太陽所吞噬。

地球仍會在膨脹而變得稀薄的太陽中公轉一陣子，受到氣體阻力的關係，地球慢慢地往太陽的中心掉落。因為太陽潮汐力的關係，地球遲早會被分解得四分五裂，碎片熔化，最後蒸發而消失不見了。

膨脹的太陽讓地球變成死亡的行星

變得十分巨大的太陽，其表面逼近地球。在太陽的烘烤下，地球上的海洋乾涸，應該會變成一顆死的行星。不過，根據太陽所釋放的氣體量，地球也有可能不會被太陽吞噬。彼時，地球可能會是唯一在黯淡的太陽附近公轉的行星吧！

從80億年後的地球所觀測到的太陽

倘若一直扮演著保護地球角色的大氣層消失了，隕石不會在掉落地表之前就在大氣層燃燒殆盡，而是會直接撞擊在地表上面。如此一來，極有可能在地表上留下大量的隕石坑。而月球則因為太陽非常靠近的關係，所以亮部面積應該比現在還要寬廣。

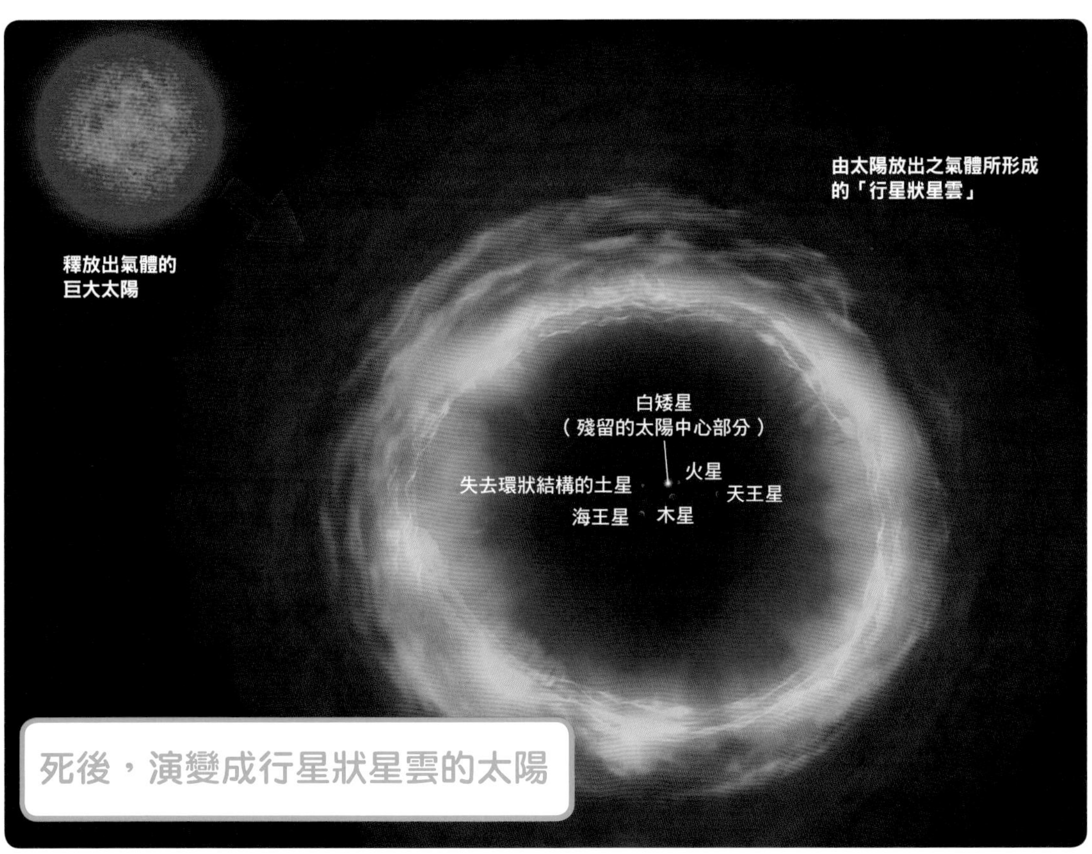

死後，演變成行星狀星雲的太陽

變得十分巨大的太陽，逐漸將氣體釋放到宇宙空間，最後只剩下體積約為地球大小的中心部分，形成太陽形體的氣體散布在宇宙空間中。這時，可以說太陽實質上已經死亡。

殘留的太陽中心部分成為被稱為白矮星的天體。因為塌縮讓原來太陽的一半質量封閉在地球差不多大小的空間中，成為非常高密度的天體。

由於「燃料」已用罄，因此白矮星內部不會發生核融合反應。但是因為仍殘留餘熱，因此會在持續發光的情況下，逐漸冷卻。

另一方面，從太陽釋放到宇宙空間中的氣體，會像包圍著整個太陽系般擴散。氣體受到來自中心之白矮星的光（紫外線）照射，形成發出色彩繽紛光芒的行星狀星雲。若從遙遠的宇宙來看死亡的太陽，觀測到的應該是美麗的星雲。中心的太陽因變成質量只有原來一半的白矮星，故對行星的重力作用減弱，結果各行星的運行軌道往外側膨脹，公轉軌道的半徑成為約原來的 2 倍。

所有恆星皆燃燒淨盡，變成黯淡的星系

我們所居住的銀河系隸屬於超過50個星系所組成的集團（本星系群）。誠如銀河系和仙女座星系會碰撞、合併一般，隸屬本星系群的數十個星系也會因重力而相互吸引，科學家認為大約1000億年後，會全部碰撞而合併為一個巨大橢圓星系。在距離地球約5900萬光年有個「室女座星系團」。這是由1000個以上的星系組成，規模龐大的星系集團（星系團）。像這樣的星系團，最終也是併為巨大橢圓星系。存在宇宙的無數星系，有少數會演變成超巨大橢圓星系。

研究者認為我們所屬的巨大橢圓星系和以室女座星系團為主的巨大橢圓星系，將來不會碰撞、合併為一體，這是因為宇宙正在加速膨脹之故。由於這兩個巨大橢圓星系間的距離會拉大，宇宙膨脹的拉開效應遠大於兩者的重力，因此兩者應該會相互遠離。

我們所屬的巨大橢圓星系以外的其他所有星系全部遠離而去，其速率會隨著時間經過而越來越快。結果，科學家認為大約1000億年後，在可觀測的範圍內，將不存在任何星系。個個巨大橢圓星系在宇宙中都是孤獨的存在。

星系成了孤獨存在的未來宇宙

位在相同星系群和星系團中的星系會相互靠近，最後發生碰撞、合併成巨大的橢圓星系。另一方面，因為宇宙的膨脹，沒有星系的空間（空洞）會逐漸拉大，與遠方星系的距離會逐漸拉開。結果如插圖所示，在遙遠的未來，極有可能演變成宇宙中的巨大橢圓星系彼此相距十分遙遠，無法觀測到對方的存在。

又，這只不過是根據現在的宇宙狀況所推測的一個可能未來。由於目前仍不知暗能量的真正身分和性質，因此研究者認為未來宇宙的加速膨脹程度也可能會發生改變。

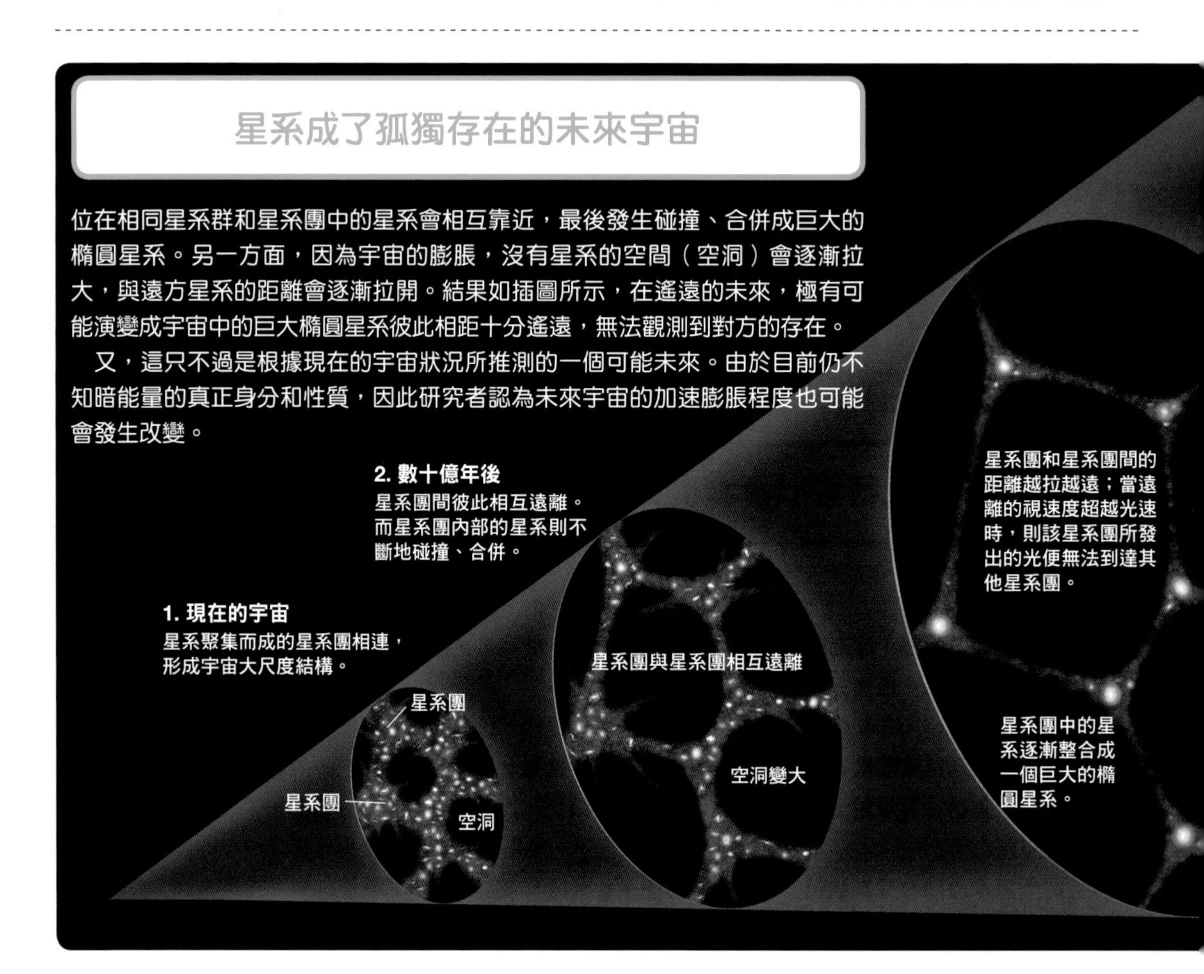

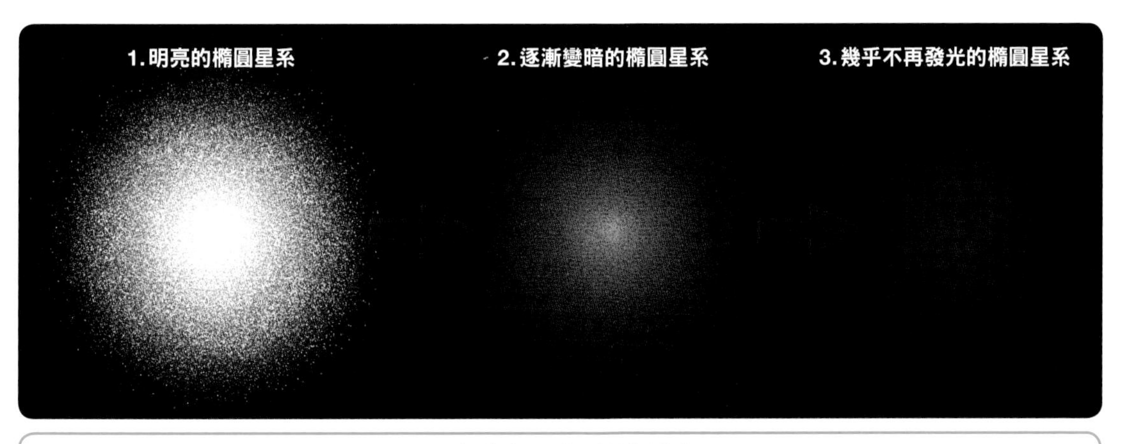

所有的恆星都燃燒罄盡

如果恆星質量跟太陽差不多，壽命約為100億年；若是太陽一半質量的恆星，壽命大約是600～900億年，大大地超越現在的宇宙年齡（137億歲）。一般認為若是質量更小的恆星，壽命還會再更延長。

在恆星內部發生氫這類原子質量較小元素的核融合反應，轉變為原子質量較重的元素。氫這類原子質量較小的元素逐漸被「消耗」，儘管氫的數量十分龐大，但還是有限的，所以像氫這類的核融合燃料，在星系中總有用盡的一天。

科學家推測在距今100兆年後（10^{14}年後），連質量最小的恆星都會燃燒淨盡，再也不會有新的恆星誕生。科學家認為此時星系中充滿黑洞、變冷而不再發光的白矮星（此階段亦稱為「黑矮星」）等暗天體，整個星系都是漆黑的。

3. 約1500億年後
星系團相互遠離的視速度連光速都趕不上，最終變得無法觀測。其後，星系團仍持續遠離。

專欄 COLUMN

無法再觀測到其他的巨大橢圓星系

光的速度每秒約30萬公里，是自然界的最高速度，但畢竟是有限度的。而宇宙誕生至今約138億年，也是有限的。因此，從宇宙誕生到現在，光所到達的距離，亦即可觀測的範圍也是有限的。倘若宇宙膨脹的速度跟現在一樣，那麼即使是1000億年後，還是可以觀測到相鄰的巨大橢圓星系。然而，若宇宙的膨脹速度加速的話，儘管光速很快，但是巨大橢圓星系的退離速度在外觀上將超越光速，跑到可觀測範圍之外。從孤立的巨大橢圓星系連相鄰的星系都無法觀測到，亦即連宇宙膨脹都無法察覺。

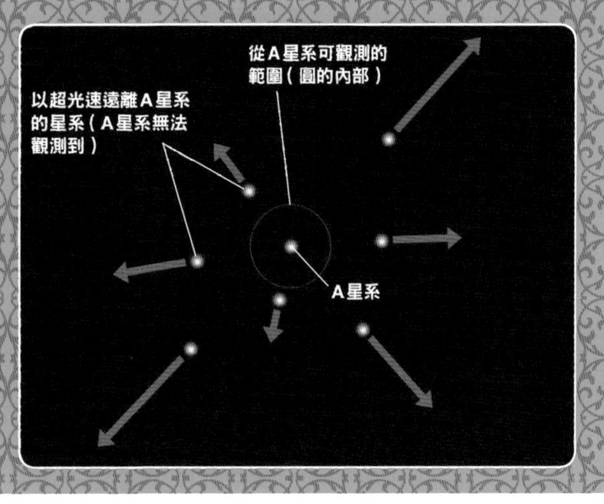

黑洞蒸發，只剩基本粒子四處飛竄的世界

黑洞會把靠近它的天體等物質吞噬進去，一點一點地增加自己的大小。但是，在遙遠的未來，它將無法再找到任何可以吞噬的對象。依據理論的預測，黑洞會徐徐地「蒸發」。倡議該理論的人是英國的物理學家霍金博士，這種「蒸發」現象稱為「霍金輻射」。

這裡所說的蒸發和水的蒸發在原理上並不相同。它是指光子（光的粒子）等基本粒子從黑洞的表面飛出來，使得黑洞本身變輕了。不過，當黑洞很大的時候，黑洞的蒸發只是非常非常緩慢地在進行。

隨著黑洞越來越小，溫度變高，蒸發也慢慢地越來越快。最後，它可能會發生爆炸性的蒸發，從而消失無蹤。

根據科學家估算，如果是重量與太陽差不多程度的黑洞，要花上10^{66}年左右才會開始蒸發。如果是宇宙中規模最大的黑洞（太陽的 1 兆倍左右），則大約10^{100}年後，連黑洞也消失了。

蒸發的黑洞

本圖所示為大質量黑洞在釋放出光子、電子的過程中緩緩蒸發的情形（右）。變小了的黑洞呈爆炸性蒸發而消滅（左）。

宇宙變得空蕩而無一物

質子衰變的樣式有幾種，這裡所繪為代表例子。質子衰變會產生「反電子」（也稱陽電子、正電子，antielectron）和「π介子」（π-meson）。π介子立即衰變成二個「光子」（光的基本粒子）。就這樣，宇宙成為持續不斷膨脹，僅有基本粒子四處穿梭的世界。

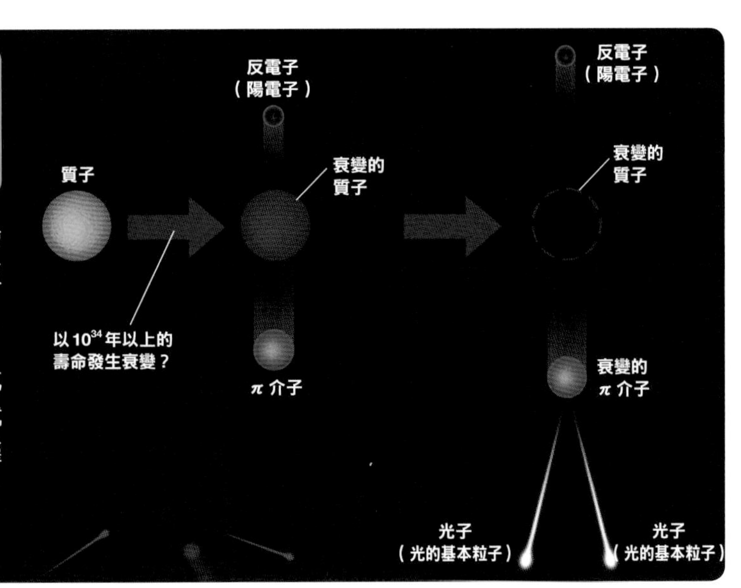

從10^{14}年後星系變暗到10^{100}年後，黑洞完全蒸發這段期間內，還會發生一個重大變化，這就是「質子衰變」（proton decay）。

原子是由原子核和分布在其周圍的電子構成。原子核由一個或多個帶正電的「質子」和不帶電的「中子」構成。原子核內部的中子通常是非常穩定的，不過從原子核飛出來的單獨的中子並不穩定，在15分鐘內就會衰變成多個其他種類的粒子，這就是中子衰變。

另一方面，質子是非常穩定的粒子，通常不會像中子這樣容易衰變。但是根據基本粒子物理學的研究推測，在經過漫長的時間後，質子也會發生衰變。一旦發生質子衰變，原子核內部的中子、形成中子星的中子也無法永遠穩定，終究會發生衰變。當原子核中的質子和中子都衰變了，所有的原子也就消滅了。換句話說，由原子構成的天體等所有物體也會完全消滅。質子衰變在實驗上目前尚未觀測到，不過研究者認為質子的壽命超過10^{34}年。

當經過10^{100}年，連黑洞都消滅，宇宙中僅殘留光、電子、微中子等基本粒子。在這期間，宇宙依然持續膨脹，基本粒子的密度逐漸趨近於零。宇宙幾乎呈現空無一物的狀態，也不會再發生任何變化了。這樣的狀態可以說是實際上的宇宙終結，此稱為「大凍結」（Big Freeze）。該說法是目前被視為可能性最高的宇宙終結。

專欄 COLUMN 霍金輻射

若從基本粒子層級的微觀尺度來看真空宇宙，例如，電子和電子的反粒子（正電子）是成對產生，也是成對消滅。

當這種粒子的成對產生、成對消滅發生在黑洞周圍空間時，在黑洞附近就會有強烈的潮汐力作用，導致其中一個粒子會墜入黑洞，另一個粒子會飛往遠方。就位在黑洞外側的觀測者來看，黑洞看起來不斷在放出粒子，喪失質量而蒸發，這就是霍金輻射（Hawking radiation）。

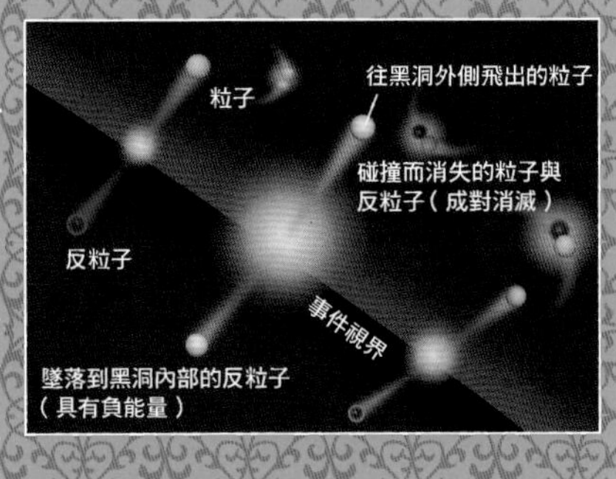

霍金博士
（Stephen William Hawking，1942～2018）
霍金在英國劍橋大學從事理論物理學研究時期，被診斷罹患了肌肉萎縮性脊髓側索硬化症（漸凍人），不過其後他仍活躍於宇宙研究的最前沿，霍金於2018年去世，終年76歲。

所有物體全都被解體的未來

科學家認為引發我們宇宙加速膨脹的就是充滿整個宇宙空間，身分不明的暗能量的作用。根據研究推測，暗能量是決定宇宙未來的關鍵。我們不知道將來暗能量的密度會維持一定，或者是增加？減少？這些在在都影響著宇宙的未來。

大凍結是以「暗能量的密度維持不變，宇宙的膨脹速度也維持同樣的緩慢加速膨脹態勢」為前提所想出的腳本（左）。倘若將來暗能量的密度增加，宇宙膨脹的速度加劇，宇宙就會被撕裂，像這樣的未來稱為「大撕裂」（右）。另一方面，若暗能量的密度減少，宇宙將會收縮，最後完全崩潰，像這樣的宇宙結局被稱為「大擠壓（Big Crunch）」（中）。

另外，也有物理學家想出與上述都不相同的宇宙結局，對於宇宙未來的預測，目前仍處於混沌不明的狀態。

三種截然不同的宇宙未來

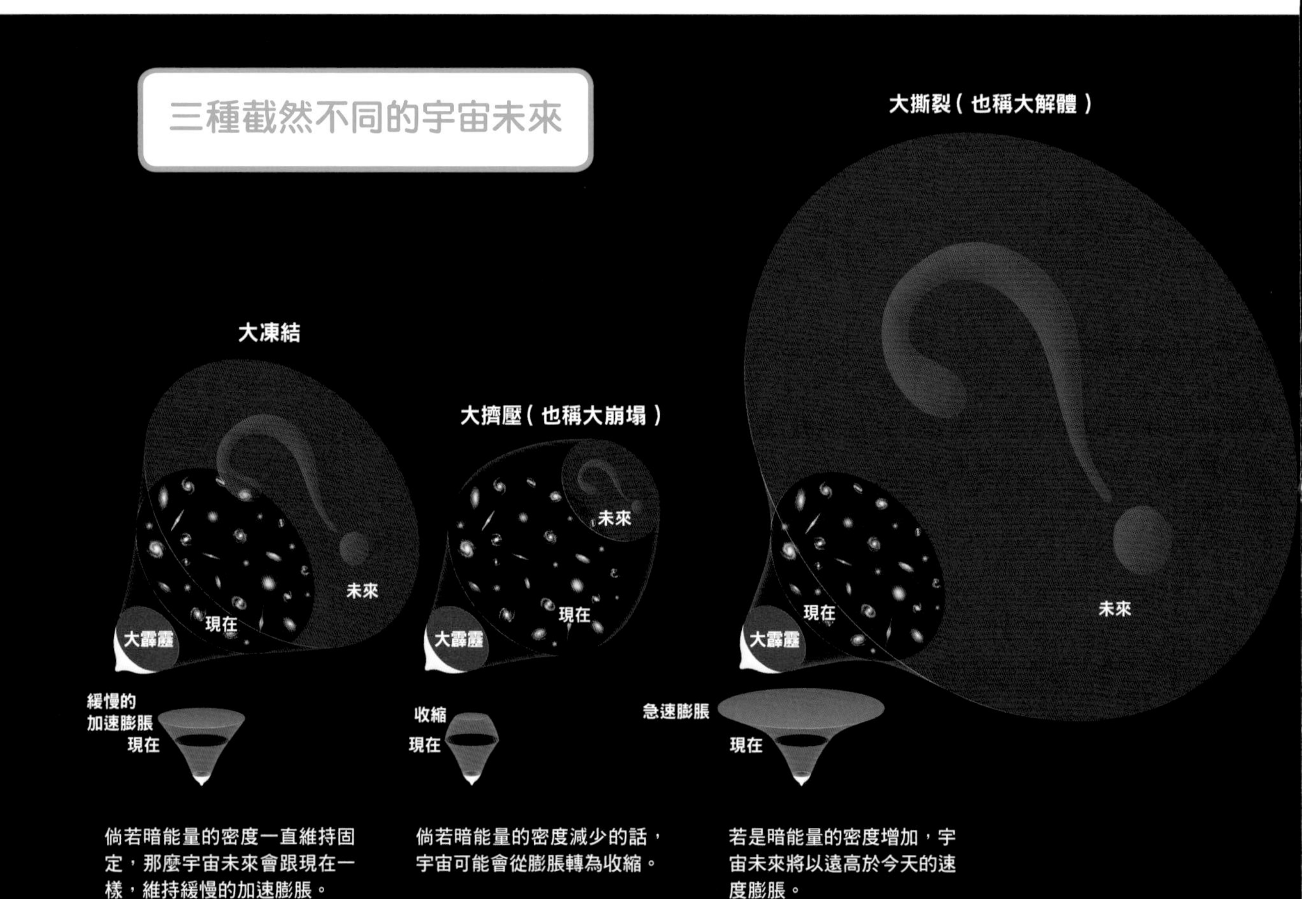

倘若暗能量的密度一直維持固定，那麼宇宙未來會跟現在一樣，維持緩慢的加速膨脹。

倘若暗能量的密度減少的話，宇宙可能會從膨脹轉為收縮。

若是暗能量的密度增加，宇宙未來將以遠高於今天的速度膨脹。

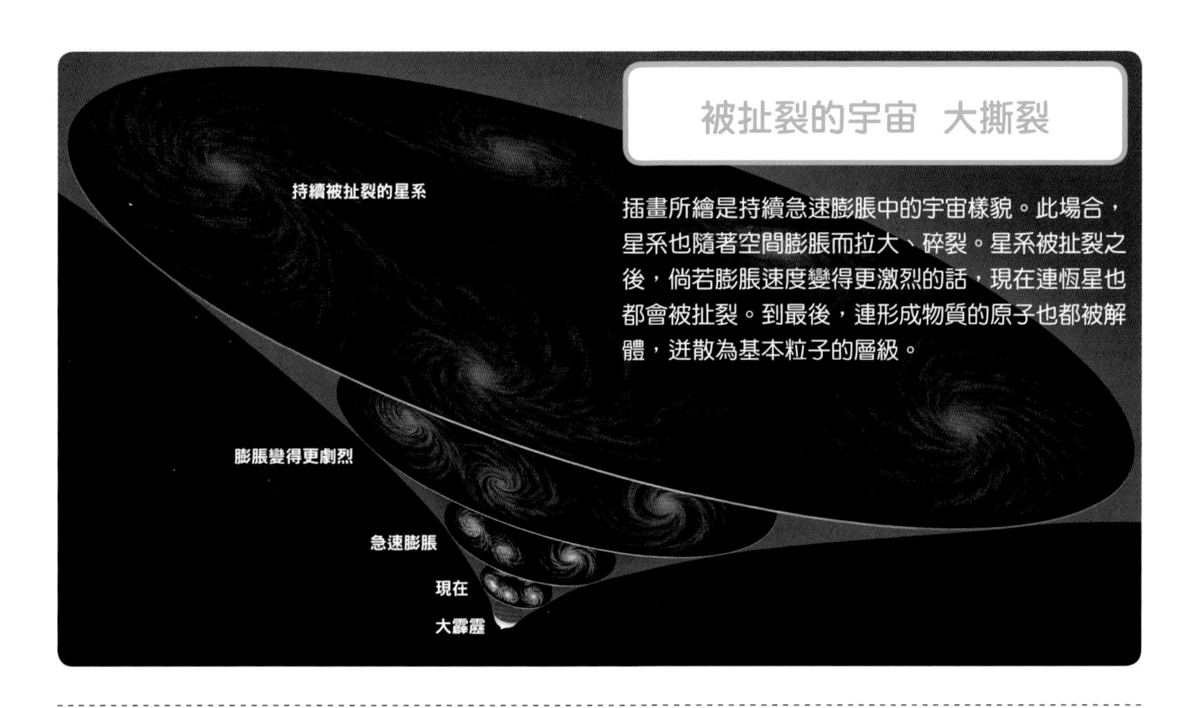

被扯裂的宇宙　大撕裂

插畫所繪是持續急速膨脹中的宇宙樣貌。此場合，星系也隨著空間膨脹而拉大、碎裂。星系被扯裂之後，倘若膨脹速度變得更激烈的話，現在連恆星也都會被扯裂。到最後，連形成物質的原子也都被解體，迸散為基本粒子的層級。

儘管宇宙膨脹，但是太陽系、星系都不會膨脹。然而，倘若是暗能量的密度增加的話，前述結論就不成立了。

當宇宙膨脹作用凌駕構成星系團之星系間的引力作用時，星系團就會被扯裂，就連構成星系的各恆星也被扯碎，隨著時間的推移，像太陽系這類的行星系統也會膨脹，最後四分五裂。

再者，像地球這類固形物體也會膨脹而遭到破壞，最終，連原子、原子核等也都因為膨脹而被破壞。所有構造都因空間膨脹而被扯裂，當空間膨脹速度達到無限大時，宇宙就迎來它的結局。這個腳本稱為「大撕裂」（Big Rip），是美國達特茅斯學院（Dartmouth College）卡德威（Robert Caldwell）博士團隊所發表的理論腳本，所謂Rip，英文就是「撕開」的意思。

大約多少年後可能發生呢？必須視暗能量的密度增加情形而定，無法斷定真確的時間，不過一般認為也要在數百億年以後才有可能發生。

膨脹而遭到破壞的行星

當空間的膨脹效應凌駕物質彼此連結的力，所有的物體都將膨脹而解體。連像太陽系這樣的行星系統、恆星、行星也都會因空間的劇烈膨脹而被扯裂。

專欄 COLUMN　連原子都會被撕裂

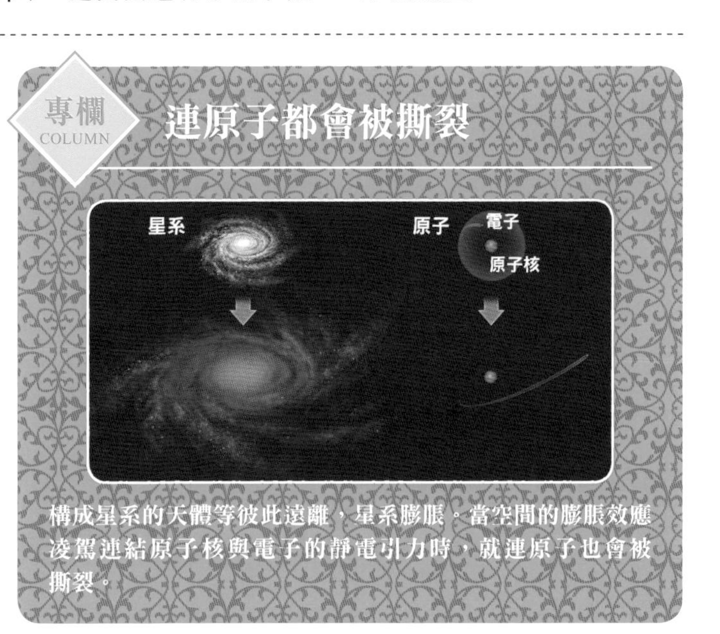

構成星系的天體等彼此遠離，星系膨脹。當空間的膨脹效應凌駕連結原子核與電子的靜電引力時，就連原子也會被撕裂。

所有物體全都被擠壓的未來

如果暗能量的密度減少，宇宙膨脹有可能從加速轉為減速。這樣一來，宇宙的膨脹速度逐漸變慢，最後會轉為收縮。

當宇宙轉為收縮之後，星系逐漸發生碰撞、合併。位在星系中心的黑洞將星系中的恆星等全都吞噬，逐漸變得巨大，宇宙中到處都是超大質量黑洞。物質密度逐漸上升，宇宙變為超高溫的世界，整個宇宙發出耀眼光芒。

在超高溫的宇宙中，超大質量黑洞合併，最終整個宇宙空間擠壓於1點。像這樣的宇宙結局稱為「大擠壓」（Big Crunch）。Crunch這個字是「壓碎、緊縮」的意思。

大擠壓後的宇宙

現代物理學尚未闡明大擠壓後的宇宙將會是什麼樣的景況。處理時間、空間、重力的理論 — 廣義相對論，描述微觀世界的物理學 — 量子論，研究者認為倘若沒有融合此二大理論的「量子重力論」（quantum gravity），就無法完全闡明宇宙的未來。但是目前量子重力論有幾個正在研究的候選理論，是尚未完成的理論。研究者認為想要闡明宇宙創生之謎，也是需要量子重力論。也有看法認為大擠壓後的宇宙會發生「反彈」，再度從收縮轉為膨脹。在這樣的場合，宇宙是「大霹靂→膨脹→收縮→大擠壓→大霹靂……」反覆循環的情況。這樣的理論稱為「循環宇宙論」（cyclic model）。

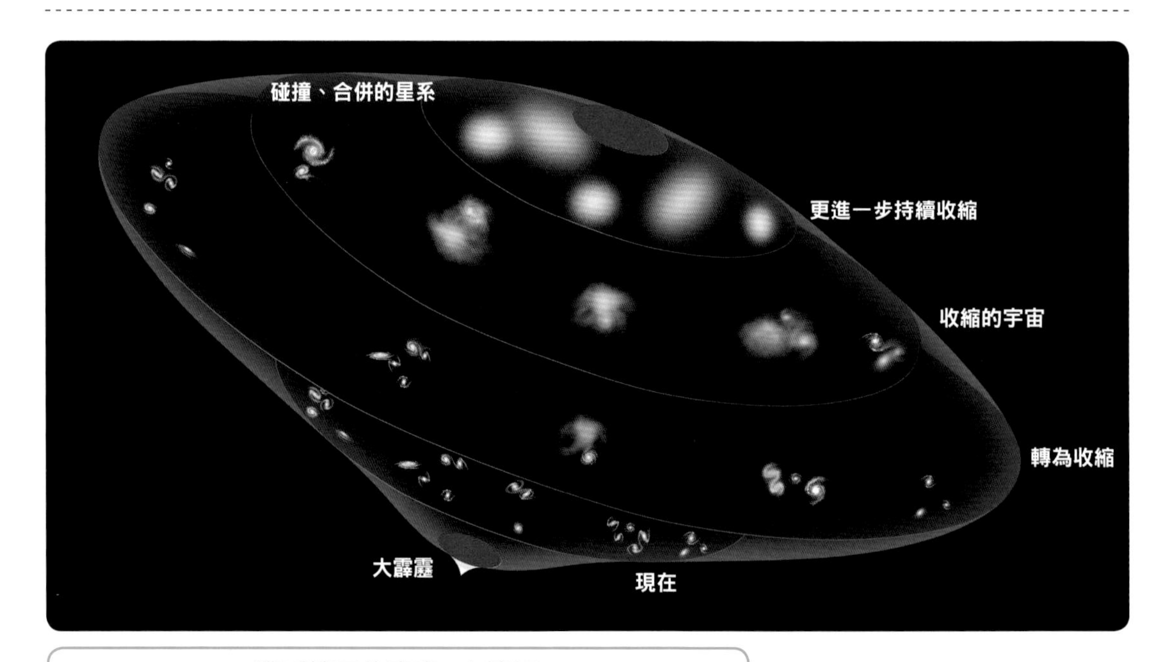

遭受擠壓的宇宙　大擠壓

插圖所繪為將來宇宙膨脹會轉為收縮的情形。在這樣的情況下，宇宙中的星系會逐漸碰撞、合併，星系團與星系團也會合併為一。最終，所有的物質擠壓在非常狹窄的區域。

重複生與死過程的宇宙

插圖所繪為大霹靂到大擠壓過程反覆發生的「循環宇宙論」示意圖。從「超弦理論」（superstring theory）衍生出來的「爆炸宇宙論」（ekpyrotic cosmology）在2000年代受到矚目，循環宇宙論目前已提出許多不同的模型。

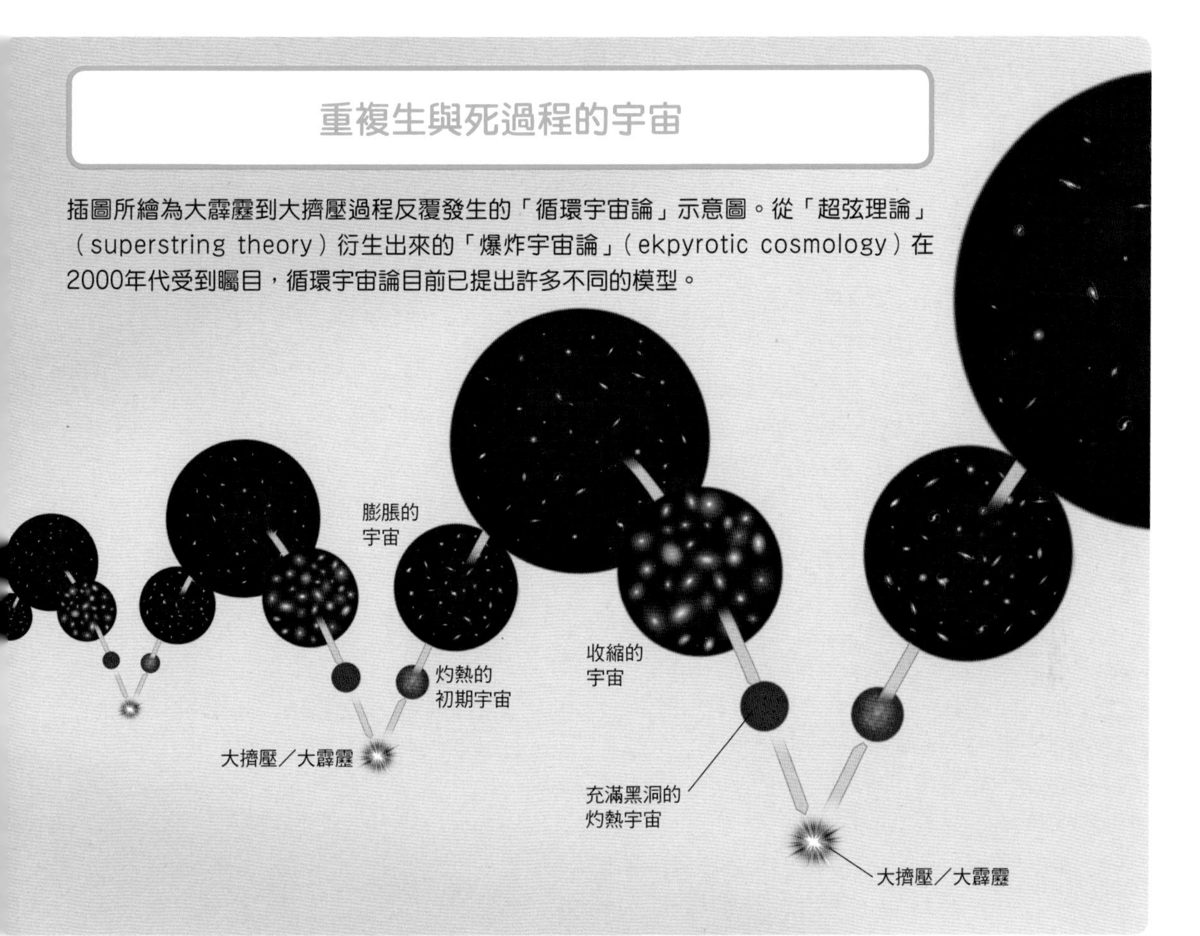

專欄 COLUMN 超弦理論與膜世界假說

我們的宇宙是由空間的3個維度和時間1個維度所構成，有宇宙模型認為這個空間是浮在高維時空中像膜一般的時空，此稱為「膜世界假說（膜宇宙學）」（braneworld），該假說是建立在超弦理論的想法上發展出來的。超弦理論認為所有的基本粒子放大來看都是相同的弦，弦的長度只有10^{-35}公尺左右，該理論是量子重力論最有力的候選理論。

在膜世界假說中，構成物質和光的基本粒子（弦）是黏附在膜上而無法離開的，但是只有傳遞重力的基本粒子「重力子」（graviton）是封閉的弦，能夠在高維空間中傳遞。

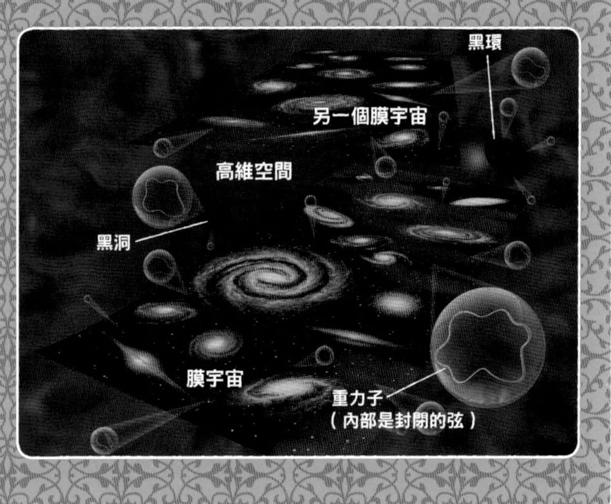

COLUMN

所有的天體都會變成鐵星？

日本的「神岡核子衰變實驗」（KamiokaNDE）、「超級神岡」（Super-Kamiokande）等實驗裝置，歷經數十年一直都在探索質子衰變。但是至今仍未取得相關的證據。也許質子有可能跟理論預測的相反，是非常穩定的粒子，永遠不會衰變。倘若真是如此，那麼宇宙的未來會變成什麼狀況呢？

若質子不會衰變，那麼所有的原子都會轉變成鐵

在恆星的中心區域，發生原子核彼此融合形成更重之原子核的核融合反應，但是核融合反應並非可以無限度的製造出重元素（原子序大的元素）。在大質量恆星的內部，核融合反應持續進行，不過在製造出鐵（原子序26）之後，就不會再發生更進一步的核融合反應了。鐵是最穩定的原子核，倘若要發生製造出比鐵更重的核融合反應，那麼在能量的消耗與獲得上就會是「賠本」的。換句話說，研究認為如果不發生質子衰變的話，所有的原子最終都會轉變為鐵。

想要轉變為鐵星需要無法想像的漫長時間

在發生核融合反應的恆星中心區域是極為高溫的，因此原子核和電子呈各自分離的「電漿」狀態。而原子核彼此以劇烈的速度碰撞，引發核融合反應。

另一方面，普通物質不會發生核融合反應。原子核被電子「殼層」包覆，因此原子的原子核彼此無法接近並融合。另外，原子核帶正電荷，因此原子核彼此會因為靜電斥力而排斥。

但是，根據微觀世界的物理學「量子論」的說法，因為「穿隧效應」現象，很有可能發生極罕見的，原子核能夠通過電子「殼層」、原子核間靜電斥力所產生的「障壁」（宛如通過隧道一般），原子核彼此接近、融合的情形。由於這樣的現象極少發生，所以通常可以忽略。但是，根據著名的理論物理學家戴森（Freeman John Dyson，1923～2020）的計算，大約在漫長到不可思議的10^{1500}年後的未來，所有的原子都會因為穿隧效應等緣故，轉變為鐵原子。屆時，宇宙中殘留由原子所構成的天體，全部都轉變為「鐵星」（iron star）。

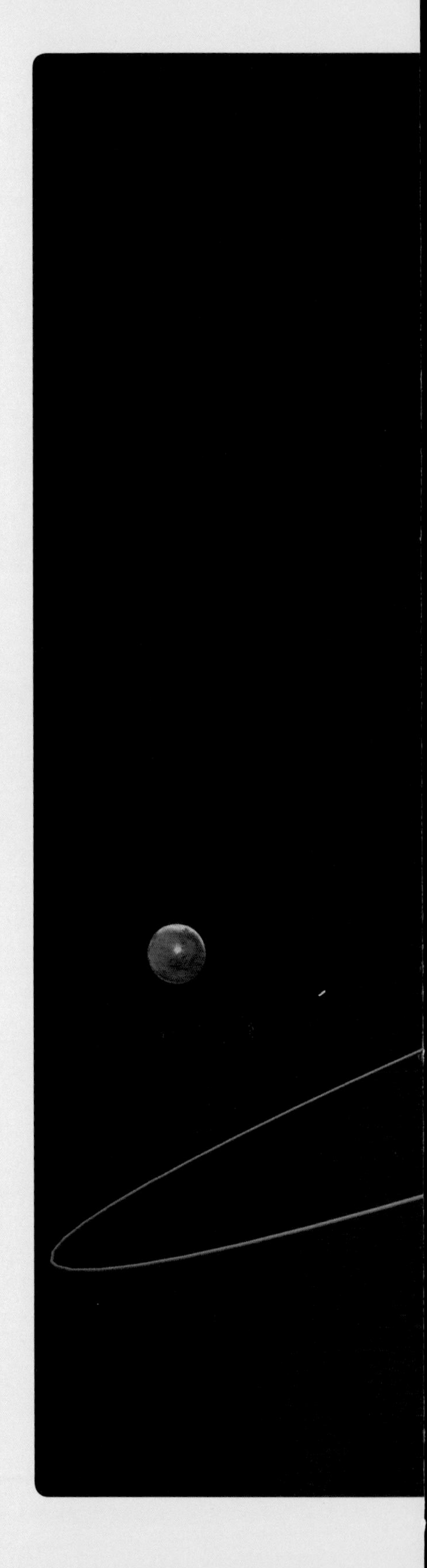

5 太空探索與太空開發

Space Development

自古以來，世界各地就建立了獨自的宇宙觀

把天球上的幾個相對位置幾乎固定不動的恆星畫線連接起來，再把它們比擬成人物、動物或工具，就成了所謂的「星座」。它們的起源可以追溯到美索不達米亞文明的時期。剛開始的時候，是由游牧民族把恆星連結起來，並且聯想到人或動物，所以自早期即有的星座，大多是山羊座（也稱摩羯座）及白羊座之類與畜牧有關的星座。

其後，美索不達米亞的星座流傳到古埃及和古希臘，希臘人把星座和神話結合在一起，創造了自己的星座。現在，則是由國際天文學聯合會（International Astronomical Union，IAU）制定了獵戶座、天鵝座等一共88個星座。所有的星座都劃定了各自的境界線，天球上並沒有不屬於任何一個星座的區域。因此，當發現了新的天體時，常會用「在〇〇座出現」這樣的說法來表示。

全天的88個星座

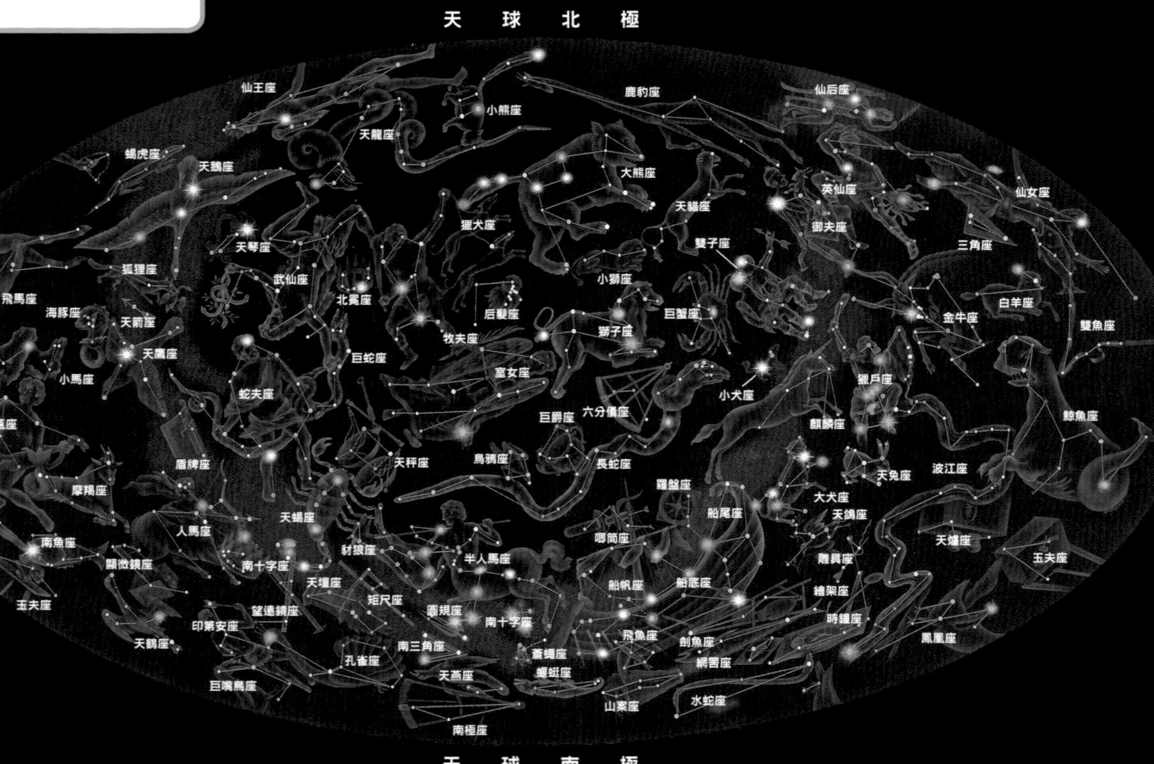

黃道12星座

全天的88個星座當中，白羊座（牡羊座）、金牛座、雙子座、巨蟹座、獅子座、室女座（處女座）、天秤座、天蠍座、人馬座、山羊座（摩羯座）、水瓶座（寶瓶座）、雙魚座這12個星座特別合稱為「黃道12星座」。

古代人們把黃道12星座運用在管理農耕等生活的曆法上，因此黃道12星座不僅是和神話結合的民間文化傳承，也是天文學、曆學的重要工具。

位於黃河文明發祥地的古代中國則採用「星宿」做為星座的名稱。古代中國把天文觀測視為極其重要的大事，甚至設有專門的官員從事詳細的天文觀測。

中國把天球赤道劃分為28個星宿，稱之為「二十八宿」。從紀元前5世紀後半期的墳墓中出土的文物是目前已知最早的文獻資料。

日本的高松塚古墳及龜虎古墳的壁畫也有描繪星座的圖樣，在江戶時代與曆法及占星術融為一體而廣為流傳。

二十八宿可能源自月球相對於恆星的公轉週期為27.3天，如此一來，月球就會每天都往東通過下一個星宿。

在龜虎古墳發現的圓形天文圖

日本奈良縣於7世紀末期至8世紀初期建造的龜虎古墳的天花板上的圖畫，是世界最古老的繪製恆星配置的圓形天文圖。可能是自中國傳入用於介紹天文學的文物。

依據獨立行政法人 國立文化財機構 奈良文化財研究所「龜虎古墳天文圖星座照片資料」製作

專欄 COLUMN 古埃及的宇宙觀

古代埃及也有獨自的宇宙觀。以趾尖和指尖撐起身體的是「天空之神努特」（Nut），圖像下方彎腰側坐的是「大地之神蓋伯」（Geb），跪在努特和蓋伯之間把天空舉起來的是「大氣之神舒」（Shu）。埃及文明認為宇宙是以這三位神祇為中心建構而成。

流傳長達1000年以上的天動說與顛覆天文學史的地動說

古希臘的學者透過經年累月的天體觀測，描繪出以地球為中心，月亮、五大行星、太陽和恆星環繞地球運行的宇宙樣貌。這就是我們現在所稱的「天動說」(geocentrism)。將天動說加以整理的是天文學家托勒密（Claudius Ptolemaeus，約83～168)。

托勒密利用大的「均輪」(deferent)和小的「本輪」(周轉圓，epicycle)這2種圓來說明行星運動。藉此，而能非常正確地表現出行星的運動。該模型的完成度很高，幾乎與觀測結果一致。甚至還能完整說明行星出現暫時與平常運行方向相反的「逆行」現象。因此，這個巧妙說明行星運動的天動說，在此後的1000多年支配了歐洲和阿拉伯地區的天文學。

不過，托勒密對太陽系的中心到底是地球還是太陽並無懷疑，他只關心是否能夠正確說明行星的視運動。

托勒密所想像的宇宙

整合天動說中各行星運動的模型。各行星的軌道由2種圓組合而成，分別是以地球為中心的均輪，和圓心位於均輪上的本輪。均輪與本輪皆橫切過天球的球面。這裡畫出恆星的天球，和均輪所橫切之天球的下半部。所有天球都沿著逆時針方向，一天轉一圈（周日運動）。除周日運動外，行星每年會沿著本輪轉一圈，且各個行星會分別以不同的週期沿著均輪轉一圈（土星為30年），稱做周年運動。圖中以箭頭表示旋轉方向。

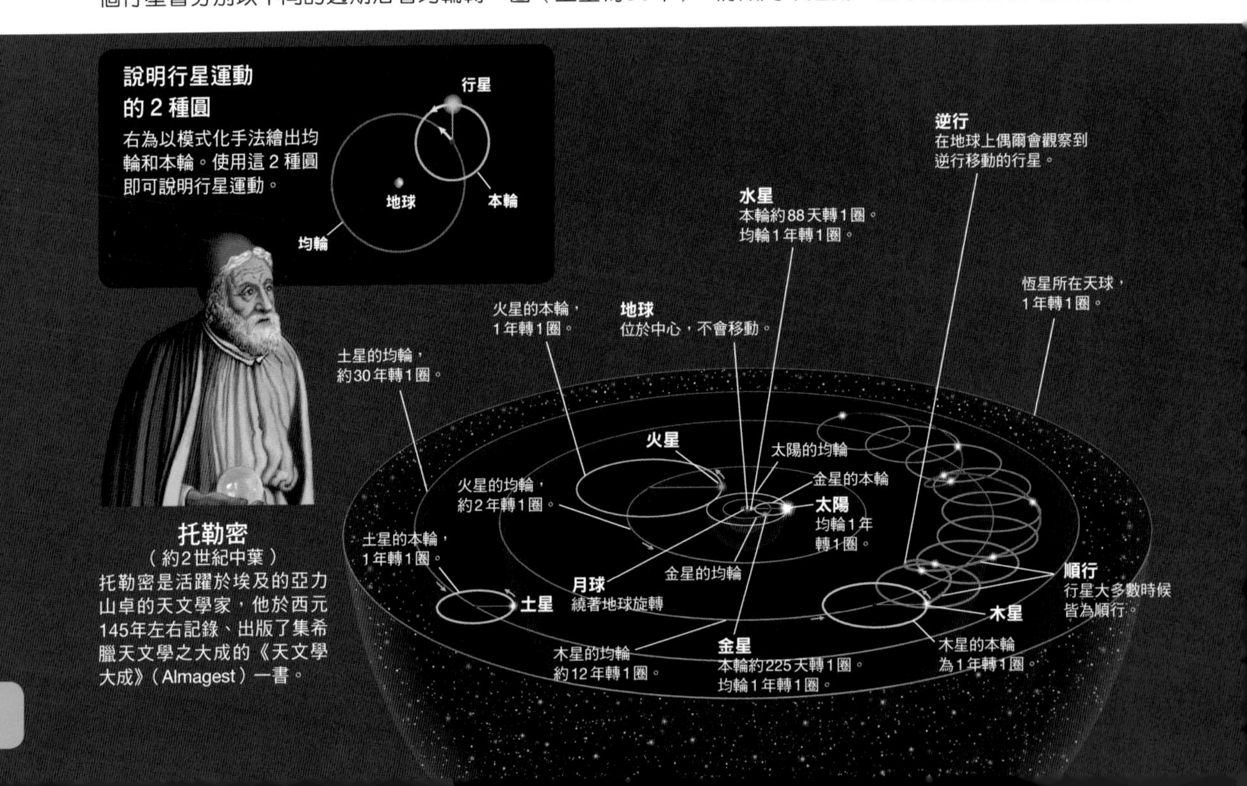

托勒密
（約2世紀中葉）
托勒密是活躍於埃及的亞力山卓的天文學家，他於西元145年左右記錄、出版了集希臘天文學之大成的《天文學大成》(Almagest)一書。

對於直至中古世紀人們仍深信不疑的天動說提出質疑的人，就是活躍於16世紀的神職人員，也是波蘭天文學家哥白尼（Nicolaus Copernicus，1473～1543）。他對人類1000多年來深信不疑的天動說抱持著懷疑的態度，他在學說的模型中發現計算的方法過於複雜，而且在幾何學的世界中又「不美」的缺點。

哥白尼在研究天文學的過程中發現了一件事：若不採用以地球為中心，太陽和其他五大行星繞著地球運行的模型，而是採用以太陽為中心，地球和其他五大行星繞著太陽公轉的模型，就能夠輕易說明行星的運動。這就是哥白尼思考所出來的「地動說」※（heliocentrism）。

「地動說」與基督教的價值觀有很大的衝突，而哥白尼本身也未對地動說的正當性採取強烈主張的態度。雖然有朋友的鼓勵，最終也問梓，然而哥白尼在書尚未問世之前，於70歲之齡與世長辭了。不過，地動說卻對後人的宇宙觀帶來翻天覆地的大變革。

※據傳，希臘的天文學家阿里斯塔克斯（Aristarkhos，前310～前230）也倡議地動說。不過，他的想法在當時未能成為主流。

哥白尼所想像的宇宙

哥白尼的地動說係以太陽為中心，繞著圓形軌道運行的行星，以水星、金星、地球、火星、木星的順序排列，在這些行星的外側還有不會移動的恆星。只有月球既觀測不到逆行，眼睛所見到的大小也沒有改變，因此認為它環繞著地球運轉。而且在該模型中的各行星軌道順序，跟它們的公轉週期順序一致。

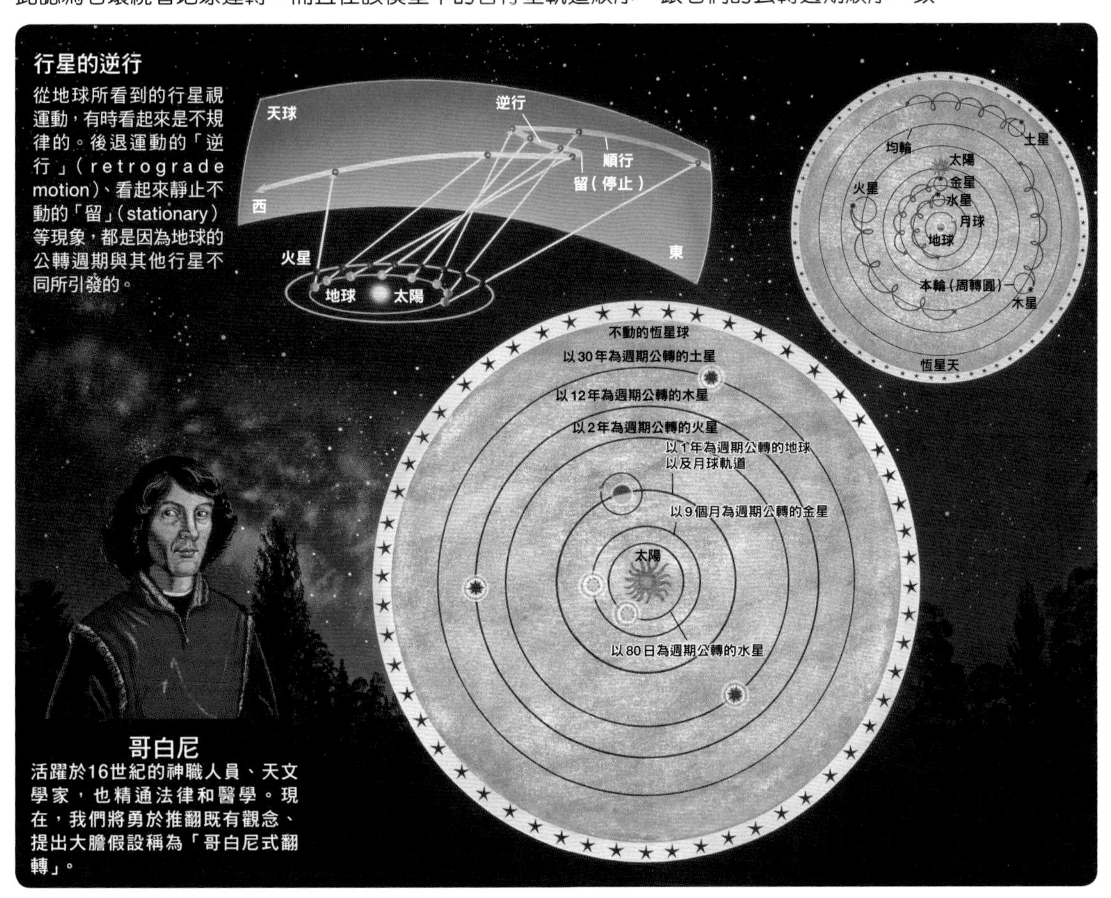

SECTION 67

Telescope

望遠鏡的發明

望遠鏡促進了宇宙論的重大發展

17世紀初期發明的望遠鏡，促使當時的宇宙論有了飛躍的進展。當時有一個人對這個望遠鏡抱持著極大的興趣，他就是義大利科學家伽利略（Galileo Galilei，1564～1642）。

伽利略知道了望遠鏡的存在後，便親自打造了口徑42毫米，全長2.4公尺、倍率 9 倍的望遠鏡，用來觀測宇宙。結果他發現有 4 顆衛星環繞著木星旋轉。這 4 顆衛星就是現在統稱為「伽利略衛星」的木衛一（埃歐，Io）、木衛二（歐羅巴，Europa）、木衛三（加尼米德，Ganymede）和木衛四（卡利斯多，Callisto）。

雖然當時已經有哥白尼的地動說，但是在掌握最高權力的教會強力主導下，一般仍然支持天動說。在這樣的時代裡，伽利略發現了證實地動說的事實證據。

科學家伽利略發表了這項事實，卻引起教會的強烈反彈而要求他撤回。但是，伽利略不願意接受這個要求，因而遭受宗教審判，被命令未來不得再宣傳地動說。但是，追求真實的伽利略不肯改變自己的理念，因此被判處終生監禁。即使如此，伽利略仍然繼續研究直到晚年，不僅影響了當代的人們，也對後世的科學家們產生了莫大的影響。

使用望遠鏡觀察月球的伽利略。伽利略發現，原本人們以為是完整球形的月球，其實它的表面布滿了坑坑洞洞。

環繞木星旋轉的伽利略衛星

環繞木星公轉的 4 顆衛星：木衛一、木衛二、木衛三、木衛四。伽利略詳細地觀測了它們的運動，並留下紀錄。

伽利略
（1564～1642）
伽利略除了天文學之外，對於各個科學領域也都抱持著強烈的興趣。由他依據事實證據否定了當時認為理所當然的「重的物體會比輕的物體更快落地」的說法等等，可以看出他是具有堅強信念的人。據說，伽利略由於使用望遠鏡觀察太陽，晚年幾乎喪失了全部的視力。

英國科學家牛頓（Isaac Newton，1642～1727）的顯赫功績之一是「光學」。牛頓把當時已經普及的望遠鏡的性能大幅改良，並運用於光學上。再三研究的結果，他發現了白色的光是由不同折射率的七種顏色的光（彩虹的七色）所合成。此外，他根據光的直進性及反射的性質，提出了光的粒子說。

在從事光的研究之中，牛頓明白了伽利略等人使用的折射式望遠鏡無法消除色差（chromatic aberration，在透鏡邊緣，由於折射率不同而發生的顏色偏差）的問題所在，因此研發出牛頓式望遠鏡，現在稱為「反射式望遠鏡」。由於這種望遠鏡的發明，牛頓被推薦為科學界最高權威的皇家協會的會員。

牛頓研發的反射式望遠鏡

Sir Isaac Newton's little Reflector.

牛頓
（1642～1727）
英國天才科學家牛頓除了「光的理論」之外，也獲得了「萬有引力定律」、「微積分法」等科學史上的不凡成就。他把自己在數學、物理學上的考察彙整成《自然哲學的數學原理》（Mathematical Principle of Natural Philosophy）一書，在書中提出了萬有引力定律及運動方程式，也提出了天體的軌道為橢圓形或拋物線形。顛覆了自亞里斯多德以來，歷經2000多年人們篤信不疑的「天界和地界的運動定律不同」的宇宙觀。

專欄 COLUMN　使用肉眼施行正確天文觀測的第谷

在望遠鏡尚未問世的時代，施行了最正確的天文觀測的人，是丹麥的貴族第谷．布拉赫（Tycho Brahe，1546～1601）。他的熱情和才能獲得國王的賞識，賜給他一個稱為文島（Ven）的小島，在當地先後建造了烏拉尼堡（Uraniborg）天文台和星城（Stjerneborg）天文台。他設計了無數的觀測裝置，使用肉眼施行大量的觀測。由於他堅持和平民結婚，違反了當時的貴族的規則，因而被放逐到國外。但第谷移居到布拉格後，仍然持續天文觀測。第谷死後，把大量的觀測資料遺留給克卜勒（Johannes Kepler，1571～1630）。克卜勒依據這些資料做為基礎，提出了關於行星運動的三條克卜勒定律。

在星城的觀測室中指導弟子們施行觀測的第谷（中央）。圓弧形刻度尺是第谷發明的裝置，能夠讀取非常正確且精細的數值。

太空開發肇始於1957年

1957年10月，原蘇聯完成一項歷史偉業，使人類的太空開發邁出第一步。原蘇聯的史潑尼克 1 號（Sputnik 1）進入環繞地球的軌道，成為世界第一顆人造衛星。

要使用火箭把物體送入環繞地球的太空軌道，需要在200公里以上的高度具有超過每秒7.9公里的水平方向的速度。這個速度稱為「第一宇宙速度」(first cosmic velocity)，是從地面飛入宇宙空間的第一步。史潑尼克 1 號是第一個達到這個要求的人造物體。

史潑尼克 1 號

直徑58公分，重量83.6公斤的鋁製球體。裝載著測定周圍環境之密度和溫度的測量儀器。

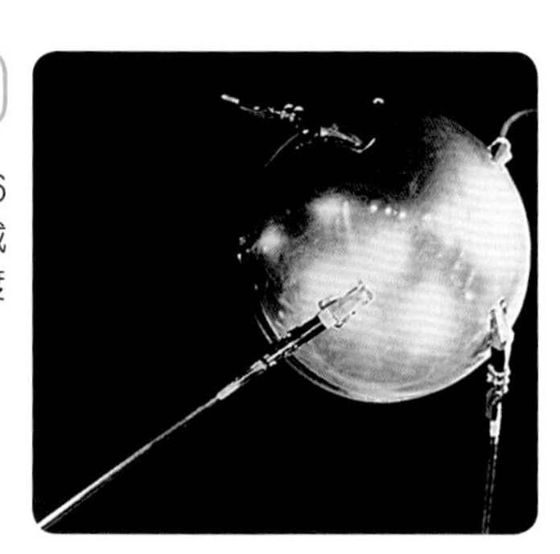

東方 1 號

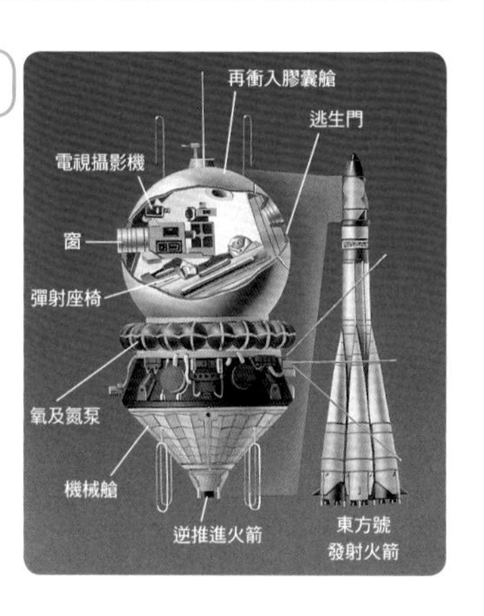

1961年 4 月，原蘇聯完成了另一項人類第一次的壯舉。原蘇聯的東方 1 號（Vostok 1）載著原蘇聯空軍少校加加林（Yuri Gagarin，1934～1968）發射升空，花了89分鐘的時間在環繞地球的太空軌道上飛行一圈，然後在發射的108分鐘後平安返回地球，成為人類第一架載人太空船。東方 1 號為單人座太空船，人員乘坐的部分是一個只有2.3公尺的球形艙，操縱能力也只能調整太空船的姿勢而已，但已足以證明太空船能夠做為人類的交通工具。原蘇聯也在1965年完成人類首次的太空漫步。

美國比原蘇聯晚了一步，於1958年設立美國國家航空暨太空總署「NASA」。1959年從美國全境甄選了 7 名太空人，啟動了水星計畫（Project Mercury）。其中一位太空人雪帕德（Alan Bartlett Shepard Jr.，1923～1998）搭乘水星 3 號（Mercury 3），繼原蘇聯太空人加加林之後，成為第二個飛到太空的人類。1969年，美國的阿波羅計畫（Project Apollo）完成了第一次把人類送上月球的任務。

美國的首次載人飛行

載送太空人雪帕德的水星 3 號（左）和坐在水星 3 號裡面的雪帕德（右）。

各國的太空開發機構

JAXA

JAXA（日本國立研究開發法人宇宙航空研究開發機構）為負責日本的航空太空開發政策的研究開發機構。主要任務包括：在太空與地面之間從事運輸工作的火箭的開發及運用、觀測地球及宇宙的天體的人造衛星的開發及其探察，國際太空站的建設及太空人的派遣等等。照片所示為日本茨城縣筑波市的JAXA設施「總合開發推進大樓」，近側可看到H-II火箭的實機展示物。

NASA

NASA（美國國家航空暨太空總署）為主導美國太空開發的機構。達成了阿波羅計畫的人類首次登陸月球及太空梭等多項其他國家難以望其項背的成就。NASA的精神可以濃縮為「了解並保護我們居住的這個星球。探察宇宙、探索生命的起源、鼓舞下個世代的探索心。能夠完成這些任務的，只有NASA。」這幾句話。

Roscosmos

Roscosmos（俄羅斯航太公司）是全盤統籌俄羅斯的太空開發工作的國營企業。原蘇聯時代的俄羅斯和美國並列為太空開發的領導者，但後來原蘇聯瓦解，為了傳承太空開發的工作，設立了俄羅斯太空局，後來於2016年設立俄羅斯航太公司。

ESA

1975年，歐洲各國共同創設了ESA（歐洲太空研發機構），其中法國扮演著重要的角色。ESA和NASA聯手，積極地參與各項太空開發計畫。ESA在國際合作的基礎上，與NASA共同進行探察機的開發等多項計畫，也和JAXA合作開發水星探察機「貝皮可倫坡號」（BepiColombo）。

CNSA

CNSA（中國國家航天局）是中華人民共和國負責太空開發工作的機構。除了這個機構之外，軍事方面的運用則由人民解放軍管轄。2003年發射的神舟5號，使中國成為繼原蘇聯、美國之後第三個完成載人太空飛行的國家。2013年送往月球的太空船在月面軟著陸成功。

ISRO

ISRO（印度太空研究機構）是印度負責太空開發工作的國家機構。截至目前為止，已進行了月面探察，並且是第一個送出探察機前往火星的亞洲國家。此外，也積極參與使用火箭發射衛星的太空商業領域。

人類登陸月球的輝煌功績

在1960年代之前，原蘇聯和美國之間展開了越來越激烈的太空開發競爭。但是，在人造衛星的發射及載人太空飛行等重大事件上，總是原蘇聯占盡優勢。為此，美國擬訂了一項計畫，企圖打破這個落後的局面，那就是把人類送上月球的「阿波羅計畫」。1961年，當時的美國甘迺迪總統宣示，要在10年之內把人類送上月球。

一開始是不斷地施行無人的指揮船和機械船的試驗飛行，直到1968年10月，才由阿波羅 7 號載著 3 名太空人完成了環繞地球飛行的任務。緊接著，在1968年12月，阿波羅 8 號朝月球飛去，環繞月球飛行10圈後，平安返回地球。接下來的 9 號和10號進行指揮船和機械船的最後測試，在月球軌道上的測試也順利完成，終於進入了實施登陸月面的階段。

1969年 7 月發射阿波羅11號，船長阿姆斯壯（Neil Alden Armstrong，1930～2012）和太空人艾德林（Buzz Aldrin，1930～）於7月20日成功地登陸在月面上。這個人類首次站立在其他天體上的瞬間，透過電視轉播傳送到全世界，讓世人一起見證了這項偉大的功業。

名垂青史的人類一大步

站在月面上的太空人艾德林。他的頭盔上映照著正在拍照的船長阿姆斯壯。他們先在月面上架設照相機，豎立星條旗（美國國旗），接著和當時的美國尼克森總統進行電話通話，設置各種觀測儀器，然後採取月球岩石樣本。由於月面覆蓋著細沙，所以留下清晰的腳印。

阿波羅15號的月面探察車

自阿波羅11號登陸月球起，到1972年12月送去的阿波羅17號為止，總共有12名太空人踏上月球的土地。阿波羅14號在月面設置了地震儀。阿波羅15號載去月面探察車，大幅擴大了在月面上活動的範圍，並且藉此增加了月球岩石的收集量，總共把382公斤的月球岩石帶回地球。阿波羅13號在飛往月球的軌道上遭遇液態氧槽爆炸的事故，幸好NASA傾全力克服重重困難，總算讓 3 名太空人得以平安返回地球。

上方照片為降落在月面的阿波羅15號，在其右側可看到月面探察車。

專欄 COLUMN 阿波羅計畫帶回地球的月球岩石

阿波羅計畫帶回地球的月球岩石曾經在1970年的日本萬國博覽會（大阪萬博）的美國館中展示。許多民眾為了一睹月球岩石而大排長龍。照片所示為阿波羅15號帶回來的月球岩石「起源石」（Genesis Rock）。

以太空為舞台的國際性科學實驗室

國際太空站（International Space Station，ISS）為美國、俄羅斯、日本、加拿大、ESA共同運用的太空站。位於距離地面400公里的高空，保持著相對於赤道51.6度的角度，每90分鐘左右環繞地球一圈。在太空站上，主要是利用無重力狀態的空間施行各種實驗及研究，並且施行天文觀測等等。

從1999年開始在軌道上進行組裝作業，到2011年7月終於建造完成。當初預定的運用期限是到2016年，但目前打算繼續運用到2024年。國際太空站由參與計畫的各個國家所製造的太空艙組合而成，日本的太空艙命名為「希望號」。

國際太空站從2000年11月開始有太空人進駐，當初有3名太空人駐留，現在則增加到6名。日本也陸續派遣了許多名太空人前往太空站長期駐留，進行各種實驗及研究。

日本的實驗艙「希望號」在各國的太空艙當中是最大的一個，大小相當於一輛大型巴士。

希望號由「艙內實驗室」、「艙內儲藏室」、「艙外實驗平台」、「艙外棧板」、「機械臂」等幾個部分組成。從2008年到2009年，分3次發射才得以組裝完成，並施行各種的實驗。

位於400公里高空的研究設施

ISS全長109公尺、寬73公尺，大小和一座足球場差不多。照片近側右方畫有日本國旗圖案的部分是日本的實驗艙「希望號」。

下圖所示為「艙內實驗室」及「艙內儲藏室」的圖解。艙內實驗室長11.2公尺，直徑4.4公尺，內部的空氣組成和地球表面相同，並且維持著 1 個標準大氣壓。溫度和溼度也受到控制，讓太空人穿著一般的服裝也能夠安全舒適地從事各項作業。主要用來施行利用微重力環境進行新材料的開發及生命科學的實驗、以及利用宇宙輻射線等的科學實驗。

艙內儲藏室是存放實驗裝置及材料、消耗品等東西的設施，是希望號當中最早送上太空的部位。

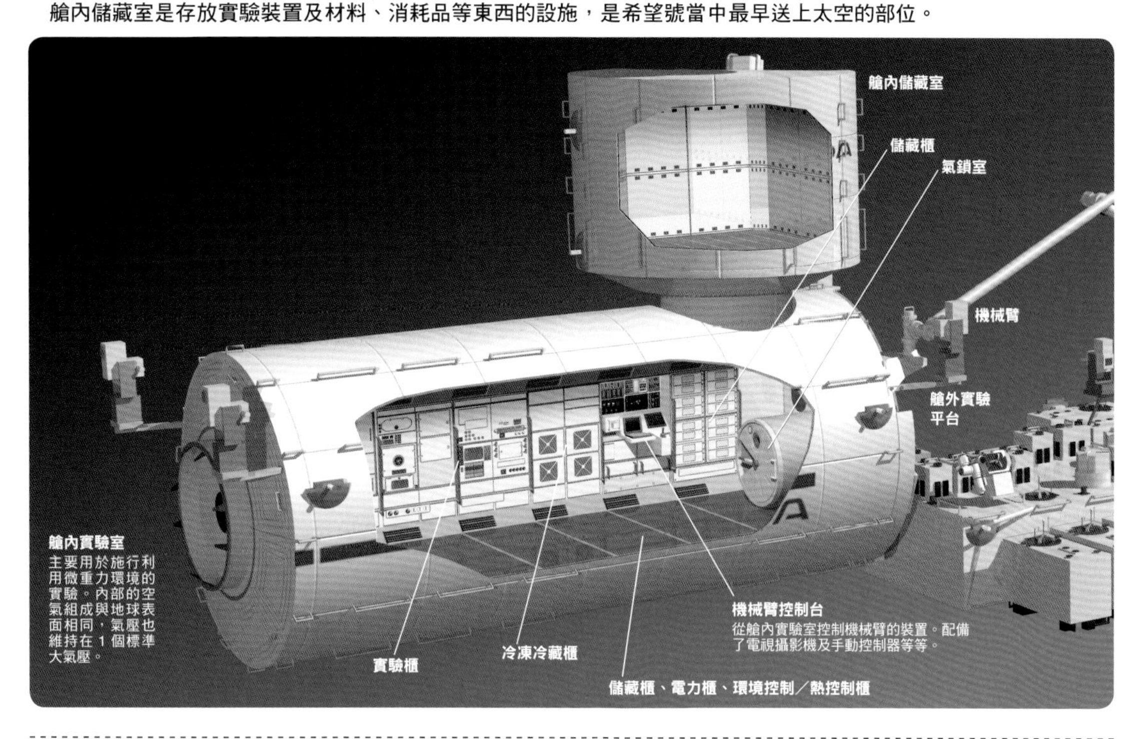

希望號也設有獨特的「艙外實驗平台」，能夠在暴露於宇宙空間的狀態下施行實驗。用於施行利用宇宙空間的實驗、地球觀測、天文觀測等等。

最多能夠裝設10個用來施行實驗的「酬載箱」，從艙內實驗室使用「機械臂」進行安裝等作業。機械臂分為母臂和子臂兩個部分，可做出類似人類手臂的動作。

如果要把實驗裝置等物品從艙內搬運到外面的宇宙空間，必須使用稱為「氣鎖室」（air lock，氣閘）的設備。氣鎖室設有兩扇門，能夠避免艙內的空氣洩出艙外。希望號的氣鎖室是實驗裝置和資材等的專用出入口，穿著太空衣的人員無法從這裡通過。

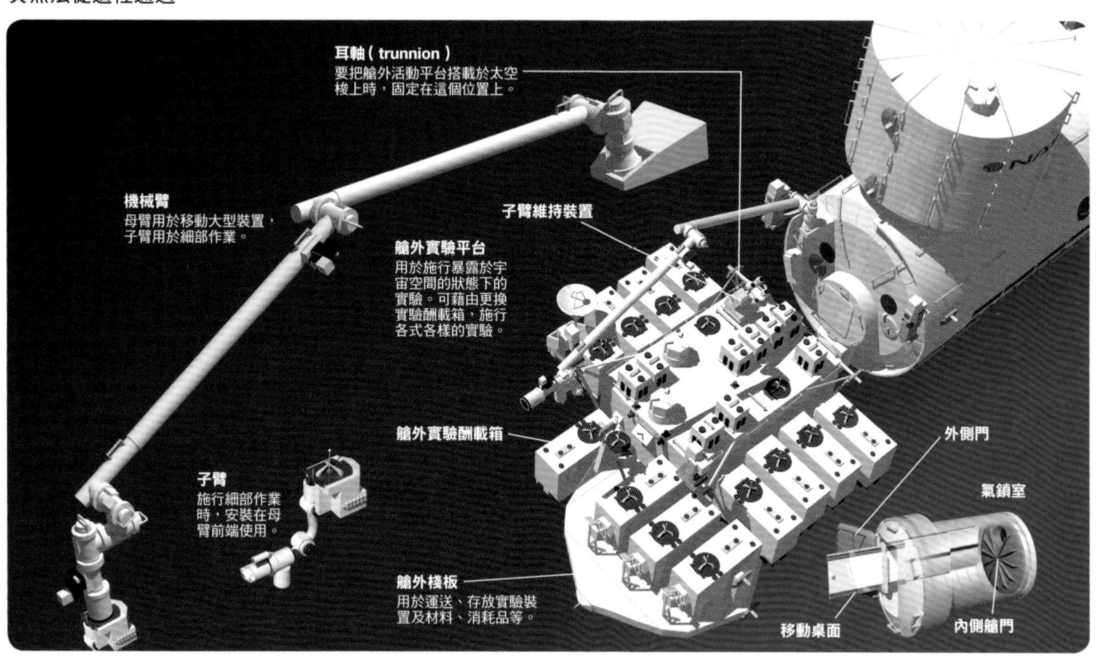

太空開發中的最大功臣

被開發來從事發射人造衛星和探測器，並且負責運送在太空中進行實驗的太空人和實驗裝置，以及在建設國際太空站等各式各樣場合都扮演活躍且重要角色的載人往返機「太空梭」(space shuttle)。飛到太空中的太空梭會再度返回地球，其後還可再利用。不過，外部燃料槽會用過即丟。

不過，雖說太空梭可以再利用，但是維護太空梭的費用並不便宜，而太空梭必須退役的原因在於外觀。太空梭在大氣中滑翔時需要機翼，在無重力的太空中，機翼則是無用的。機翼導致機體重量變重，要將機體發射升空需要更多的燃料，同時也需要更多的耐熱磁磚覆蓋機體。從太空中飛回的太空梭不能直接再發射，機體必須重新整備，而整備卻是所費不貲。

從1981年 4 月首次發射飛往太空至2011年 7 月完成所有任務退役為止，太空梭總共執行了135次的太空任務，而太空梭的發射一般都是公開的，因此許多人對太空梭都有親切的感覺。

飛行過程與太空梭軌道機的構造

1. 發射。
2. 固態燃料火箭輔助推進器脫離。
3. 外部燃料槽脫離。
4. 軌道操作引擎點火。
5. 在高度約300公里的環繞地球軌道上繞行。
6. 從軌道脫離。翻轉，軌道操作引擎點火，減速。
7. 再衝入大氣圈。
8. 像滑翔機一樣在空中滑行。
9. 降落、著陸。

垂直尾翼
太空實驗室
酬載艙（貨艙）
銀表面輻射反射器
駕駛艙
軌道操作引擎
主引擎
機械臂
主翼
耐熱磁磚
居住艙

與ISS泊接的太空梭

這是2011年５月，與ISS泊接的太空梭圖像。照片是由從ISS返回的俄羅斯太空船「聯合號」拍攝而得。從聯合號拍攝泊接的情景，這是第一次，也是最後一次。

專欄 COLUMN 二次悲慘的事故

雖然太空梭的飛行計畫幾乎都是成功的，但是在過去還是發生過二次悲劇性的事故，總共有14名太空人在事故中殉職了。第一次事故是發生在1986年的「挑戰者號」（STS Challenger OV-099，右），第二次是發生在2003年的「哥倫比亞號」（STS Columbia OV-102）。為要探究事故發生的原因，曾有一段時間中斷太空梭的飛行任務。在克服事故的原因後，太空梭才又展開飛行任務，也因此在太空開發史上留下濃重的一筆，並順利將任務傳給下一代的太空船。

將物資運送到太空的大型火箭

與太空梭同為支持ISS之運補作業主力的就是火箭。「H-ⅡB」是日本開發的大型主力火箭，發射能力遠在「H-ⅡA」之上。從2009年９月發射試驗機（１號機）以來，至2019年９月的８號機止，幾乎每年都成功發射１具火箭，顯示日本在火箭製造技術上相當精進。H-ⅡB是JAXA與三菱重工共同開發的。

目前H-ⅡB負責將對ISS進行物資補給的「HTV」（H-ⅡTransfer Vehicle，H-Ⅱ運輸機，暱稱白鸛號）發射升空。HTV的總重量達16.5公噸，目前只有發射能力高的H-ⅡB能勝任。H-ⅡB也能使用於月面物資補給太空船的發射，在比木星更遠的深太空探測器的發射方面，也能使用H-ⅡB。

目前日本已決定使用H-ⅡB發射HTV至９號機，其後由預定2020年度展開首次飛行的下一代火箭H3來接棒。

一肩扛起運送ISS人員重任的俄羅斯運載火箭

太空梭除役後，運送人員往返ISS的載具就只剩下俄羅斯的聯合號（Soyuz）太空船了。因此，日本太空人要飛往ISS時，也必須搭乘聯合號在地面與ISS之間往返。ISS一直都會泊接著最少一架聯合號，以備緊急避難時使用。「進步號」（Progress）是一種型式和聯合號大致相同，負責運送物資的無人運輸機。聯合號為了運送人員，所以只能裝載數百公斤左右的貨物。進步號則能裝載數千公斤的貨物。而聯合號也好，進步號也罷，都是利用「聯合號火箭」發射升空。

日本的大型火箭 H-ⅡB

H-ⅡB跟H-ⅡA一樣都是採用２節式構造，利用第１節液態燃料火箭引擎和固態燃料火箭推進器的燃燒，將火箭發射出去，然後包含固態燃料火箭推進器、燃料槽的第１節部分依序脫離。其後，再點燃第２節的液態燃料火箭引擎，投入目標軌道後，引擎熄火並與HTV脫離。

第１節引擎（LE-7A）
與H-ⅡA一樣，使２具液態燃料火箭引擎LE-7A成１組，以實現高推力。

被ISS的機械臂抓住的HTV

2011年從ISS拍攝HTV-2（白鶴 2 號機）再次泊接的場景。被好像鋁箔的金色隔熱材包覆起來的，就是HTV。

由於酬載量比俄羅斯的進步號還要大，因此在運送體積較大的裝置到ISS，或者在需要運送大量物資之際，都可看到它活躍的身影。

註：為能縱看H-ⅡB的全貌，所繪火箭為沒有分離的狀態。事實上，在高度約65公里時，固態燃料火箭推進器會先從火箭上面脫離。

衛星整流罩（fairing）
發射時，用以保護衛星的護罩。

第 2 節誘導控制電腦
負責控制整個火箭的飛行，進行誘導計算，將火箭正確投入目標軌道的電腦。

電氣系統之配線管

HTV（白鶴號）
無人的太空站補給機，負責對太空站提供物資補給的任務。

第 2 節液態氫槽

第 1 節液態氧槽

第2節液態氧槽

第 2 節引擎（LE-5B）
與H-ⅡA一樣，使用 2 具液態燃料火箭引擎LE-5B。與第 1 節的引擎LE-7A相較，推力為其 8 分之 1，構造也更簡單。此外，引擎具有可分 2 次燃燒的「再點火功能」。

隔熱材
液態氫及液態氧必須保存在低溫環境，因此在燃料槽周圍需包覆發泡性的隔熱材（橙色部分）。

第 1 節誘導控制電腦
執行火箭第 1 節之飛行控制的電腦。

液態氧流經的配管

固態燃料火箭推進器（SRB-A）
H-ⅡB採用4支跟H-ⅡA一樣的推進器，以獲得超高的推進力。

第 1 節液態氫槽
貯藏第 1 節引擎的液態氫燃料（約 -253℃）

H-ⅡA與H-ⅡB之比較

	H-ⅡA（H2A202）	H-ⅡB
全長	53公尺	57公尺
質量	289公噸	531公噸
SRB-A	2支	4支
發射能力（GTO※1）	4公噸	8公噸
發射能力（HTV軌道※2）	—	16.5公噸

※1：GTO（geostationary transfer orbit，地球同步轉移軌道）：人造衛星進入同步軌道前，利用火箭投入的橢圓軌道。
※2：HTV軌道：HTV在朝向ISS（國際太空站）之前，利用火箭投入的橢圓軌道。

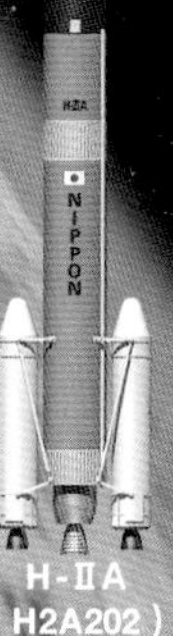

H-ⅡA（H2A202）　H-ⅡB

選拔出來的菁英太空人

現在國際太空站（ISS）中有 6 名太空人駐留。對許多孩童來說，太空人是個令人憧憬的職業，不過想要成為太空人必須經過艱難的選拔測試。就報名資格而言，首先至少必須持有工程、生物學、物理學、或是數學的學位，學歷高比較有優勢。必須有 3 年相關工作經驗，或至少有1,000小時的噴射飛行時數。要有能溝通的英文能力，通過體感測試及符合體能要求等。除了通過文件審查外，還要經過數次的各種選拔試驗，以評估太空人適性與否。

即使通過試驗也不能立刻被選拔為太空人，只有能在設定為ISS的海底研究設施完成任務以及能忍耐無重力的訓練等嚴格訓練的人，才能成為太空人。

無救生索的太空漫步

1984年，進行人類第一次無救生索的太空漫步。太空人揹著「載人機動裝置」（MMU，manned maneuvering unit），藉由噴出氮氣以控制姿勢及移動。現在，為了確保安全，已經不做揹著載人機動裝置的艙外活動了，大多是在把腳固定於機械臂上的狀態下從事艙外活動。

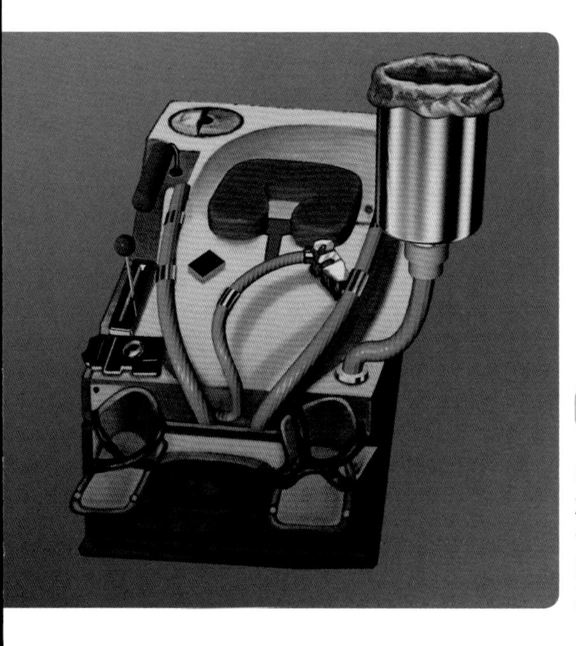

太空人的生活

由於在太空中會變為無重力，與在地球上的生活迥然不同。在太空中所使用的馬桶，結構跟吸塵器一樣，會將空氣與排泄物一起吸入。由於就連睡覺身體都會飄在空中，因此必須睡在被固定住的睡袋中。在無重力環境中，肌力和骨骼都會變差，所以也備有防止肌力和骨骼衰弱的訓練機器。

專欄 COLUMN 活躍於太空中的日本太空人

以1992年的毛利衛為首，野口聰一、今井宣茂等許多日本太空人陸續活躍於ISS。1994年，日本第一位女性太空人向井千秋搭乘哥倫比亞號太空梭前往ISS進行實驗。照片是在ISS的居住空間中執行作業的太空人若田光一。

陸續送往太空的火星探測器

世界許多先進國家都在擘畫火星探測計畫。很多部分與地球十分相似的火星，科學家們認為火星跟地球一樣，也曾經有水，因此希望能夠透過探測發現生命的痕跡。

首度成功拍攝到火星表面的是「水手 4 號」（Mariner 4），從其拍攝到的照片中，發現疑似河川流經所形成的地形等。

確定火星曾經有水的是NASA在2004年初降抵火星的2架火星車「精神號」（Spirit）和「機會號」（Opportunity）。這 2 架火星車闡明在火星上有必須有水才會形成的岩石。此外，2008年登陸火星的NASA火星探測器「鳳凰號」（Phoenix）採集火星土壤予以分析，首度直接確認土壤中有以冰形式存在的水。根據ESA（European Space Agency，歐洲太空總署）的火星探測器「火星特快車號」（Mars Express）在南極的極冠附近方圓數百平方公里的廣大地面上有水冰存在。

火星特快車號火星探測衛星

火星特快車號是ESA（歐洲太空總署）的第一個火星探測計畫，於2003年 6 月發射，其後投入環火星軌道，從2004年 1 月開始探測以來，至今仍持續執行觀測任務。任務內容包括：繪製高解析度的地形圖、繪製礦物分布圖、繪製大氣組成地圖、調查地下約數公里深的結構等。

精神號

2004年著陸的火星探測車，精神號與機會號為同型機。

火星地表的天然乾冰

這是2014年 4 月拍攝到的圖像，位在火星南緯約45度的「虎克隕石坑」（Hooke Crater）。虎克坑是由二個隕石坑重疊而成，亦即幾乎相同場所經歷二次的天體撞擊所形成的。圖像右邊看起來白白的部分，是火星大氣的主要成分二氧化碳凍結，降落在地表上。

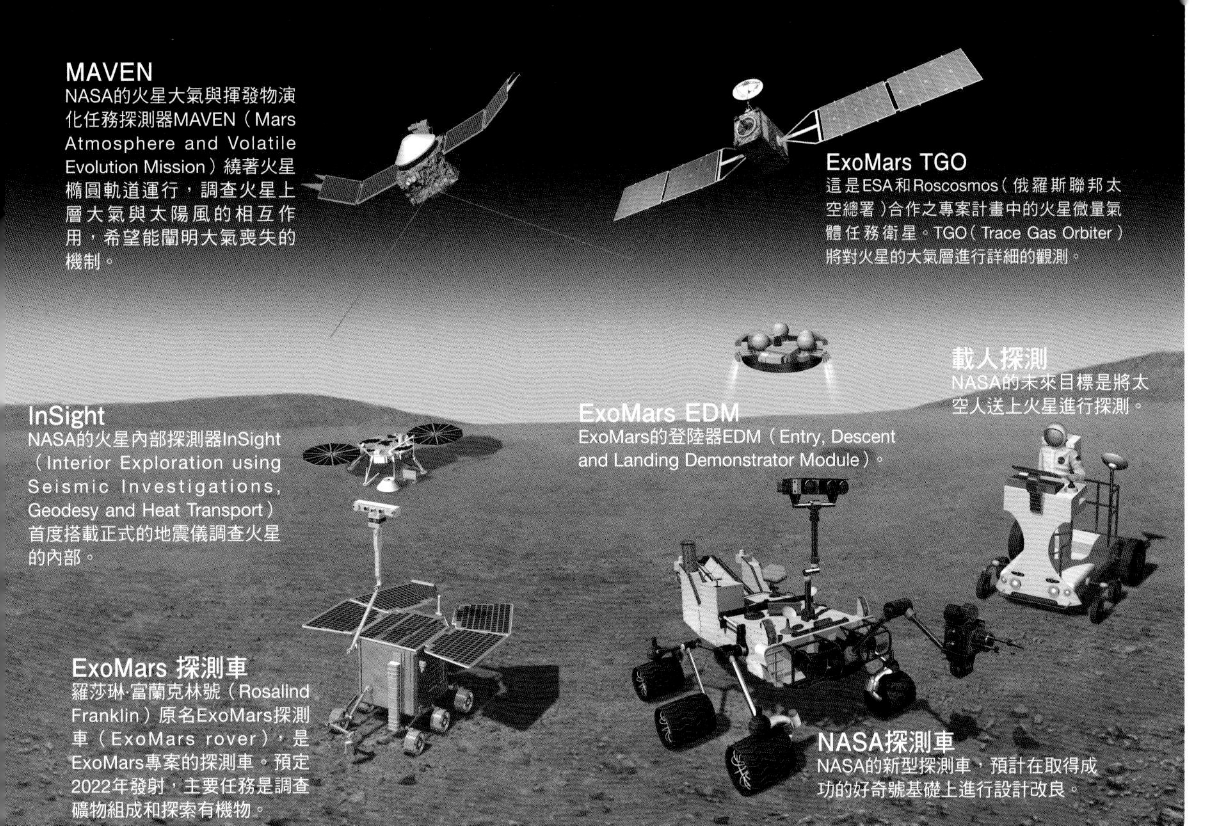

火星探測器熱潮

NASA在2013年11月發射「MAVEN」火星探測衛星，2014年進入火星橢圓軌道執行持續的觀測。2018年11月，NASA要在火星地表上設置地震儀的探測器「InSight」登陸火星，開始展開觀測。此外，ESA和俄羅斯聯邦太空總署共同推進的火星探測計畫「ExoMars」也在2016年發射「TGO」和「EDM」，不過EDM的斯基亞帕雷利登陸器（Schiaparelli EDM lander）未能成功登陸。ExoMars 計畫將在2022年發射「Rover」登陸車。此外，NASA也陸續發射新的火星探測車，希望將來能邁向載人探測，進行開發。日本也計畫參與各機構的火星和火星衛星的探測。

不只是各國的宇宙開發機構，美國的民間企業「太空探索技術公司」（Space Exploration Technologies Corp.，商業名稱：SpaceX）等團體也已經邁向太空開發領域。儘管目前還需要克服許多課題，不過人類登陸火星之日或許已經不遠了。

專欄 COLUMN 默默持續進行觀測的好奇號

現在，一面在火星上行駛一面進行觀測的是「火星科學實驗室」（Mars Science Laboratory，MSL），別名「好奇號」（Curiosity）。它的主體滿載著各式各樣的觀測及測量儀器，拍攝圖像的是安裝在機械臂前端的「MAHLI」（Mars Hand Lens Imager，手持透鏡成像儀）、安裝在主體延伸出來之支柱前端的「MastCam」（主照相機，左眼為拍攝廣範圍的攝像機，右眼是望遠相機）。當發現具有研究價值的岩石等時，從「ChemCam」（化學相機）發出高能雷射，使其成分蒸發。然後分析此時所產生的光，即可確認該岩石是由什麼成分組成的。在主體內部有稱為「SAM」的分析裝置，可以分析採集到之岩石等加熱後產生的氣體以及大氣成分。

探索宇宙之謎的探測器

目前已經有許多探測太空船觀測了太陽和太陽系行星，並且傳送回大量的珍貴資訊。距離地球較近的月球和火星，有較多的探測器投入。而水星由於靠近太陽，環境十分惡劣，不利探測器的活動，探測器很難進入水星軌道。1974年，美國發送「水手10號」（Mariner 10）以飛掠的方式觀測，2004年發射的「信使號」（MESSENGER）經過多次變軌和重力助推，成為第一艘環繞水星的探測器。

信使號移動到水星所使用的技術是「重力助推」（gravity assist，也被稱為重力彈弓效應或繞行星變軌），這是利用天體的重力，改變探測器軌道的方法，藉此可以節省燃料。信使號一再地利用地球、金星、水星的重力助推，與水星的最短距離為 1 億公里，信使號走了79億公里終於抵達。其他探測器也使用重力助推這項技術。

日本的金星探測器「拂曉號」（Akatsuki）原本預定在2010年投入金星軌道，可惜失敗了。不過，在2015年12月挑戰再度投入，果然成功進入金星軌道。

木星探測器朱諾號

朱諾號（Juno）是用以觀測木星，於2011年發射的探測器。它是繼2003年任務終了的伽利略號之後，進行木星觀測的。在此之前所有探測器所搭載的太陽能電池板，一旦飛行至木星軌道附近時，就變得無法充分發電。因此飛往木星、土星的探測器，都以核電池（nuclear battery）做為動力來源。不過，朱諾號備有大型的太陽能電池板，可確保充分的電力。朱諾號預定至2021年底都持續進行木星觀測的任務，其後會執行受控的離軌墜入木星的大氣層而解體。

太陽探測器SOHO

距離我們最近的恆星就是太陽，想要了解宇宙，太陽可以說是最近的情報來源。地球上有生命的誕生並且演化至智慧生命，雖是各種偶然相加累積的結果，不過支撐該偶然之絕大部分的，可以說就是太陽的能量了。可是，如果來自太陽的能量過多，也會發生問題。因此，最重要的是要了解太陽、觀測並隨時監視太陽活動的變化。「SOHO」（太陽和太陽圈探測器）是1995年12月發射的太陽探測器，當初預定的觀測期間是 2 年，不過現在已經過20多年了，仍然持續正常的觀測活動。

彗星探測器羅塞塔號

為了探測彗星而發射的少數探測器，「羅塞塔號」（Rosetta）就是其中的一個。羅塞塔號是ESA於2004年發射的，因為距離太陽相當遙遠，很難有充分的電力供給，所以從2011年 6 月開始就一直處於冬眠狀態。不過，它於2014年 1 月從休眠中醒來，8 月抵達67P/Churyumov-Gerasimenko（簡寫為67P/C-G，中文為楚留莫夫-格拉希門克彗星）。在2014年11月將「菲萊登陸器」（Philae）投入，讓它成功登陸67P/C-G彗星，並且將各樣的資訊傳送回地球。其觀測一直持續到2016年 9 月，最終任務結束，墜落於彗星67P上。

專欄 COLUMN 向地外智慧生命體傳遞訊息的金唱片

目前人類傳送的探測器中，航行路途最遙遠的是美國所發射的「航海家 1 號和 2 號」。這 2 架探測器皆已飛出太陽圈繼續前行，根據推測它們在2025年以前都還是會持續將所觀測到的訊息傳回地球。

航海家 1 號、2 號上面搭載了金唱片。這是為了當航海家 1 號、2 號若遭遇地外智慧生命體時，可以傳遞地球究竟具有什麼樣的文明等各種資訊給他們知道。

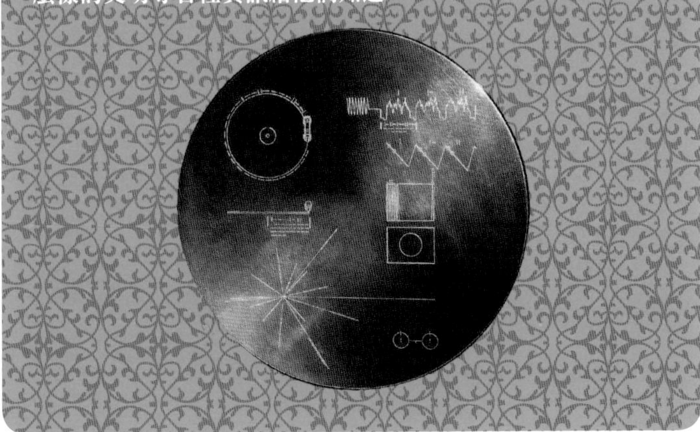

COLUMN

小行星探測器 隼鳥2號的成就

2014年12月從日本種子島宇宙中心發射的小行星探測器「隼鳥2號」(Hayabusa 2) 抵達小行星「龍宮」((162173) 1999 JU_3)。經過2次成功的著陸，而能夠同時採集到小行星表面與地下的物質。這是繼「隼鳥號」成功採集到月球以外之地外天體的樣本之後，另一個歷史性的成就。

隼鳥2號第1次著陸是在2019年2月，成功採集到小行星的表面物質樣本。2019年4月，成功製造出直徑約10公尺的人工坑洞，並在2019年7月進行第2次著陸，成功採集到地下物質與表面物質的混合物。這是全世界首度採集到小行星二處地點之不同深度的物質。

小行星的表面物質極可能因為輻射線、太陽的熱、光等而產生變質。因此，利用人工方式製造出坑洞，嘗試採集接近太陽系形成之當時狀態的地下物質。隼鳥號攜回的「糸川」(Itokawa) 小行星的樣本，較大的約0.3毫米(mm)，大部分都是僅數十微米 (μm) 的微粒子。而此次隼鳥2號採集的樣本可望是數毫米的粒子。

龍宮星是與糸川小行星性質相異的小行星，科學家期待這裡存在大量作為生命材料的有機物。藉由分析採集到的物質，或許有助於理解太陽系的歷史和生命起源之謎。

隼鳥2號的回收艙已於2020年12月降落在澳大利亞南部沙漠地帶，隼鳥2號從龍宮帶回5.4克沙土樣本。

隼鳥2號任務全貌

2. 地球重力助推
2015年12月3日
發射後在接近地球公轉軌道的軌道上飛行1年，約1年後再度接近地球進行重力助推。

1. 發射
2014年12月3日
使用H-IIA火箭26號在日本種子島太空中心發射。

8. 放出回收艙
2020年末
隼鳥2號回到地球，將裝有所採取小行星樣本的回收艙卸離。回收艙衝入大氣圈，到達距離地面10公里左右的高度時，打開降落傘，在澳洲的沙漠地帶著陸。

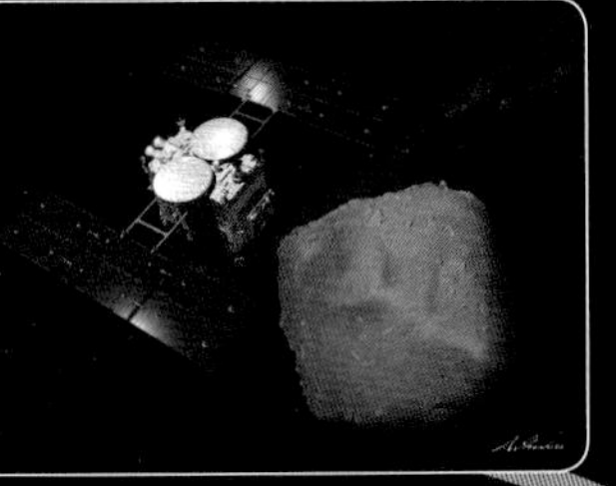

4. 第1次著陸
2019年2月22日
著陸時，從採樣器內部朝小行星發射彈頭，以收集小行星的表面物質。

3. 抵達小行星，飛到原位
2018年6月27日
抵達小行星後，首先停留在上空20公里附近的原位，進行小行星的觀測。

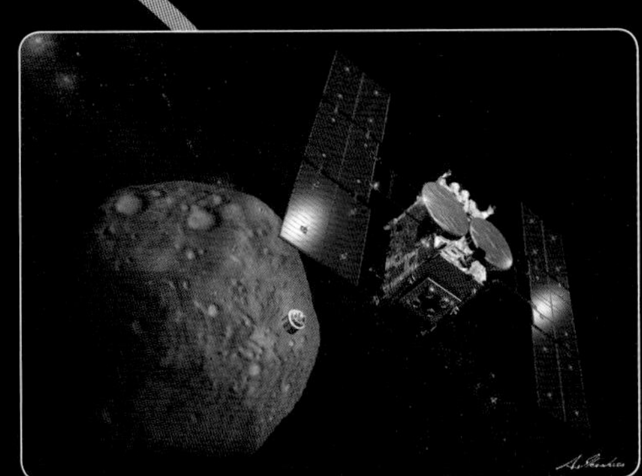

5. 撞擊裝置脫離
2019年4月5日
在上空卸離撞擊裝置，以便在小行星上製造人工坑洞。撞擊裝置的底面由銅板製成，裡面填充炸藥，當炸藥爆炸時，銅板會變形成為球殼狀彈頭飛出去。

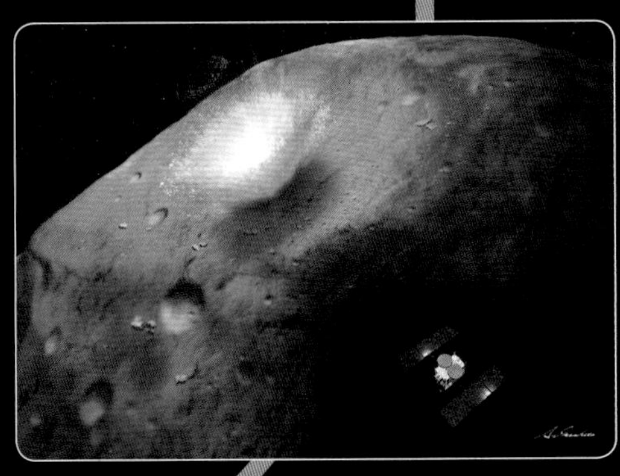

6. 走避
隼鳥2號將撞擊裝置卸離之後，會飛到小行星背後躲避。在走避的途中，隼鳥2號會放出分離照相機。

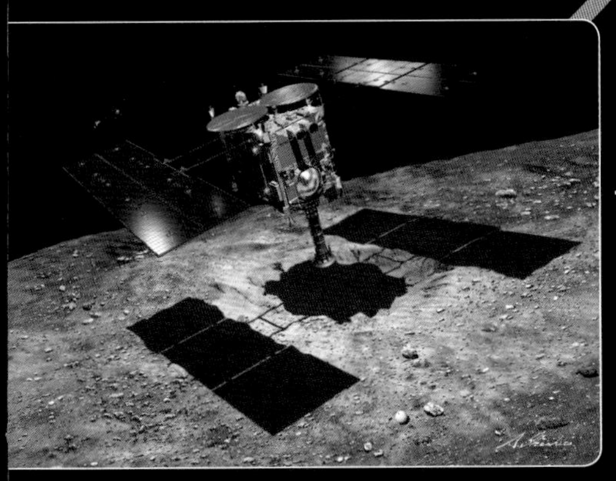

7. 第2次著陸
2019年7月11日
在人工坑洞的周圍著陸，採集地下物質和表面物質的混合物。然後返回地球。

從地球觀測宇宙的地面望遠鏡

除了可見光以外，宇宙也會傳來各種波長的電磁波。觀測這些電磁波就是地面望遠鏡的主要任務。為了不受大氣晃動及人工燈光的影響，大多數地面望遠鏡座落於觀測條件良好的高地。

在智利的安地斯山，標高5000公尺的阿塔卡瑪沙漠，有一座「ALMA望遠鏡」（Atacama Large Millimeter/submillimeter Array，阿塔卡瑪大型毫米及次毫米波陣列）。它是由66架拋物線形天線聯合起來，發揮如同單一架大型無線電波望遠鏡的功能。這是一項以台灣、日本、美國、加拿大、歐洲為中心，總共有22個國家共同參與的國際合作計畫，從2002年開始建造，2011年開始施行觀測。

日本在夏威夷標高4205公尺的茂納開亞（Mauna Kea）山上建造的「昴望遠鏡」從1999年開始觀測。

同樣位於茂納開亞山頂的「TMT」30公尺望遠鏡）是美、加、中、印、日這 5 個國家合作推行的建造計畫，預定2027年左右完工。

ALMA望遠鏡

無線電波

66架無線電波望遠鏡包括54架口徑12公尺的拋物線形天線和12架口徑 7 公尺的拋物線形天線。望遠鏡的解像力和靈敏度為全球第一，能夠觀測由散布在宇宙中的微塵和氣體釋放出來的極微弱無線電波。

在南半球的星空下顯現出宏偉氣勢的ALMA望遠鏡。在夜空的中央可以看到大麥哲倫星雲。

昴望遠鏡 可見光 近紅外線

昴望遠鏡是大型光學紅外線反射式望遠鏡，主鏡的直徑為8.2公尺。2006年 9 月發現了距離地球128億8000萬光年的星系，2014年發現了距離地球131億光年的星系。

昴望遠鏡堪稱全球最大級的單片鏡望遠鏡。

並排矗立於茂納開亞山頂的昴望遠鏡（左）和 2 架凱克望遠鏡（右）。大多數地面望遠鏡設置有半球狀穹頂。相對地，昴望遠鏡的圓屋頂則做成圓筒形的特殊形狀，以便抑制空氣的擾動。

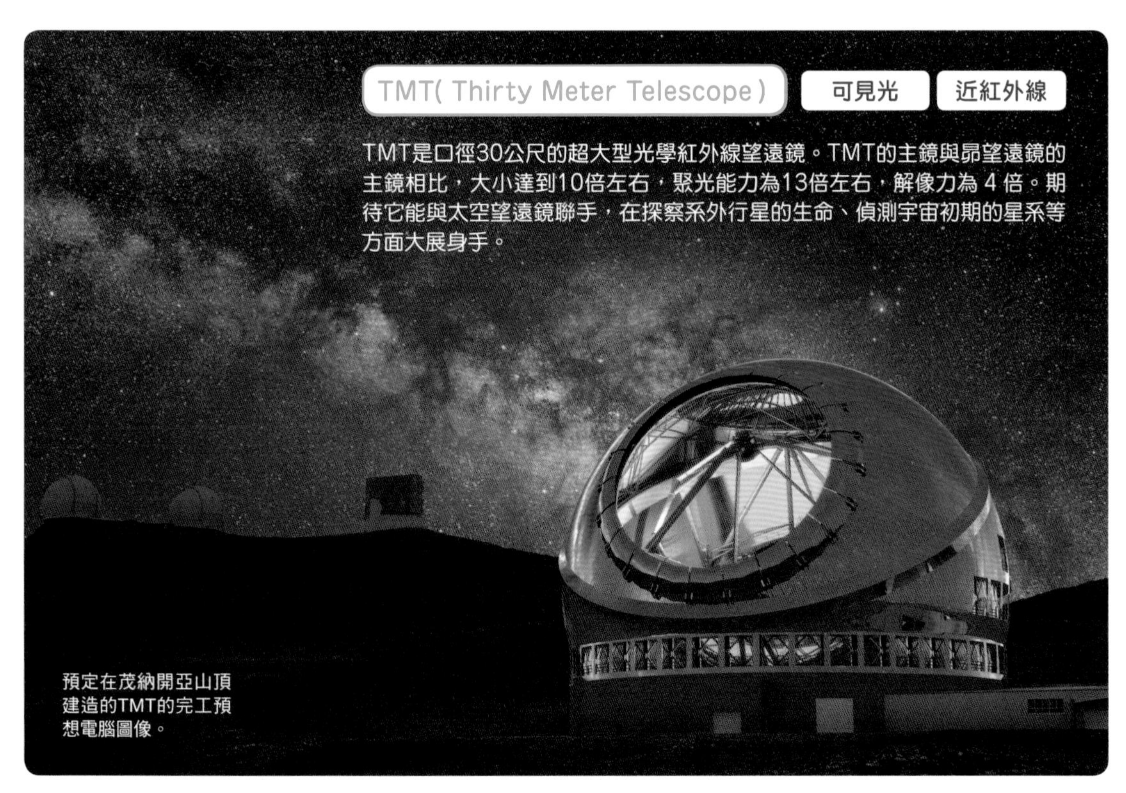

TMT(Thirty Meter Telescope) 可見光 近紅外線

TMT是口徑30公尺的超大型光學紅外線望遠鏡。TMT的主鏡與昴望遠鏡的主鏡相比，大小達到10倍左右，聚光能力為13倍左右，解像力為 4 倍。期待它能與太空望遠鏡聯手，在探索系外行星的生命、偵測宇宙初期的星系等方面大展身手。

預定在茂納開亞山頂建造的TMT的完工預想電腦圖像。

捕捉在地面無法觀測到的宇宙樣貌

無線電波、紅外線、可見光、紫外線、X射線、伽瑪射線全部都是電磁波的一種。依照波長的不同而分類，無線電波的波長最長，依序波長越來越短。電磁波具有波長越短則能量越高的性質。即使是同一個天體，也會因為是利用哪一種波長的電磁波進行觀測，而被我們觀測到多高的能量。

但是，地面上的望遠鏡能夠觀測到的電磁波有其限制。從宇宙射來的電磁波，大部分會因為被大氣吸收等因素，而無法抵達地面。能夠抵達地面的電磁波，除了所有的可見光之外，只有紅外線、紫外線、無線電波的一部分而已。為了避免受到大氣的干擾，所以陸續開發了各式太空望遠鏡。

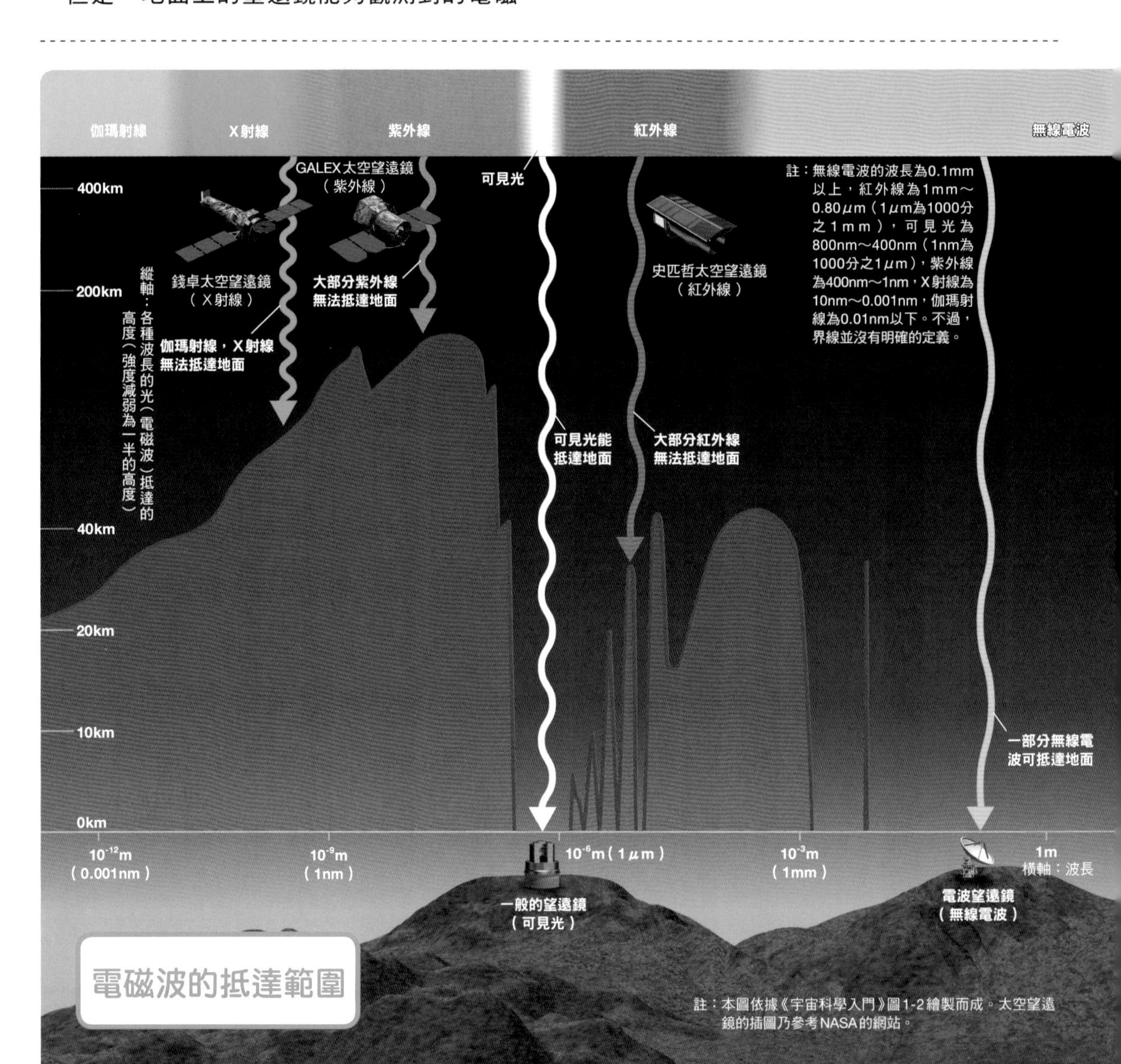

電磁波的抵達範圍

註：本圖依據《宇宙科學入門》圖1-2繪製而成。太空望遠鏡的插圖乃參考NASA的網站。

哈伯超深太空領域

在這裡看到的天體全部都是星系。無論朝哪個方向眺望，宇宙的彼端都會呈現類似這樣散布著星系的景觀。這稱為「宇宙論原則」（cosmological principle），而哈伯太空望遠鏡觀測到的景象證明了它的正確性。

哈伯太空望遠鏡

紫外線 可見光 近紅外線

「哈伯太空望遠鏡」（Hubble Space Telescope）是在1990年 4 月由發現號太空梭（STS Discovery）運送到太空再投放出去的反射式望遠鏡，懸浮在距離地面600公里的高空，全長13公尺，重量11公噸，主鏡的直徑為2.4公尺。哈伯這個名稱來自天文學家哈伯。哈伯太空望遠鏡不會受到地球大氣的影響，所以能夠取得非常鮮明的圖像。它在拍攝鯨魚座方向上距離地球大約40億光年的星系團「阿貝爾370」（Abell 370）之際，也清楚地拍攝到由於星系團的強大重力場所造成的扭曲。

史匹哲太空望遠鏡

近紅外線 遠紅外線

「史匹哲太空望遠鏡」（Spitzer Space Telescope）是美國在2003年 8 月發射的紅外線太空望遠鏡。到2020年 1 月為止，已經持續觀測宇宙16年之久。史匹哲太空望遠鏡為了避開太陽發出的熱，特地配備了遮蔽板。而且，為了不受從地球放出的紅外線的影響，特地選在稍微遠離地球的地方，沿著有如追趕著地球的軌道，繞著太陽旋轉。它是利用紅外線施行觀測的反射式望遠鏡，重量950公斤，主鏡80公分，比哈伯太空望遠鏡小了許多。

赫歇爾太空望遠鏡

遠紅外線 無線電波

「赫歇爾太空望遠鏡」（Herschel Space Telescope）是ESA於2009年 5 月發射的紅外線太空望遠鏡。這個名稱是為了紀念發現天王星的赫歇爾（Frederick William Herschel，1738～1822）。赫歇爾太空望遠鏡的成果豐碩，包括在活躍星系中心的黑洞周邊發現了有高速噴出氣體的現象等等。但是由於用來冷卻觀測儀器的液態氦用完了，只好在2013年 4 月結束觀測作業。

SECTION
78

繞著太陽以外之恆星公轉的行星

太陽系以外的行星稱為「系外行星」(extrasolar planet或exoplanet)。根據研究推測，在太陽以外的恆星中，應該也有擁有獨自之行星系統的恆星。儘管過去也嘗試觀測，但是因為行星本身不會發光，想要發現它們絕非容易之事。

首度發現系外行星是在1995年，發現距離太陽約50光年的飛馬座51(51 Pegasi，中國傳統名稱室宿增一)這顆恆星的行星「飛馬座51b」。這顆系外行星距離母恆星僅約0.05天文單位(1天文單位為太陽與地球的平均距離，約1億5000萬公里)，每4天繞母恆星公轉1圈，是像木星一樣的巨大行星。像這種在母恆星極近之處公轉的木星型行星稱為「熱木星」(Hot Jupiters)。

此外，隨著觀測技術的提升，連比較小型的行星(地球的數倍左右)也都能發現，這類的系外行星稱為「超級地球」(super-Earth)。研究者認為超級地球與類地行星相似，主要是由岩石構成。再者，因為觀測技術日益進步，目前也已發現與地球同等質量的行星。

觀測系外行星最關心的事就是與地球差不多規模的行星，是否位在水能以液態形式存在的「適居區」(habitable zone)。有研究者認為夜空中所能看到的恆星中，可能有20～50%擁有這樣的系外行星。

熱木星想像圖

由於非常靠近母恆星而被加熱到非常高溫，表面的雲可能正被旺盛蒸發中。在此之前，一般認為即使有太陽系以外的行星系統，像木星這樣巨大的氣體巨行星也應該是在恆星的外側公轉。但是，飛馬座51b根據觀測估計是位在比水星距離太陽還要近的內側繞著母恆星公轉。

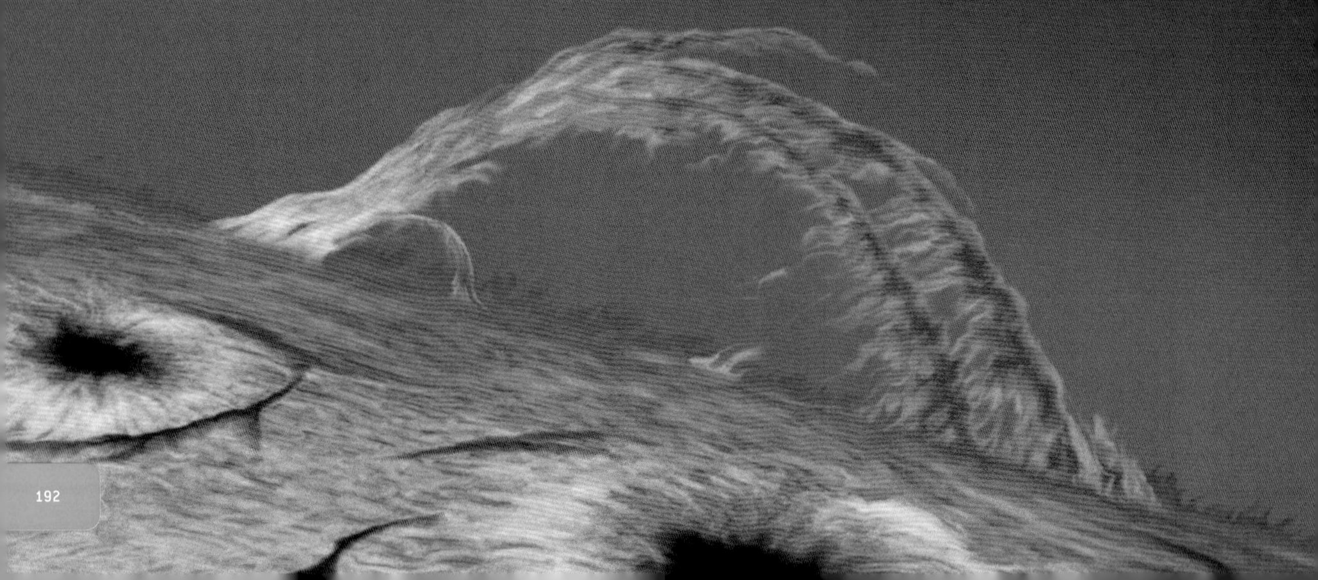

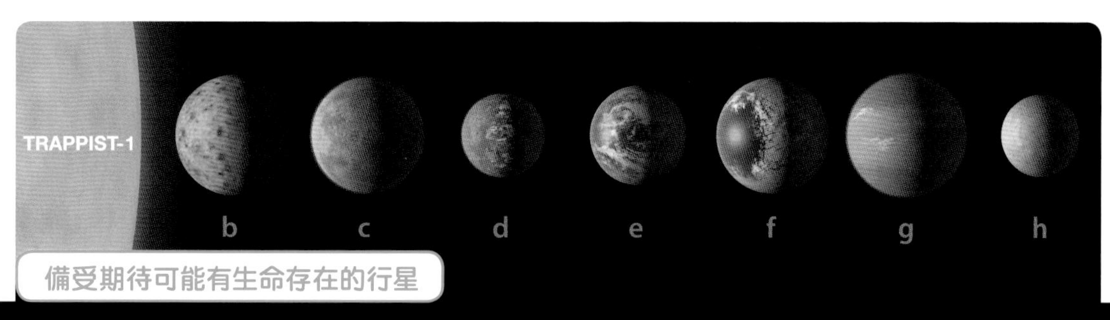

備受期待可能有生命存在的行星

根據觀測發現在距離地球約 39 光年處有顆名為「TRAPPIST-1」的恆星。研究者認為 TRAPPIST-1 可能存在系外行星，經過觀測發現 TRAPPIST-1 擁有 7 顆行星，並且這 7 顆都是類地行星。

其中，TRAPPIST-1e、f、g 都位在適居區，而格外受矚目的是第 5 顆行星 f，研究者認為 TRAPPIST-1f 極有可能擁有讓生命繁茂生長的理想環境。不過，也有看法認為根據條件，也有可能是嚴酷的行星環境。

熱木星

專欄 COLUMN 因發現系外行星而獲得諾貝爾獎

發現行星飛馬座51b的人是瑞士的天文學家麥耶（Michel Mayor，1942～）和奎洛茲（Didier Queloz，1966～），他們二人因為首度發現繞著主序星公轉的系外行星而備受肯定，獲頒2019年的諾貝爾物理學獎。由於飛馬座51b的行星軌道與當時所認定的理論大相逕庭，因此，以往認為已經完成的理論完全不適用於其他的行星系統，不得不面臨需要大幅修正的命運。

發現系外行星的二種方法

探測系外行星的主流方法之一就是利用都卜勒效應（Doppler effect）的「徑向速度法」（radial velocity）。該方法是觀測恆星的光波長變化，企圖據此能間接發現環繞恆星周圍繞轉運行的行星。

恆星中，有些恆星的光色會反覆地時而泛紅、時而泛藍，像這樣的顏色變化是恆星在宛若公轉般運動時發生的，此現象稱為「光的都卜勒效應」。原理跟救護車接近我們時，警笛聲調變高；遠離我們時，警笛聲調變低的「聲音都卜勒效應」相同。恆星的運動速度越快，顏色的變化越大。

當恆星受到望遠鏡無法觀測到之天體重力的影響，導致運動發生變化，此時恆星的顏色也會跟著變化，而此無法觀測到的天體就是行星。只要知道恆星的質量和運動（速度和週期），就能得知該行星的質量等訊息。

舉例來說，太陽受木星引力的拉扯，以每秒約13公里的速度繞半徑約0.005天文單位的圓約12年（木星的公轉週期）繞轉一周。像這樣的「恆星晃動」就會使來自恆星的光發生都卜勒偏移。

質量愈大的行星或是軌道半徑愈短的行星，恆星「晃動」的速度愈大。因此，現況是熱木星比較容易發現，但是很難發現軌道半徑長的行星或是質量輕的行星。

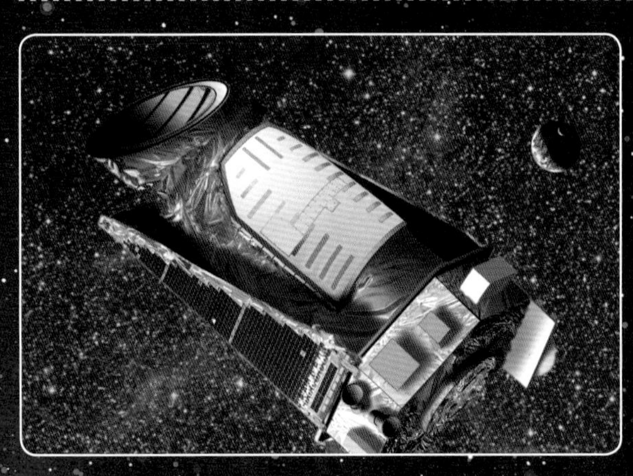

克卜勒太空望遠鏡

美國在2009年 3 月發射，以搜尋系外行星為主的太空望遠鏡，觀測對象僅為天鵝座的有限區域。即使觀測區域不是那麼遼闊，但是目前也已發現超過2600顆的系外行星，其中有許多都是類地行星。因為控制姿勢用的燃料用罄，最終在2018年11月終止運用。

觀測站

發現系外行星的另一個方法是「凌日法」（transit）。凌日法是2009年發射之「克卜勒衛星」（Kepler space telescope）所活用的方法。所謂的「凌日」是指「掠過、通過」恆星前面，亦即利用這個方法觀測到行星通過恆星前面「食」（eclipse）的現象。

從地球上觀測太陽以外的恆星，看到的只不過是個點。當發生食時，恆星的光看起來亮度變弱（declining）。只要知道亮度變弱的比率（減光率），就能知道恆星究竟是被多大的行星所掩蔽。再者，若知道恆星的大小，也能求出行星的直徑。

凌日法的原理非常簡單，但是因為母恆星的減光率極小，因此想要觀測到亮度變化極為困難。另外，系外行星通過母恆星之前的現象必須發生在地球所觀測的方向上。因此，利用凌日法無法發現所有的系外行星，不過可以說是最有效的方法。

行星通過恆星前面時，發生「食」的想像圖

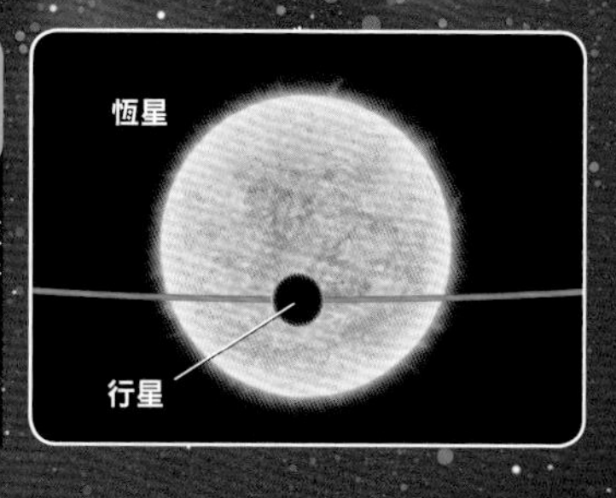

行星通過恆星前面時的想像圖。從地球觀測恆星所發生的「食」，行星影子看起來是恆星的光線變暗。

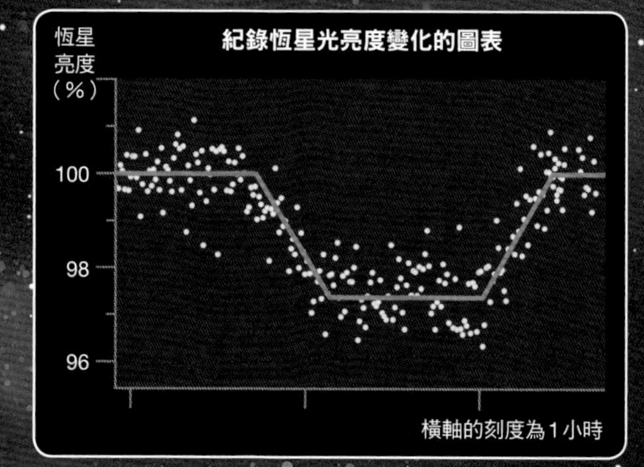

尋找行星與恆星之「食」的凌日法

上面是將觀測到的恆星光亮度變化以圖表來表示，黃色點為每40秒測量一次的恆星亮度（光度）。就整個圖表的趨勢來看，即可發現有光線變暗的現象。

搜尋恆星「晃動」的都卜勒偏移法

移居太空的人類

人類探索太空的好奇心永無止境，在太空開拓方面更是雄心勃勃。繼實現載人登月探測、國際太空站的建設之後，離人類在地球之外的月球、火星建設基地的實現應該也不遠了。

由國家宣布火星載人飛行的有前美國總統歐巴馬發表了「在2030年代後半將太空人送到火星運行軌道，然後再讓太空人返回地球」的構想。2017年12月，美國總統川普（Donald Trump）簽署一項命令，要求NASA準備再度將太空人送上月球，並且進行火星和其他星球的載人飛行任務。NASA目前正在推進建造一個稱為「月球軌道平台通道」（Lunar Orbital Platform-Gateway）的迷你太空站計畫（舊稱深太空門戶計畫）。以太空站為起點，進行載人月球探測，然後進一步進行載人火星飛行。目前以歐盟國家為首的許多國家都參與了此計畫，而日本也搭上此班車。

大型火箭「SLS」

上為現在NASA正在開發的大型火箭「太空發射系統」（Space Launch System，簡稱「SLS」火箭）的想像圖。這是取代2011年退役之太空梭的大型火箭，設定將使用於前往月球和火星的載人飛行。根據預定，該運載火箭的全長最大約111公尺，發射能力達130公噸以上（低空地球軌道）。倘若真的實現的話，將會超越將人類送到月球之阿波羅計畫所使用的農神５號火箭（全長110公尺，發射能力約120公噸）。最前端搭載目前正在開發中的載人太空船「獵戶座太空船」（Orion Multi-Purpose Crew Vehicle，簡稱MPCV）。

火星基地建設之始

本插圖為火星基地建設想像圖。將火星的表岩屑（regolith，土沙）壓實、整地，建築物表面包覆表岩屑以防止輻射線等等，這些工作應該是建設火星基地之初必須做的事。火星上面頻繁發生沙塵暴，太陽光很難抵達火星表面；或是微細粒子會卡在機器材料的縫隙而引起故障，這些都可能帶來莫大的不良影響，因此必須針對這些問題採取適當的對策。最後，還必須使用火星資源生產建築資材、金屬、燃料等。

使用火星土壤栽培植物

想要長期在火星上生活，必須能夠在當地生產食材。若能取大氣中的氮生產氮肥，或是利用微生物將火星土壤中的氮轉化為含氮化合物，或許就能使用火星土壤來栽培植物也說不定。

想要實現在火星建設基地的目標，所應解決的課題非常多，目前計畫也在穩步順利地推進中。2016年９月，美國企業家馬斯克（Elon Musk，1971～）發表要在火星建設一個100萬人都市的「火星移民計畫」。2018年２月發射的火箭「獵鷹重型」（Falcon Heavy）成功進入朝火星軌道。

阿聯酋（阿拉伯聯合大公國）在2017年２月發表100年後要在火星建立城市，讓地球人移民火星的「MARS 2117」。

日本雖無自己單獨的載人火星探測計畫，不過有名為「火星衛星探測器」（Martian Moons Exploration，簡稱MMX）的計畫。該計畫為無人探測任務，預定在2020年代前半發射MMX，探測火星的衛星「火衛一」（Phobos）和「火衛二」（Deimos），並從火衛一上取回第一批樣本，此乃全世界首創的壯舉。火衛一在距離火星表面約6000公里的軌道運行，這裡成為設置基地，作為降落火星之立足點的最適當天體。

專欄 COLUMN

連結地球與地球同步衛星的太空電梯

所謂「太空電梯」（space elevator）是以纜繩連結地面與地球同步衛星（geosynchronous satellite），利用「升降機」上下往來的機構。太空電梯的構想長久以來都沒有走出科幻的領域，不過近年來因為奈米材料等質輕又堅固的材料出現，太空電梯開始露出實現的曙光。

太空電梯的魅力在於成本很低，連普通人都能夠上太空。現在，前往太空的方法幾乎只有依靠火箭。但是火箭的燃料所費不貲，而且每次能上太空的人數非常有限。另一方面，倘若太空電梯完成了，上太空的平均費用相信一定會變得非常低廉。

從同步軌道垂下的纜繩究竟會受地球引力，磁場等什麼樣的影響目前尚不十分清楚，光是技術面就有許許多多有待克服的課題，不過有興趣的研究者還是朝著邁向實現而戮力開發與檢討。

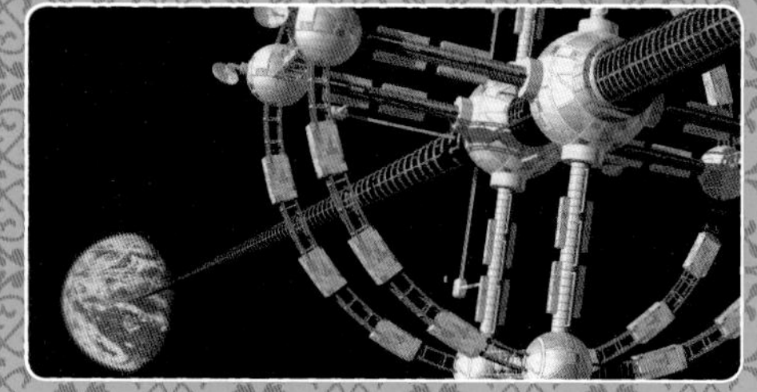

COLUMN

推估地外文明數量的公式

搜尋地外文明（Search for Extra-Terrestrial Intelligence，簡稱SETI）聽起來很像是科幻世界的話題，其實這是在1960年代就展開的一項研究，如今已經超過50年，仍然未能捕捉到來自地外高智生命的信號等證據。我們並不清楚在宇宙中是否存在人類以外的高智生命，不過科學家卻提出可供討論的線索，這就是全世界第一位將搜尋地外文明納入研究的美國天文學家德雷克博士（Frank Donald Drake，1930～）在1961年提出的「德雷克方程式」(Drake equation)。

此方程式用來推測「在我們所居住的銀河系內，擁有可利用無線電波與我們地球通訊之技術

推估地外文明數量的公式

這裡所看到的是導出在我們所居住的銀河系內，擁有可利用無線電波與我們地球通訊之技術的文明數量有多少的德雷克方程式。為了能更正確推估地外文明數量，必須對天文學和生命科學等各個領域都了解得十分透徹才行。不過，其中仍有許多尚不十分清楚的部分。

的文明（地外高智文明）究竟有多少（以N來表示）」。德雷克方程式以下列七個項目（參數）相乘來表示。

R_*：銀河系 1 年所產生的恆星數量
f_p：恆星擁有 1 顆以上之行星的比例
n_e：在行星系統中，擁有適合生命生存之環境的行星數量
f_l：在行星上實際誕生生命的比例
f_i：在誕生的生命中，演化出高智生命的比例
f_c：該高智生命演變成具有無線電波通訊技術之文明的比例
L：該文明持續的時間（年）

那麼，方程式中所列的各項參數值分別是多少呢？而地外文明的數量又可能是多少呢？

在德雷克構想出德雷克方程式的當時，這些項目的參數只能非常粗略的推估，甚至有人提出「是否具科學意義」的質疑。但是，該方程式也可以說是讓人類對恆星及生命有了更深入瞭解的重大契機。現今，已經發現許許多多在當時並未發現的系外行星，倘若我們能將此方程式所涉及之各領域的最新研究成果予以套用，進行科學性的思考與研究，或許能就是否存在地外高智生命有更確切的討論。

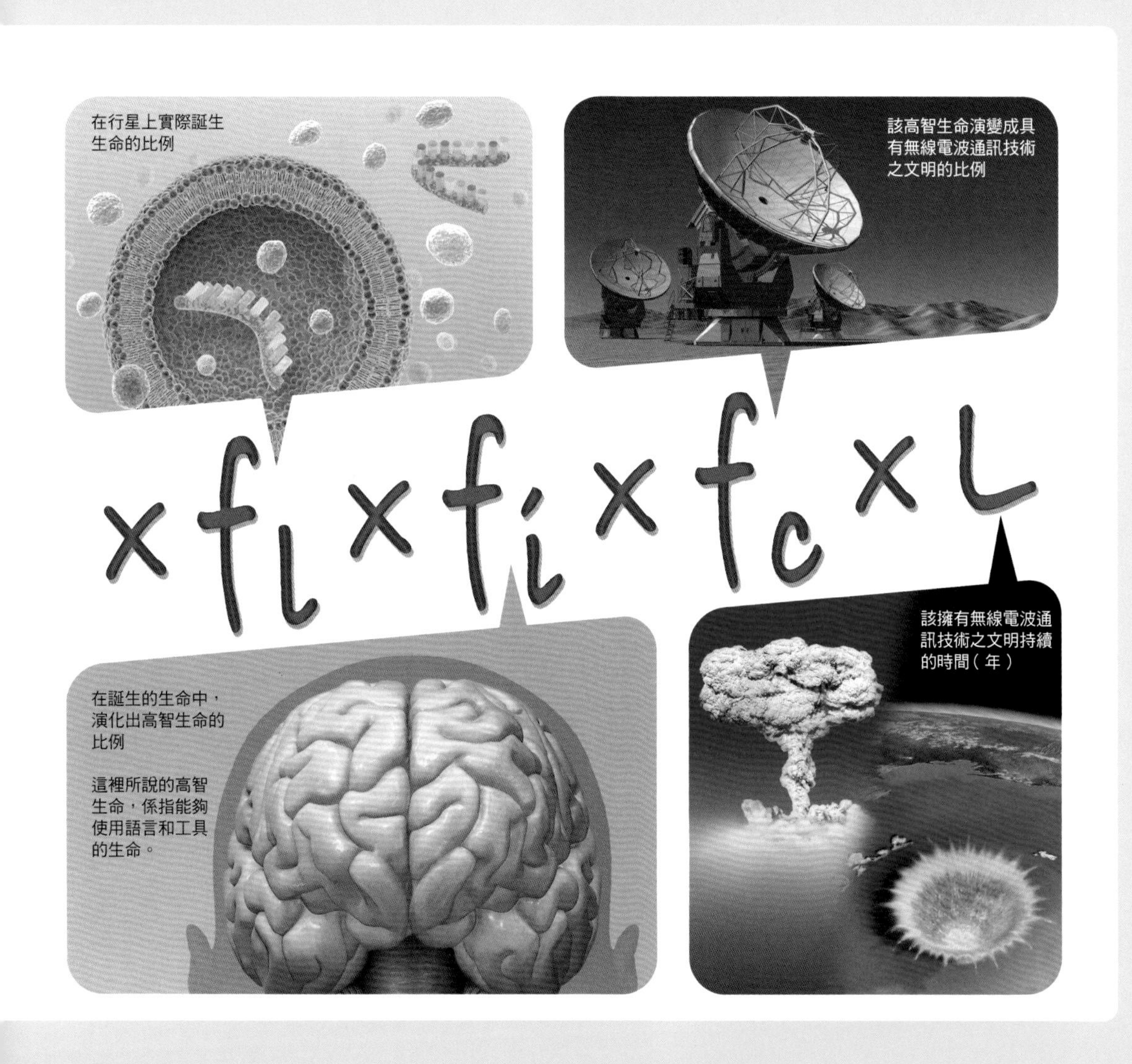

Check!

基本用語解說

ESA
歐洲太空機構（European Space Agency），歐洲多個國家於1975年共同設立。

ESO
歐洲南天天文台（European Southern Observatory），歐洲多個國家與巴西在此共同運用望遠鏡施行觀測等作業。

ISS
國際太空站（International Space Station），在地球上空400公里的高度建造的研究設施，提供多個國家共同運用。

JAXA
日本宇宙航空研究開發機構（Japan Aerospace Exploration Agency），負責日本太空人的派遣、探察機的開發等廣範圍的太空開發工作。

NASA
美國國家航空暨太空總署（National Aeronautics and Space Administration），1958年設立，主導阿波羅計畫、國際太空站的開發等太空開發工作的機構。

NGC目錄
星雲和星團新總表（New General Catalogue of Nebulae and Clusters of Stars），這是一份登錄7840個星雲、星團及星系的目錄，每個登錄的天體都給予一個編號。

人造衛星
投入太空有如衛星一樣繞著行星旋轉的人造物體。人造衛星依照不同的用途而有氣象衛星、通訊衛星、軍事衛星等各種類型。

口徑
望遠鏡等的物鏡及主鏡的有效直徑，數值越大則能收集越多的光。

大氣
包覆在天體周圍的氣體層。

大霹靂
在宇宙剛誕生不久時發生急遽膨脹而形成的超高溫宇宙。

中子
構成原子核的粒子之一，不帶電荷。

元素
原子的種類，例如氫、氦、鐵等等。同一種元素由同一種原子組成，同一種原子具有相同的特定數量的質子。

公轉
天體週期性地環繞其他天體旋轉的運動。

分子
像氫分子及水分子這樣，由兩個以上的原子結合而構成的物質，電荷為中性。也有像氦氣這樣的單原子分子。

天文單位
天文學上使用的一種距離單位，用於表示太陽與地球之間的平均距離。1天文單位大約1億5000萬公里，有時以符號「au」來表示。

天球
以地球為中心，把所有天體投影於其上的球面。可用於表示天體的位置及運動。

天體
恆星、星系等分布於宇宙空間裡的物體。

太陽系
太陽及在其周圍繞轉的行星和小行星等天體所組成的集團。

日本國立天文台
擔當日本的天文學研究的核心機構之一，也稱為NAOJ（National Astronomical Observatory of Japan）。

木星型行星
也稱類木行星，主要成分為氫及氦等氣體的行星。在太陽系中，木星、土星、天王星、海王星都屬於木星型行星，不過，也有一些場合會把天王星和海王星歸為其他類型。

北極星
位於地球自轉軸的延長線與天球相交之點附近的恆星，現在的北極星是小熊座α星（勾陳一）。幾乎沒有肉眼可見的恆星運動。

可見光
電磁波的一種。專指波長400～800奈米左右的波段，人類的肉眼能夠感知的光。

光子
基本粒子的一種。把電磁波視為粒子時的名稱。

光年
天文學上使用的距離單位之一，光行進1年所走的距離。1光年為大約9兆4600億公里。

光速
光在真空中傳播的速度，1秒鐘行進約30萬公里。

光譜
使用分光器等儀器把電磁波分解成各個波段，並依照波長的順序排列而成的圖案。依據顏色的不同，種類及強度也不一樣。

同步衛星
繞著地球做圓周運動的速度和地球自轉的速度相同，亦即同步在轉動，所以從地面上看去彷彿靜止不動的人造衛星。

地函
行星等天體的內部，包覆在中心核周圍的地層。地函的主要成分，地球型行星為岩石、氣體巨行星為液態金屬氫、冰質巨行星為混雜著氨及甲烷的冰。

地球型行星
也稱類地行星，以岩石及鐵等金屬為主要成分所構成的行星。太陽系中，水星、金星、地球、火星都屬於地球型行星。

自轉
天體以通過自己之重心的旋轉軸為中心而旋轉的運動。

行星
在恆星周圍繞轉的天體。本身不會發光，藉由反射恆星的光而發亮。

伽瑪射線
電磁波的一種，專指波長0.01奈米以下的波段。

波長
聲波及電磁波等波的一個波峰到下一個波峰的距離，或一個波谷到下一個波谷的距離。

近日點
行星等天體在軌道上運行至最靠近太陽時的位置。它的相反位置稱為遠日點。

恆星
藉由核融合反應而本身發光的天體。

星系
由許多恆星組成的大集團。

星雲
氫及氦等氣體和微塵粒子聚集而成的雲狀天體，也是孕育新恆星的場所。

紅外線
電磁波的一種，專指波長為0.8微米～1毫米的波段。在紅外線當中，波長比較短的部分（比較接近可見光）稱為近紅外線，波長比較長的部分稱為遠紅外線。

軌道
天體移動時的路徑。

重力
物體與其他物體互相吸引的力。物體的質量越大則重力也越大。

原子
構成物質的基本單位。中心具有原子核，周圍有1個以上的電子在繞著原子核旋轉。

原子核
位於原子中心的粒子，由中子和質子構成，帶著正電荷。

核
天體的中心部分。

氣體
氣態的物質，例如氫氣、氦氣等等。

真空
空間內部的氣體壓力遠小於大氣壓力時的狀態。物質及壓力完全為0的狀態稱為絕對真空，但即使宇宙空間也被認為有氣體分子存在。

基本粒子
構成物質的最基礎粒子，被認為無法再分割得更細小。

密度
物質每單位體積的質量，用於表示有多少物質密集在一起的程度。

氫
週期表中排在第一個，也是最輕的元素。

粒子
非常細小的微粒。

絕對溫度
國際單位制的基本單位之一，用於表示溫度。單位為克耳文（K），0K相當於−273.15℃。

量子論
用於闡述微觀世界之行為的理論。

黃道
從地球看到的太陽在天球上運行一圈的路徑，沿著黃道附近所看到的星座稱為黃道12星座。

黑洞
藉由強大重力而吞噬光及物質的天體，存在於星系的中心等處。

微波
波長0.1～100毫米的電磁波。有時也會依照波長由長至短的順序，分為厘米波、毫米波、次毫米波等幾個種類。

暗物質
可能大量分布於宇宙中，但無法利用電磁波加以觀測的未知物質。

極光
電漿粒子與大氣中的粒子碰撞之際產生的發光現象，出現於行星的極地附近。

隕坑
由於隕石等的撞擊而形成的圓形窪地。

電子
構成原子的要素之一，基本粒子的一種，帶著負電荷。

電磁波
由於電場和磁場的振動而在空間傳播之波的總稱，在真空中也能傳播。依據波長由短至長，可大致分為伽瑪射線、X射線、紫外線、可見光、紅外線、無線電波等幾個種類，但各種電磁波的波段分界點並沒有明確的定義。

電漿
氣體的溫度升到極高的程度，導致原子核和電子（正離子和負離子）離散而自由運動的狀態。

磁場
帶有磁性的物體其周圍會受到磁力作用的空間。

廣義相對論
愛因斯坦提出的關於時間、空間與重力的理論。根據廣義相對論，具有質量的物體其周圍的空間會扭曲。

衛星
環繞行星旋轉的天體。

質子
構成原子核的粒子之一，帶著正電荷，同時也是原子序1的氫的原子核。

質量
物體所含物質的量。質量是重量的基準量，但重量會受到重力的影響，而質量不會因為重力而改變。

離子
帶有電荷（electric charge）的原子及原子團。帶正電荷的離子稱為陽離子或正離子，帶負電荷的離子稱為陰離子或負離子。

離心力
旋轉中的物體所出現的虛擬力。朝離開旋轉中心的方向作用。

Index

▼ 索引

A～Z

Ia型超新星 82、83
II型超新星 82
ω星團 67
COBE衛星 130
ESA 171
ExoMars 183
GAIA衛星 101
Gliese 229B 76
GN-z11 142
H-IIB 178、179
HBH3 15
HR圖 75
InSight 183
JAXA 86、171、178
M51 12
M82 116
M87 89、97、108、109
MARS2117 197
MAVEN 183
MMX 197
NASA 170、171、173、183、196
SETI 198
SLS 196
SOHO 185
TERRA 28
TMT 188、189
TRAPPIST-1 193
VLT 64
X射線星系暈 104

三畫

土星 20、21、40、41、42、43、60、61、144、145
土衛二 42、43
土衛八 43
土衛六 42
大白斑 40
大紅斑 36、40
大凍結 154、155、156
大黑斑 46
大撕裂 156、157
大擠壓 156、158、159
大霹靂 125、129、130、131
小行星 34、35、48、186、187
小行星帶 21、34、48

四畫

不規則星系 96
中子星 73、82、84、85
中國國家航天局 171
內側行星 20
反射星雲 64
天王星 20、21、44、45、60、61、144、145
天津四 75
天狼星 70、74、80
天動說 166、167、168
天衛五 44
天鵝座X-1 88
天鵝座流星群 54
太空人 170、174、177、180、181
太空梭 176、177
太空電梯 197
太陽 20、21、22、23、60、61、69、74、75、100、144、145、150、151
太陽系 20、21、58、59、104、144、145、151、166
太陽閃焰（日閃） 23
太陽圈 58、59、185
太陽圈頂 58、59
太陽黑子 23
日珥 23
日冕 22、23
月面探察車 173
月球 30、31、150、151、168、172、173
月球軌道平台通道計畫 196
月球勘測軌道衛星 6
木星 20、21、36、37、38、39、60、61、144、145
木衛一 38、168
木衛二 38、68
木衛三 38、39、168
木衛四 38、39、168
毛利衛 181
水手號 25、182、184
水星 20、24、25、60、61、144、145
水星計畫 170
火星 20、21、32、33、60、61、144、145、182、183
火星特快車號 182
火星移民計畫 197
火球 57
火衛一 32、33、197
火衛二 32、33、197
牛頓 169

五畫

主序星 74、75
主星 70
仙女座星系 96、106、109、112、146
仙后座 15、91
加加林 170
北極星 71、74
半人馬座A 114
卡西尼 36
卡西尼號 41、42
卡德威 157
古柏帶 50、51、59
史匹哲太空望遠鏡 15、190、191
史潑尼克1號 170
外側行星 20
巨大撞擊說 31
巨大橢圓星系 113、124、152、153
本星系群 106、109
白洞 92、93
白矮星 73、75、79、80、81、82、83、151
白鶴號 178、179

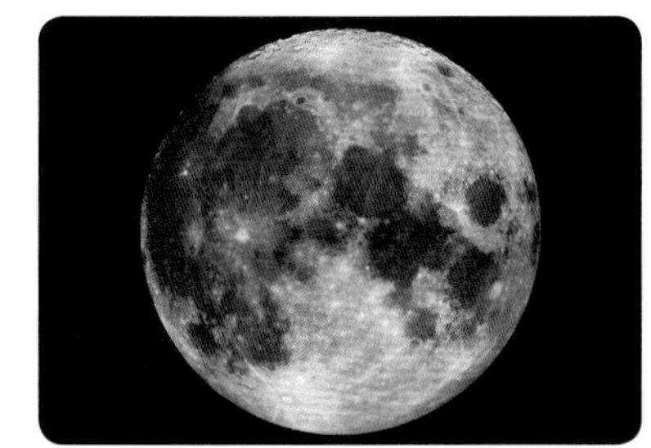

目視星等 74、75
石隕石 56
光球 22、23
光速不變原理 86
光學星系暈 104

六畫

冰質巨行星 44、144
印度太空研究機構 171
向井千秋 181
地函熱柱 27
地動說 167、168
地球 6、7、20、28、29、60、61、144、145、150、151
多重宇宙 136
好奇號 33、183
宇宙大尺度結構 110、111、147、152
宇宙放晴 134、135
宇宙微波背景輻射 128、134、135、137、149
宇宙論原則 191
托勒密 166
朱諾號 36、37、184
百武彗星 52
糸川英夫 35
色球層 22、23
艾德林 172
行星 20、21、144、145、157、166、167
行星狀星雲 78、80、90、151
西佛星系 117

七畫

伴星 70、80
伽利略 38、168
伽利略號 30、38、184
伽利略衛星 38、39、168
伽瑪射線爆 86、87
佐藤勝彥 128、129
克卜勒 169
克卜勒三大定律 169
克卜勒太空望遠鏡 194、195
吸積盤 88、114
妊神星 48、49
希望號 174、175
灶神星 34
系外行星 189、192、193、194、195
谷史 128、129

八畫

拂曉號 184
拉塞福 133
東方1號 170
空洞 110、152
虎克隕石坑 182
表岩屑 197
金井宣茂 181
金星 20、26、27、60、61、144、145
長庚星 26
長城 110
阿姆斯壯 172
阿波羅11號 172
阿波羅計畫 170、172、173

九畫

俄羅斯航太公司 171
信使號 24、25、184
冠岩 26、27
哈伯 122、123、191
哈伯太空望遠鏡 9、13、66、67、76、78、97、116、147、191
哈伯-勒梅特定律 122、123、191

哈伯超深太空領域 191
哈雷 52
哈雷彗星 52
奎洛茲 193
威爾森 135
室女座星系團 108、109、152
恆星 68、69、72、73、74、75
挑戰者號 177
星系 12、96、97、112、113、146、152
星系巨風 116、143
星系暈 66、99、100、104、146
星系團 108、109、146、152
星座 164
星宿 165
星團 13、66、67、77、90
星遽增 112、143
星遽增星系 116、117
昴宿星團 66、77、91
昴望遠鏡 147、188、189
活躍星系 116、117
流星 54、55、56
流星群 54、55
穿隧效應 126、160
紅巨星 75、78、82、83、139、150
紅移 89、122
若田光一 181
軌道機 176、177
重力子 159
重力助推 184、186
重力波 141
重力透鏡 141、147
飛馬座51 192、1937

十畫

冥王星 20、35、48、50
淩日法 195
原太陽 144、145
原行星 144、145
原始黑洞 141
原恆星 68、69、138
原星系 142
哥白尼 167
恩克彗星 52
核球 66、98、99、100、101、104、105

核融合反應 69、73、82、133
氣體巨行星 36、40、144
氣體環面 115
海王星 20、21、46、47、60、61、144、145
海王星外天體 48、50、51
海爾-波普彗星 53
海衛一 46
狹義相對論 69
真空相變 130、136
神岡探測器 82、160
脈衝星（波霎） 84、85
航海家號 46、47、58、59、185
起源石 173
逆行 166、167
針狀體 23
隼鳥2號 186、187
隼鳥號 34、35
馬特山 26
馬斯克 197
馬頭星雲 64
鬼宿星團 66、90

十一畫

參宿四 75、78、79
啟明星 26
國際天文聯合會（IAU） 48、164
國際太空站（ISS） 16、17、174、177、180
彗星 20、52、53、54、58
彗髮 52、53
旋臂 13、99、100、102
球狀星團 66、67、99、100、104、146
疏散星團 66、67、90
第一代恆星 138、139、144
第一宇宙速度 170
第谷 169
終端震波區 58、59
船底座星雲 8
透鏡形星系（透鏡星系） 96
都卜勒效應 122、194
都卜勒偏移法 194、195
野口聰一 181
雪帕德 170
鳥神星 48、49
麥耶 193
麥哲倫星雲 82、104、107、

109、188
麥哲倫號 26

十二畫

彭齊亞斯 135
循環宇宙論 158
普朗克 134、149
棒旋星系 96、100
棕矮星 72、76、77
無 126、127
無線電波星系 116
發射星雲 64、65
絕對星等 74、75
費米號 86
超大質量黑洞 88、114、115、140、141
超中性子 146
超弦理論 159
超星系團 109、110
超級地球 192
超新星殘骸 14、82、90
超新星爆發 73、82、83、138、139
進步號 16、178、179
量子重力論 158、159
量子論 126、127、158、160
鈉彗尾 53
黃道12星座 164
黑洞 73、86、88、89、92、93、140、141、154、155
黑矮星 80、153

十三畫

圓規座星系 117
微中子 82、155
微行星 30、34、144、145
愛神星 35
新視野號 48
暗物質 102、105、146、147、149
暗物質暈 104、105、146
暗星雲 13、64、67、68
暗紋 23
暗能量 148、149、152、156、157、158
會合-休梅克號 35
楚留莫夫-格拉希門克彗星 185
極超新星爆炸 86、87
獅子座流星群 54、55
矮行星 20、35、48、49、50
矮星系 104、106、146
詹姆斯韋伯太空望遠鏡 139
載人機動裝置（MMU） 180
隕石 34、56、57、151
隕石坑鏈 39
隕坑（隕石坑） 24、30、32、35、39、56、57、182
隕鐵 56

十四畫

塵埃尾 52、53
精神號 182
維蘭金 126
蓋模 130
赫歇爾太空望遠鏡 191
銀河系 100、101、104、106、112、113、118、119、146
鳳凰號 182

十五畫

噴流 68、86、87、88、114、115、144
廣義相對論 89、92、127、158
德雷克 198
德雷克方程式 198、199
暴脹 125、128、129、130、131、136、137
歐特雲 58、59、70、71
熱木星 192、193、194
皺脊 24、25
穀神星 34、35、48
膜世界 159
蝎虎BL型類星體（耀變體） 117
衛星 30、32、38、39、42、43、44、46、168
質子衰變 155、160
適居區 192、193

十六畫

機會號 182
橢圓星系 96、97、108、113、152
霍巴隕石 56
霍金 126、155
霍金輻射 154、155
龍宮星 186

十七畫

戴森 160
曙光號 34、35
環狀星雲 80
聯合號 177、178
聯星 70
薄餅狀穹丘 26
薔薇星雲 65、90
螺旋星系 96、98、102
賽德娜 50
獵戶座大星雲 76、90
獵戶座太空船 196
獵戶座旋臂 100、103
獵鷹重型火箭 197
蟲洞 93、136、137
雙星 70、71、82、88、141

十九畫

離子尾 52、53
鬩神星 48、49
爆炸宇宙論 159
羅塞塔號 185
類木行星 46、192
類地行星 144、194
類星體 114、115、117
類冥天體 50

二十畫

瀰漫星雲 64、66、90

結　語

看過前面介紹遼闊浩瀚的宇宙世界，各位有何感想呢？
隨著科學技術的進步，長久以來一直找不到答案的宇宙之謎，
如今也逐漸闡明。

在逐一了解本書之關鍵字的過程中，
相信各位已經對宇宙有了詳細的了解。

宇宙尚未解開之謎以及新產生的謎團仍有許多。
當各位接觸到宇宙相關的關鍵字時，
請務必參考本書的解說，
相信能讓您充分感受到宇宙的魅力。

Staff

Editorial Management	木村直之	Design Format	小笠原真一（株式会社ロッケン）
Editorial Staff	中村真哉，上月隆志	DTP Operation	阿万 愛

Photograph

3	Dimitar Marinov/stock.adobe.com, tsuneomp/stock.adobe.com
6～7	NASA/Goddard/Arizona State University
8～9	"NASA,ESA,and M.Livio and the Hubble 20th Anniversary Team (STScI)"
10～11	NASA/Caption by Andrea Meado
12～13	"NASA,ESA,S.Beckwith (STScI),and The Hubble Heritage Team (STScI/AURA)"
14～15	NASA/JPL-Caltech/IPAC
16～17	NASA
18～19	NASA/SOHO
22～23	NASA/SOHO
24～25	NASA/Johns Hopkins University Applied Physics Laboratory/CarnegieInstitution of Washington
26～27	NASA
28～29	NASA Goddard Space Flight Center Image by Reto Stokli (land surface,shallow water,clouds).Enhancements by Robert Simmon (ocean color,compositing,3D globes,animation).Data and technical support:MODIS Land Group;MODIS Science Data Support Team;MODIS Atmosphere Group;MODIS Ocean Group Additional data:USGS EROS Data Center (topography);USGS Terrestrial Remote Sensing Flagstaff Field Center (Antarctica);Defense Meteorological Satellite Program (city lights)
30～31	NASA
32	NASA-JPL
32～33	NASA/JPL-CALTECH/MSSS
34～35	NASA/JPL-Caltech/UCAL/MPS/DLR/IDA,NASA-JPL,NASA/ESA/STScI/UMd,JAXA,池下章裕，James Thew/stock.adobe.com
36～37	NASA/JPL-Caltech/SwRI/MSSS/Gerald Eichstad/Sean Doran
37	NASA/JPL-Caltech/SwRI/MSSS/Betsy Asher Hall/Gervasio Robles
38～39	NASA/JPL-Caltech,NASA-JPL,NASA/JPL/DLR
40～41	NASA/JPL
42～43	NASA-JPL,NASA/JPL/Space Science Institute
47	NASA
48	NASA/Johns Hopkins University Applied Physics Laboratory/Southwest Research Institute
57	NASA/JPL-Caltech/UCLA/MPS/DLR/IDA
62～64	ESO
65	ESO/S.Guisard (www.eso.org/~sguisard)
66	NASA,ESA and AURA/Caltech
67	NASA,ESA,and the Hubble Heritage Team (STScI/AURA)
76～77	NASA,ESA,M.Robberto (STScI/ESA) and the Hubble Space Telescope Orion Treasury Project Team
78～79	Andrea Dupree (Harvard-Smithsonian CfA),Ronald Gilliland (STScI),NASA and ESA,Haubois et al.,A & A,508,2,923,2009,reproduced with permission ©ESO/Observatoire de Paris.
80～81	NASA and The Hubble Heritage Team (STScI/AURA)
88～89	NASA/CXC/M.Weiss
89	EHT Collaboration
96	ESO
96～97	Bill Schoening,Vanessa Harvey/REU program/NOAO/AURA/NSF
97	NASA,ESA,and the Hubble Heritage Team (STScI/AURA),NOAO/AURA/NSF
101	ESA,Gaia,DPAC
108～109	ESO/Digitized Sky Survey 2
114	ESO/WFI (Optical);MPIfR/ESO/APEX/A.Weiss et al. (Submillimetre);NASA/CXC/CfA/R.Kraft et al. (X-ray)
116	NASA,ESA,and the Hubble Heritage Team (STScI/AURA)
117	NASA,Andrew S.Wilson (University of Maryland);Patrick L.Shopbell (Caltech);Chris Simpson (Subaru Telescope);Thaisa Storchi-Bergmann and F.K.B.Barbosa (UFRGS,Brazil);and Martin J.Ward (University of Leicester, U.K.)
129	Newton Press
134	ESA and the Planck Collaboration
135	Everett Collection/アフロ
139	NASA
141	NASA，吉原成行，NASA
142	NASA,ESA,P.Oesch (Yale University),G.Brammer (STScI),P.van Dokkum (Yale University),and G.Illingworth (University of California,Santa Cruz) 86 ESA and the Planck Collaboration
147	東京大学理学系研究科 吉田直紀
147	NASA,ESA and R.Massey (California Institute of Technology)
165	freehand/stock.adobe.com
168	Science Photo Library/アフロ
169	Archivist/stock.adobe.com，caifas/stock.adobe.com
170	NASA,NASA Marshall Space Flight Center
171	JAXA
172～173	NASA Marshall Space Flight Center
173	NASA,NASA Johnson Space Center
174	NASA
176～181	NASA
182	ESA/DLR/FU Berlin,CC BY-SA 3.0 IGO.,(オリンポス山) NASA/JPLCaltech/Arizona State University,ESA-Illustration by Medialab
183	NASA/JPL-Caltech
184	NASA/JPL
185	NASA/SOHO,ESA/ATG medialab;Comet image ESA/Rosetta/Navcam,NASA
186～187	池下章裕
188	ESO/C.Malin
189	NAOJ,Science Faction/アフロ
191	NASA/ESA,NASA,ESA
193	ESO/M.Kornmesser,NASA/JPL-Caltech
194	NASA/JPL-Caltech/Wendy Stenzel
196	NASA/MSFC
202	NASA
203	NASA/CXC/M.Weiss
205	NASA/SOHO

Illustration

Cover desigh	小笠原真一（株式会社ロッケン）
20～22	Newton Press
23	藤丸恵美子
25	Newton Press，増田庄一郎
27	Newton Press，門馬朝久
29	Newton Press，黒田文隆
31	Newton Press
33	Newton Press
37	Newton Press
41	Newton Press
44～45	大下 亮
45	目黒市松，Newton Press
46～47	Newton Press
49	Newton Press
50～52	Newton Press
52～53	奥本裕志
54	木下真一郎
55	吉原成行
56	小林 稔
57	Newton Press
58～59	黒田清桐
59～61	Newton Press
67	Newton Press
68～69	Newton Press
69	黒田清桐
70～75	Newton Press
77	Newton Press
80	Newton Press
82～83	荒内幸一
83	小林 稔
84～87	Newton Press
89～95	Newton Press
98～103	Newton Press
104～105	矢田 明
105～107	Newton Press
109	奥本裕志
110～113	Newton Press
114～115	吉原成行
118～123	Newton Press
123	寺田 敬
124～129	Newton Press
130	黒田清桐
130～133	Newton Press
133	山本 匠
134	Newton Press
134～135	奥本裕志
135	黒田清桐
136～155	Newton Press
155	小﨑哲太郎
156～159	Newton Press
159	飛田敏
160～163	Newton Press
164	奥本裕志
165	谷合 稔
166	Newton Press
167	藤丸恵美子
168	富﨑 NORI
168	Newton Press
169	小﨑哲太郎
170	奥本裕志
175	Newton Press
177～179	Newton Press
181	Newton Press
182～183	Newton Press
190	Newton Press
192～195	Newton Press
197	Newton Press
198～199	Newton Press［星雲と恒星：NASA,ESA and Jesús Maíz Apellániz（Instituto de Astrofísica de Andalucía,Spain）. Acknowledgement:Davide De Martin（ESA/Hubble）]，（電波望遠鏡）吉原成行，（隕石衝突）荻野瑶海
204	Newton Press

Galileo科學大圖鑑系列04

VISUAL BOOK OF THE UNIVERSE

宇宙大圖鑑

作者／日本Newton Press
編輯顧問／吳家恆
執行副總編輯／賴貞秀
翻譯／賴貞秀、黃經良
商標設計／吉松薛爾
發行人／周元白
出版者／人人出版股份有限公司
地址／231028新北市新店區寶橋路235巷6弄6號7樓
電話／(02)2918-3366（代表號）
傳真／(02)2914-0000
網址／www.jjp.com.tw
郵政劃撥帳號／16402311人人出版股份有限公司
製版印刷／長城製版印刷股份有限公司
電話／(02)2918-3366（代表號）
經銷商／聯合發行股份有限公司
電話／(02)2917-8022
第一版第一刷／2021年9月
定價／平裝新台幣630元
港幣210元

國家圖書館出版品預行編目資料

宇宙大圖鑑 = Visual book of the universe/
日本 Newton Press 作；
賴貞秀，黃經良翻譯. -- 第一版. --
新北市：人人出版股份有限公司，2021.09
面； 公分. -- (Galileo 科學大圖鑑系列)
（伽利略科學大圖鑑；4）
ISBN 978-986-461-256-7(平裝)
1. 天文學 2. 宇宙

320 110012241